Introduction to SPACE TOURISM

高野忠
パトリック・コリンズ
日本宇宙旅行協会 編

宇宙旅行入門

東京大学出版会

Introduction to Space Tourism
Tadashi TAKANO, Patrick COLLINS and The Space Tourism Society Japan, Editors
University of Tokyo Press, 2018
ISBN978-4-13-061162-6

はじめに

　宇宙に行くことは，多くの人にとって，小さいときからの夢であろう．1961年ガガーリンが，初めて宇宙飛行に成功した．その後続いた宇宙飛行士の経験のお陰で，1990年に軌道上を回る宇宙旅行が，1人当たり20億円程度の費用で始められた．そして今大衆向けの宇宙旅行が，準軌道宇宙旅行という形で始められようとしている．宇宙旅行は，宇宙を利用するビジネスの最有力候補として，そこまで来ているのである．しかし飛行機が1903年発明されてから，16年後には定期航空路が開設されたのに比べると，宇宙旅行の歩みは決して速いとはいえない．

　宇宙旅行は，オペラのように要素芸術から成る総合芸術に喩えられよう．それは，ロケットや身の回り品などの技術の他，観光，経済，マーケティング，医学，法律などが，調和して初めて可能になる．本書は世界初の試みとして，これらの諸分野を網羅して分析する．

　本書の冒頭ではまずガンダム創始者である著者が，宇宙に目覚めたときから現在に至る宇宙旅行への熱い思いを序として託す．第1章と第2章では，宇宙旅行は何たるかを，定義ではなく小説と事実により説明する．第3章以下は，上記の各専門分野について懇切丁寧に記述する．そして終章では，前記の各章を見渡し結論を引き出して，全体がわかるようにする．

　宇宙旅行に行きたいが，安全なのか？　事業を起こしたいが，勝算はあるのだろうか？　また，どうしたら起業できるか？　宇宙酔いはなぜ起こるのか？　事故が起こったら，どうするのか？　このような問いに，完全解とはいかなくとも，解が得られよう．

　本書の中に述べられているが，アメリカを中心とする世界中で，宇宙旅行用のロケットが開発されている．そしてその離着陸をするための宇宙旅行用空港（宇宙港）が，至る所に作られかつ作られようとしている．政府は宇宙旅行ビジネスを始めるにあたって，障害になる事柄を取り除いて，事業しやすい環境を整えている．

それに対し日本では，宇宙旅行に使えるロケットや宇宙港は，まだ手を付けられていない．宇宙の実利用が叫ばれているのに，である．アメリカから出発する宇宙旅行への仲介は，既に始められている．しかし今のままでいくと，宇宙旅行に行きたい人は，アメリカに行きアメリカのロケットに乗ることになろう．

　この時機に本書は，宇宙旅行に行きたい人，それを学ぶ学生，いろいろな角度から起業しようという事業家，あるいは宇宙旅行を支援する官僚や医者，法律家に読んでいただきたい．もちろん一般的に宇宙旅行を知りたい人にとっても，有益になることを確信している．

　2018 年 6 月

日本宇宙旅行協会・理事長　高野忠

宇宙旅行の夢に魅かれて

　宇宙旅行という言葉が，ぼくにとって鮮明なものになったのは，おそらく雑誌『少年』で「鉄腕アトム」の連載が始まった1952年で，その雑誌の七月号に浜田勝巳のイラストでウェルナー・フォン・ブラウンの提案したドーナツ型の人工衛星と三段ロケットの三段目の一枚絵像をいきなり見せられた時に始まっている．その図版でのロケットの形状の意味が判然とせず，翌1953年4月号の同誌で三段式の全体図を見て了解したはずだった．小学校五年から六年にかけてのことで，近未来への夢がこんなところにあるという刺激は圧倒的だった．

　1954年の中学一年の夏休み研究は"月世界への旅行"をテーマにして，数枚の図版を提出した．そして，その秋の全校生徒の研究発表会では，そのテーマで発表をしたのだが，発表の仕方が下手だったうえに，夏休み研究としてはとんでもないものだったのだろう．全校生徒1500人にドン引きされた．

　そんな生徒だったので，翌年には，雑誌『子供の科学』の創立者である原田光夫が主宰する日本宇宙旅行協会に入会して，1955年の『宇宙旅行』の3号のパンフレットから1965年まで購読するようになった．協会自体は，その後まもなく活動を停止したのは，原田の個人資産が尽きたからと聞く．

　ぼくのこの好みは，父親の仕事からの影響もあったと思えるのは，父は1944年という時期に，陸軍からの発注で宇宙服そのものといった与圧服（耐圧服）の試作をしていて，ぼくは年端もいかない頃から，その息苦しそうに宇宙服に似たものを着込んでいる写真を眺めて育ったからで，そこからひとつだけ父から教えられたことがあった．それは宇宙服そのものに見える外観では手足が動かせず，結局，ゴムの被膜そのものといった材質でないと使えそうなものは作れなかったということで，そこから材料工学というものがあることを知った．中学での研究発表以後，ロケットの事を少年雑誌と航空雑誌で調べるようになり，自分でロケットを作れるようになりたいと夢想したのだが，夢でしかなかった．

1955年3月に東京大学生産技術研究所教授の糸川英夫が，全長230 mmのペンシルロケットの水平発射実験を行ったというニュースに接した．が，あまりにも情けない規模なので悲観したのは，第二次大戦末期にV-2の開発と実戦発射を経験し，戦後はアメリカでICBMの開発に関与したフォン・ブラウンの経歴は知っていたからである．

　そして，1957年10月にソ連が世界初の人工衛星スプートニクを打ち上げたニュースでは，遠地点約950 kmで近地点約230 kmという長楕円軌道に安心したのは，たいしたものではないと想像することができる高校一年だったからだ．が，その時はすでに，ぼくの理工科系志望の夢は消し飛んでいて，東大のロケット研究を追うようなこともしなくなっていた．時代は冷戦下で，スプートニクの成功に，アメリカは急遽エクスプローラー1号を打ち上げてみせた．そのロケットの本体が，フォン・ブラウンたちが開発させられていた大陸間弾道弾のレッドストーンだったので，氏の名前が世情に上がり嬉しかったものだ．

　しかし，その翌1958年の夏，宇宙旅行好きだった生徒が購入せざるを得ない本に出会ってしまった．みすず書房発行，日下実男訳，ヘルマン・オーベルト著の『宇宙への設計』である．そこに示されていた宇宙ステーション，電気宇宙線，ムーン・カーなどといったリアルに直結する構想には圧倒的な衝撃をうけた．第二次世界大戦前から月へ行く構想をもち，フォン・ブラウンの直接的な師にあたる人物のアイディアである．この書籍にある空間ミラーなどは，のちに『機動戦士ガンダム』で太陽光を集積してレーザーにするというアイディアの原点になった．

　冷戦期であり，ケネディ大統領という傑出した政治家がいたからこそ，1969年にアポロ計画があり，月面に人類を到達させて，1972年まで月への飛行がつづけられたのだ．その後は，ソ連が低軌道衛星への有人飛行を堅実にやっていたからだろうが，アメリカは1981年にスペースシャトルの飛行をやってみせた．低軌道上の人工衛星への物資搬送用！　交通機関になるかと見える形態ではあったのだが，汎用性を狙った大型すぎるデザインには閉口したものだ．だからこそ，翼のあるデザインは，少年たちの心をくすぐってくれたのだが，運用するにしたがって金食い虫とわかって，2011年に135回の打ち上げ後は退役させられた．

そして，現在は，ISS に研究者や宇宙飛行士が実在しているにもかかわらず，そのための物資輸送にはロシアのロケットを使うという妙な状況がつづいて，その隙間を埋めるために日本もガンバレル余地があるという身内が嬉しい光景を目にすることになる．

　ぼくは 2004 年 2 月に，縁があってヒューストンで宇宙飛行士・野口聡一氏のインタビューを取ることができて，そこで訓練用のスペースシャトルを見学させてもらえた．まだこの計画が中止になるとは想像できなかった時期で，キャビン内の見学もさせてもらえれば，その容量はジャンボジェットの半分はありそうで，"少年の夢" という言葉を思い出したものだ．

　そのかたわらにポツンと置いてあったソユーズの帰還船は 3 人がギリギリ詰め込めるというカプセルというほどの代物なのだが，その外装の強靭な造りに，宇宙ではこれだろう，と思ったものだ．「現実的にはこのレベルが命綱になるよね」と，野口氏とも話したものだった．

　フォン・ブラウンは，月に行くのが夢でロケット開発に手を染めた人で，だからこそ，ウーファー映画の『月世界の女』(1929) の技術協力者であったヘルマン・オーベルトとの接触も深かったらしい．しかし，月に行くためのロケットを開発するためには軍の下で建造するしかなく，その間，フォン・ブラウンはゲシュタポから「プライベートなこと（夢を）を喋りすぎる」と逮捕されそうになった．その後もアメリカ陸軍に研究内容を縛られても夢を捨てることはできず，1957 年のディズニー映画『宇宙旅行』(1957) などでは，技術協力をしたりしている．

　それは，ぼくにとっては嬉しい人物像なのであって，NASA の初代所長を務めてサターンロケットの開発に従事し，1972 年に最後のアポロ計画が遂行された後に，NASA との意見の違いから辞めることになった．しかし 1976 年 65 歳で亡くなった後は，詳細を知る気はなくなっていた．

　フォン・ブラウンが月に行くという夢想は，その後の宇宙旅行という概念に決定的にまとわりついて，ふつうの少年たちを強力に牽引する力をもって迫った．宇宙に行く！　なんで!?　どうして!?　宇宙があるからだ！　これで全部なのである．

　そして，少年たちも知っているのだ．引力圏を脱出するための唯一の乗り物であるロケットが，決定的に交通機関としての成立を阻んでいて，液体燃

料であれ固形燃料にあれ，その資材の調達と維持はとんでもなく難しく，莫大な経費がかかる．現在，民間会社でもロケットを打ち上げて見せると言いながら，たえず失敗か成功かと肝を冷やさなければならない．そんな代物であるのだが，経費を度外視できる軍事利用では，その破壊力の有用性をもって，常備兵器になってしまっている，というようなことを．

宇宙旅行というのは，このロケットと抱き合わせで考えなければならないという業があるからこそ，少年たちの夢を頓挫させる威力もあるのだ．が，しかし，それでも少年時代に宇宙旅行に発情してしまえば，この難関を突破したいと夢想するのが，元少年だった大人たちの目標になり，それで理工学系にすすむし，JAXA に就職もする．

そして，2013 年の 12 月に中国国家航天局の嫦娥 3 号が月面に着陸して，探査機の"玉兎号"が 3 ヵ月間の調査を行ない，そのデータを送信したりすれば，宇宙旅行につながる宇宙開発というものが軍事色を身にまといながらも，政治色を発揮にするものになるという証明にもなるという光景をふたたび見せられる．南極大陸や北極海の海底に国旗を打ち込むというのと同じで，領域宣言になると信じられているからだ．

政治，軍事以外の資金がかかりすぎるという問題については，最近，その原資は個人に滞留しているのではないかと考えるようになった．アメリカの経済誌『フォーブス』の「2017 年版　世界長者番付」のベスト 5 のトータルが 40 兆円超えというのだから，それを宇宙開発に回してもらえればいいだけのことなのだ．が，それが出来ないのはなぜか？　それら高額所得者は少年時代の夢が亡くなっているからだろうし，資本主義体制の問題は，マルクス・エンゲルスの『資本論』を持ち出すまでもなく，資本は資本家に集中するのだから，この体制を突破する必要もあるのだが，政治的経済的システムの改革は容易ではない．

宇宙開発の問題は，この体制問題まで波及する要因を孕む面倒なもので，技術的問題については，技術者の視野の問題もある．たとえば，宇宙エレベーターの着想は良いのだが，あまりにも理念的観念的であると感じる．具体的な問題としては，交通機関として成立も考えなければならない．かつて日本の新幹線の開発にも従事した元日本国有鉄道の技師長であり，元宇宙開発事業団の初代理事長でもあった島秀雄氏は，駅のプラットフォームに手すり

とドアをつけなければならないと考えていたのだ．その哲学，「技術を社会に投下する場合，あらゆる社会的影響を考慮しなければならない」という名言は肝に銘ずる必要はあろう．

つまり，宇宙旅行につながる探査機では，1997年に打ち上げられたNASA発の探査機カッシーニが，20年後の2017年4月26日に土星の本体と輪の2000 kmのあいだを通過して，その後，土星に突入してその任をおわったのだが，これが宇宙旅行に至る技術の実態なのだ．その成果は，天文学的価値はあっても，それ以上の価値は見出せないというのが，ぼくのような門外漢の感覚なのである．

むろん，宇宙空間を利用するという意味を少しはわかる．現在の静止衛星軌道上の衛星なら電波基地になって，GPS機能から気象と地質変動の観察等に徹底的に有用であると認めるのだが，それ以上の利用は想像できない．

近未来的な利用方法としては，静止軌道上に太陽電池パネルを敷設するという発想だ．これが好きなのは，地表に景観破壊の激しい太陽電池パネルを敷設するのに代われるものだからだ．そのメンテナンス維持にはロボットだけではなく，有人作業も必要だろう．それにかこつけて観光事業もありうるだろうという強弁も成り立つからだ．静止軌道上に地球を一周する太陽電池パネルの景観は，万里の長城などというレベルではないから，客は呼べよう．

そうなれば，交通機関としてのインフラの成立も見えてくるので，宇宙エレベーターのテザーの建設は可能だろう．ロケットという乱暴な乗物は，低軌道衛星までの30分を楽しむわけにはいかないのだが，宇宙エレベーターなら時速500 kmで静止軌道まで1週間の旅になる．しかし，ティザー1本というのは勘弁してもらって，最低3本．スペースデブリ等によるティザーの切断が怖いからだ．さらに，付随して研究開発しなければならないテーマは山積しているだろうと想像するから，基礎研究として，今後100年はつづける必要はあるだろうと思っている．

このように言うのは，地球上で宇宙開発や宇宙旅行を夢想する元少年たちは，宇宙の真空状態と月とか火星，はたまた他の天体と地球との距離感とか，太陽と惑星と衛星の運行から，小流星や宇宙塵，宇宙線といった宇宙環境そのものを考慮するセンスに欠けているように感じるからだ．月に有用なレアメタルがあるのでいい商売には，……なるまい．これが，長年，宇宙空間で

人間を動かしてみるということをアニメの上で実行してきた人間の感覚なのである．

　地球資源は決定的に農業と漁業に提供されるべきで，あとは最低限度の鉱物資源の調達に留めるべきなのだ．エネルギーは太陽から得るだけにする．そうすれば，太陽が赤色惑星になる影響をうけるまでの十数億年間は，地球を使えるだろう．宇宙開発とは，このように考えて行うべきだと考えている．

　2017 年 5 月

富野由悠季

目 次

はじめに　i

序　宇宙旅行の夢に魅かれて　iii

第 1 章　宇宙旅行とは何か……………………………………………1

1.1　2040 年日本発の月旅行が実現　1

1.1.1　宇宙港への集結・出発準備／1.1.2　これまでの宇宙旅行／1.1.3　地球出発から月への巡航／1.1.4　月へのランディング／1.1.5　月面観光／1.1.6　月でのスポーツなど／1.1.7　地球への帰還

1.2　これから始まる宇宙旅行の魅力――サブオービタルとオービタル　15

1.2.1　宇宙旅行実現前夜／1.2.2　これがサブオービタル宇宙旅行だ／1.2.3　サブオービタル宇宙旅行の分類／1.2.4　オービタル宇宙旅行の時代／1.2.5　開発状況の俯瞰／1.2.6　人はなぜ宇宙旅行を夢見るか／1.2.7　宇宙旅行に行かない人も楽しめる「宇宙港」――その魅力と可能性

第 2 章　これまでと，これからの宇宙旅行…………………………27

2.1　宇宙旅行以前の宇宙活動　27

2.1.1　空想と SF の時代／2.1.2　宇宙旅行の理論的支柱としてのツィオルコフスキー／2.1.3　ドイツのロケットブームとドイツ宇宙旅行協会／2.1.4　フォン・ブラウンと V-2 ロケット／2.1.5　第二次世界大戦終結後の宇宙開発競争／2.1.6　世界初の有人宇宙機ボストークと有人宇宙活動／2.1.7　月探検旅行への道／2.1.8　宇宙基地の開発

2.2　再使用型ロケットの開発　41

2.2.1　再使用型打ち上げシステムとしてのスペースシャトル／2.2.2　スペースシャトルの功績と事故／2.2.3　垂直離着陸機デルタクリッパーの開発

と民間宇宙活動

2.3　宇宙旅行実現への努力　45

2.3.1　旧来のロケットと宇宙基地を用いた宇宙旅行の試み／2.3.2　Xプライズとスペースシップワンの成功／2.3.3　スペースシップツーとヴァージン・ギャラクティックによる宇宙旅行の企画／2.3.4　ブルー・オリジン社によるニューシェパードロケットの開発／2.3.5　スペースX社のファルコン9ロケットとドラゴン宇宙船の開発／2.3.6　問題点と解決方法

2.4　将来の月以遠の旅行　50

2.4.1　月周回旅行／2.4.2　火星そしてそれ以遠の旅行

2.5　まとめ　53

第3章　ロケットや宇宙船──宇宙旅行の技術と安全性……………55

3.1　宇宙旅行に必要な乗り物　55

3.1.1　宇宙とは／3.1.2　宇宙を飛ぶための条件／3.1.3　強加速機（ロケット）の種類／3.1.4　再使用型ロケット／3.1.5　巡航機の種類

3.2　宇宙旅行の形態　72

3.3　宇宙旅行の安全性　76

3.3.1　安全確保の工夫／3.3.2　過去事例からの安全性の検証

3.4　宇宙旅行の運用と安全性向上のために開発すべきもの　81

3.4.1　宇宙船運用設備と宇宙港／3.4.2　旅客用通信など

第4章　多様なツーリズムと宇宙旅行……………………………………87

4.1　ツーリズム（観光）とは　87

4.1.1　観光の語源と定義／4.1.2　観光と旅・旅行／4.1.3　観光の意義／4.1.4　観光の構成要素／4.1.5　近代ツーリズムの生成

4.2　多様なツーリズム　94

4.2.1　マス・ツーリズム（mass tourism）／4.2.2　オルタナティブ・ツーリズム（alternative tourism）／4.2.3　スペシャル・インタレスト・ツアー（SIT: special interest tour）／4.2.4　近未来のツーリズム──宇宙大航海

時代の到来予感
　4.3　宇宙旅行　100
　　　4.3.1　宇宙旅行の位置づけ／4.3.2　宇宙産業と宇宙旅行／4.3.3　宇宙旅行の環境整備／4.3.4　宇宙旅行とインバウンド・ツーリズムの促進——観光立国と科学技術創造立国の融合

第5章　宇宙旅行の需要を探る……………………………………………113
　5.1　宇宙旅行が大きなビジネスになる可能性を探って　113
　5.2　これまでの市場調査や需要研究　114
　　　5.2.1　世界初の宇宙旅行場調査と需要研究／5.2.2　米国での初期市場調査／5.2.3　ヨーロッパでの市場調査／5.2.4　米国連邦航空局（FAA）による調査／5.2.5　フュートロン社最新調査
　5.3　JAXAとクラブツーリズムによる共同研究　121
　　　5.3.1　アンケートの概要／5.3.2　集計結果／5.3.3　宇宙旅行の価格感度測定／5.3.4　宇宙旅行の不安
　5.4　社会からの注目の高さの事例　128
　　　5.4.1　米国での事例／5.4.2　日本での事例
　5.5　需要予測の難しさと宇宙旅行の今後　130

第6章　宇宙旅行をマーケティングする……………………………………133
　6.1　宇宙旅行を商品として評価する3種のマーケティング分析　133
　　　6.1.1　STP分析／6.1.2　4P/4C分析／6.1.3　SWOT分析
　6.2　宇宙旅行の普及・拡大におけるマーケティング課題　137
　　　6.2.1　プロダクトアウトとマーケットインの複眼視点／6.2.2　サプライチェーンとデマンドチェーンの構築／6.2.3　MOTとMBA／6.2.4　企業経営視点からの戦略マーケティング／6.2.5　研究開発から市場獲得のプロセスを阻害する障壁
　6.3　顧客の志向分析による宇宙旅行の価値創造　143

6.4　3つの「こと体験」による価値創造　145

　　6.4.1　スポーツ／6.4.2　グルメ／6.4.3　エンターテイメント

6.5　宇宙旅行普及のための戦略広報とプロモーション　152

6.6　まとめ　154

第7章　宇宙旅行の経済効果……………………………………………157

7.1　世界経済の長い低迷および対策　157

　　7.1.1　新産業の必要性／7.1.2　新産業の事例／7.1.3　航空産業にみる成長の前例

7.2　技術の発展と宇宙旅行産業へ取り組み　161

　　7.2.1　航空宇宙技術の発展／7.2.2　各国政府の取り組み／7.2.3　宇宙政策と経済政策

7.3　宇宙旅行産業の成長と可能性　164

　　7.3.1　関連する産業の潜在的な成長／7.3.2　成長のシナリオ／7.3.3　軌道への旅行の可能性／7.3.4　世界経済への貢献／7.3.5　若年世代にとっての利益

7.4　宇宙旅行産業における日本の役割　172

　　7.4.1　政策立案者の必要な役割／7.4.2　イノベーションの強化

7.5　国内での促進刺激策　176

　　7.5.1　「短期主義」の問題／7.5.2　航空行政の重要性／7.5.3　資金提供の必要性／7.5.4　リードタイムの長い研究の重要性／7.5.5　政治家のリーダシップの必要性

7.6　まとめ　180

第8章　日本から宇宙に行けないのはなぜ
　　　　　――法整備の現状と展望……………………………………183

8.1　国際法と国内法　183

8.2　国際宇宙法の歴史と現状　184

　　8.2.1　宇宙空間平和利用員会の誕生／8.2.2　宇宙関連条約の概要／8.2.3

ソフトローの意義と種類

8.3 宇宙旅行と国際宇宙法 187

8.3.1 宇宙の定義の不在／8.3.2 「宇宙旅行者」と「宇宙飛行士」／8.3.3 国内法の適用関係（管轄権）／8.3.4 事業免許／8.3.5 天体の土地の所有／8.3.6 宇宙資源の取得／8.3.7 地球環境の保全

8.4 スペースデブリの問題 192

8.4.1 スペースデブリの状況と対応／8.4.2 スペースデブリの状況監視／8.4.3 スペースデブリの発生防止／8.4.4 スペースデブリの除去

8.5 国内宇宙法 195

8.6 航空法レジームの概要から考察する宇宙旅行の具体的制度 197

8.6.1 航空機製造に関する法と宇宙旅行／8.6.2 商業宇宙輸送機規制の概要と考察

第9章 宇宙旅行服──宇宙機から宇宙ホテルまで……………205

9.1 宇宙旅行と宇宙旅行服 205

9.1.1 宇宙旅行服は名脇役／9.1.2 準軌道宇宙服／9.1.3 軌道宇宙服／9.1.4 船外活動宇宙服／9.1.5 宇宙でのふだん着

9.2 宇宙滞在と宇宙服 218

9.2.1 有人宇宙活動と宇宙服市場／9.2.2 宇宙旅行時代の宇宙滞在／9.2.3 宇宙ホテルでの衣食住遊

9.3 宇宙服の未来 223

9.3.1 宇宙とファッション／9.3.2 宇宙旅行の未来と宇宙服

第10章 宇宙酔いから精神負担まで
──宇宙旅行と健康，準備……………………227

10.1 宇宙飛行士と宇宙旅行者における安全の考え方 227

10.2 宇宙旅行の健康への影響1──身体的負担 228

10.2.1 サブオービタルとオービタル宇宙旅行の健康への影響の違い／10.2.2 体液の移動と心臓への影響／10.2.3 放射線・宇宙線の影響／10.2.4 宇宙酔いの影響／10.2.5 骨の軟化の影響／10.2.6 体力低下の影

響／10.2.7 無重力・ハイGの影響

10.3 宇宙旅行の健康への影響2——精神的負担 235

10.3.1 プライバシーの確保／10.3.2 ストレス／10.3.3 不安症／10.3.4 閉所恐怖症／10.3.5 精神的負担への対策——宇宙旅行中のレクリエーション

10.4 宇宙旅行に出かける前の準備 239

10.4.1 宇宙に行ける健康基準と診断／10.4.2 ナスターセンターでの訓練／10.4.3 ゼロGとハイG訓練／10.4.4 スペースチャンバー訓練／10.4.5 日本企業とJAXAの取り組み

終 章　宇宙旅行を日本で実現するための課題と克服……………247

1 宇宙旅行とは何か（第1章） 247
2 これまでと，これからの宇宙旅行（第2章） 248
3 ロケットや宇宙船——宇宙旅行の技術と安全性（第3章） 249
4 多様なツーリズムと宇宙旅行（第4章） 250
5 宇宙旅行の需要を探る（第5章） 251
6 宇宙旅行をマーケティングする（第6章） 252
7 宇宙旅行の経済効果（第7章） 254
8 日本から宇宙に行けないのはなぜ
　　——法整備の現状と展望（第8章） 254
9 宇宙旅行服——宇宙機から宇宙ホテルまで（第9章） 256
10 宇宙酔いから精神負担まで
　　——宇宙旅行と健康，準備（第10章） 258
11 これからの課題——日本で宇宙旅行を実現するために 259

おわりに 261
事項索引 263
人名索引 270
執筆者および分担一覧 271

第 1 章
宇宙旅行とは何か

　われわれの未来に，果たしてどんな宇宙旅行が実現するのだろうか？
　この章ではまず2040年に実現すると想定した月旅行のフィクションを紹介する．そこでは，将来の宇宙旅行がどのようなものか1つのイメージを提示し，これからの議論のきっかけを提供する．その後現代に戻り，まもなく実現する高度100 kmの準軌道（suborbit）への「サブオービタル宇宙旅行」，その後に実現する軌道（orbit）を周遊する「オービタル宇宙旅行」の内容や魅力について解説する．

1.1　2040年日本発の月旅行が実現

1.1.1　宇宙港への集結・出発準備
　2040年1月29日，日本初の月宇宙船「ジャパンムーンエクスプレス」がいよいよ打ち上げられる日が来た．乗客は20名，クルーが2名（うち1名はロボット）．ついに日本の宇宙船開発技術も進歩しこのように多くの乗客が乗れるようになった．宇宙船が出発する宇宙港（スペースポート）は日本に3ヵ所あるが，今回は最南端，沖縄県にある宇宙港から出発する．ここは宇宙旅行により島の経済も活性化し，「宙島（そらじま）」と愛称で呼ばれている．3日前に集まった乗客たちは，宇宙港内施設の中で出発前オリエンテーション，重力加速や無重力環境の準備トレーニングを受けた後，今回の宇宙の旅が身体に支障がないことを確認するため専門のスペースドクターにより健診が行われた．
　「宙島」は，五ツ星リゾートホテルやカジノがある富裕層などに人気の離島で，海外からの定期便やプライベートジェットを受け入れる国際線旅客ターミナルの他，この宇宙への打ち上げ施設があり，アジアで代表的な宇宙港

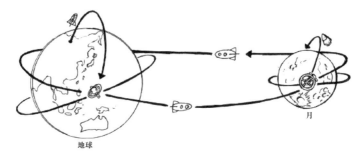

図 1.1 月旅行の行程図
地球と月の間隔は実際には上記の図の約 30 倍離れている．

の島として知られている．

　この月宇宙船は，日本の航空会社などの資本も入っているベンチャー企業，「ジャパンスペースライナーズ社」が運航する垂直打上型商業宇宙船で，米国，ロシア，中国，EU，インドなどに続き，日本でも月への民間宇宙旅行がやっと実現するものだ．

　地球から月まではロケットで直行するわけではない．図 1.1 のように，まずは地球軌道上の宇宙ステーションに行き，そこで軌道間を往復する巡航船に乗り換え約 3 日かけて月の軌道を回る宇宙ステーションに到着．ここで月への着陸船に再度乗り換え，月面にランディングするという行程になる．

　参加費は 1 人当たり 990 万円で，「1000 万円を切った就航記念価格で 2 週間の月旅行を楽しもう」というのが，募集のキャッチフレーズとなっている．本来の定価は 3000 万円だ．

　鷹木悠宇人（ゆうと）（34 歳）は都内の建築設計事務所に所属する建築デザイナー．そのフィアンセ田中希星（あかり）（32 歳）とのハネムーンとしてこの月旅行に申込みをしていた．近い将来，宇宙建築に関わる企業への転職が決まっている悠宇人は，希星とのハネムーンは月に行くことを早くから決めていた．費用は借金をして揃えたが，将来必ず仕事の中で元が取れるという自己投資の意味もあったし，何より単純に「ハネムーン」は「ムーン」へという語呂の良さが気に入っていた．

　希星は，母から二代続けて航空会社の客室乗務員を職業にしてきた家系で，空や宇宙に強い思い入れと深い親近感があったので，この行先について反対するわけがなく，家族も皆賛成してくれた．

この就航第 1 便の応募者は 3000 人を超え大きな話題となったが，150 倍の競争率を乗り越え，2 人は見事文字通りのプラチナチケットを手にしたのだ．

1.1.2 これまでの宇宙旅行

かつて，本格的な商業宇宙旅行は 20 年以上前の 2019 年に，高度 100 km に上がってすぐ帰ってくる「サブオービタル飛行」と呼ばれる形態で米国から始まっていった．その頃から並行して世界各地で民間宇宙港の建設が始まり，今や観光としてより主要都市間の最速輸送手段として，ロンドンからシドニーなどの長距離路線を中心に宇宙空間を経由した定期便が就航するようになった．世界中の主要都市間は「サブオービタル宇宙船」を使えばどこでも 2〜3 時間以内に行くことができるようになった．そしてこの移動手段の革命的な進歩で地球全体が極めて狭くなった．

「サブオービタル宇宙船」の運航は各国の航空会社によって行われるようになり，その販売は各国の宇宙旅行会社が担うようになった．最初は 2000 万〜3000 万円した高度 100 km までのこの観光飛行も，マーケットの広がりと競争により値段が 10 分の 1 に下がり，一部の「ローコストサブオービタル（LCS）」と呼ばれる運航事業者のように 99 万円という価格を打ち出し始めたところもある．

また，2 地点間の航空運賃も，通常の定期航空便ファーストクラスの 3 倍程度の価格にまで下がり，政治家や企業トップなどの出張の他，富裕層のラグジュアリートラベルの移動手段として使われ始めている．

航空産業の守備範囲が，まさに空から宇宙まで広がってきたのがこの 20 年の歴史でもあった．

そして，宇宙観光そのものの中心は，2030 年を過ぎたころから，宇宙ステーションに滞在して地球の周りを周回する「オービタル宇宙飛行」に移っていった．数日間宇宙空間に滞在してじっくりと青い地球を眺められるこの体験は，40 年前は 1 人数十億円もの高価なものであったが，今や 500 万円を切る価格で販売され，多くの人が行ける豪華体験旅行の 1 つとなった．昨年は世界で 15 万人以上の参加者を得て，航空産業ならびに旅行産業にとっても 1 兆円規模のビジネスにまで成長しつつあった．そしてその運航範囲は

今や地球唯一の衛星である月にまで向かいつつある．

月はいかなる国家，機関，団体，個人にも所有されないという国連の「月協定」は永らく十数ヵ国しか批准してこなかったが，資源の面で月の重要性が見直されたところに観光開発ブームが火をつけ，今や100ヵ国以上が批准し人類による本格的な月利用の時代が到来しつつあった．

宇宙ステーションは15ヵ国が共同で運営した「国際宇宙ステーション」の時代が終わり，国や企業ごとに打ち上げて運営される時代となり，現在は20機もの宇宙ステーションが軌道上を回っている．その多くが宇宙ホテルとしての付属棟を有していて，軌道上でのサービスや価格競争による観光客の争奪戦が始まりつつある．特に注目は，観光用宇宙ステーションの登場であり，宇宙観光が大きなビジネスになりつつある象徴でもあった．

1.1.3 地球出発から月への巡航

いよいよ，月宇宙船「ジャパンムーンエキスプレス」先端の乗客用カプセルに20名の乗客とクルーが乗り込んだ．

日本は，2030年以前は「有人宇宙飛行」は国の取り組みとしてまったくタブーであったが，米国以外にも多くの国でこの事業が始まり，国として遅れをとるわけにもいかず，晴れて人を乗せる宇宙船開発に舵を切った．幸いにも大きな事故を一度も起こすことがなく，最初の観光客を月に送るこの日を迎えた．

昔ながらのカウントダウンが行われ打ち上げられた．

打ち上げから10分ほどで高度400 kmに到達，軌道を2周して，日本が独自で運用している「宇宙ステーションYOKOSO Japan号」にドッキング．ここで付属の宇宙ホテルでしばしの休息を取り，出発の準備を待つ．眼下に広がる青い地球とはしばらくお別れとなるので，2人は改めてたっぷりとその美しさを脳裏に焼き付けようとした．

そしてアナウンスがあり，月に向かう軌道間巡航船「ムーンフェリー1」に全員が乗り込んだ．いよいよ母なる星地球の重力圏を離れ月に向けて出発するときがきた．所要時間はおおよそ70時間だ．

宇宙船内は5ヵ国語を話せるアジア人「スペースアテンダント」が，まるで航空機のファーストクラス並みの接客サービスを提供し，20名の乗客は3

表 1.1 月旅行　日程表

"ジャパンムーンエクスプレス"で行く初めての月面紀行14日間【日程表】		天体の様相	
		地　球	月
3日前	集合（宇宙港）オリエンテーション		
2日前	準備トレーニング	「新地球」	満月
前日	ヘルスチェックと最終準備点検		
1日目	月宇宙船「ジャパンムーンエクスプレス」打ち上げ，軌道上の宇宙ステーションに到着，月移動船「ムーンフェリー1」に乗り換え月に出発		
2日目	軌道間巡航	「三日地球」	
3日目	軌道間巡航		
4日目	月軌道上の「国際ムーンステーション」（IMS）に到着後，着陸船で月面にランディング　月面散歩など　　　　　　　　　　　　（月面ホテル泊）		
5日目	月面観光　有名スポットとクレーター巡り　　　　　　　　　　　　　　　　　（月面ホテル泊）		
6日目	月面観光　月の裏側探検　　（月面ホテル泊）	上弦（「半地球」）	下弦（半月）
7日目	月面観光　月面スポーツ体験，自由行動　　　　　　　　　　　　　　　　　（月面ホテル泊）		
8日目	月面基地より打ち上げ，IMS経由で地球に		
9日目	軌道間巡航		三日月
10日目	軌道間巡航		
11日目	宇宙ステーションを経由して，大気圏再突入，宇宙港帰還		

（14日目「満地球」新月）

日間を快適に過ごすことができる．飽きることがないよう，VR（バーチャルリアリティ）による月面観光体験や月面生中継ニュースなどの情報提供番組，宇宙映画の名作から最新作までの上映，24時間楽しめる宇宙食ブッフェ，無重力ヨガ体験など，たくさんの船内プログラムが用意されている．

　人類が宇宙を移動し始めて最も進歩したのはロケットなどのハード技術ではなく，実はこの接客などの顧客サービスの進化だといわれていた．ジャパンスペースライナーズ社によると，この70時間は「豪華クルーズ船」を楽しむようなコンセプトでサービスが組み立てられているとのことだ．

　漆黒の宇宙空間の長い移動の中で食事は特に重要な時間だ．この宇宙船で

は，世界各地の三ツ星レストランシェフ監修の和洋中ブッフェメニューが揃い充実している．人気が高い日本食として松坂牛のソテーやマツタケご飯もあったのにはびっくりした．2人は食後にはチューブ入りのカクテルも楽しみながら窓の外の地球が少しずつ小さくなっていくのを眺め，月でのプログラムについてなどワクワクする会話を楽しみながら時間を過ごした．

ほぼ満月の形をした月が，少しずつ大きく近づいてくるのがよくわかる．地球は三日月ならぬ「三日地球」の形で，さびしそうに少しずつ離れていく．2日目は，月は地球と同じくらいの大きさになり，やがて地球は，窓に手をかざし全体が親指で隠せてしまうまで小さくなってしまった．

この2つの親子天体を見比べているだけで，飽きることはまったくない3日間となった．

やがて移動船は月の重力圏内に入ってきた．

月の軌道上には，20ヵ国が共同で運営をしている大型の「国際ムーンステーション（IMS）」が周回している．「ムーンフェリー1」はほぼ予定通りの時間にこのIMSにドッキングをした．

IMSは月の軌道を2時間で1周している．約30名が泊まれる宿泊棟を有する他，100名収容が可能な大型の展望ラウンジがあることが特徴で，ここからかつてアポロ8号が撮影をして世界中に感動をもたらしたあの有名な「地球の出」をまるで劇場鑑賞のように見ることができる．が，このツアーでは，地球に帰るころが「満地球」に近づくので，そのときにこの体験をすることになっていた．

1.1.4　月へのランディング

さて，いよいよIMSから月着陸船に乗り移り月面宇宙港へランディングするときがきた．

今回の宇宙の旅の中で最も緊張し感動的な瞬間だ．船が降下を始めると，空気がないので雲などの遮るものもなく眼下のクレーターがくっきりと見え，だんだん大きくなってくるのがはっきりとわかる．月面には直径1km以上のクレーターが30万個もあるといわれるが，その存在が眼下に実感でき，心が躍り鳥肌が立っていることを抑えられない．

国連で管理している月面宇宙港は月の南極点に接する「シャクルトンクレ

ーター」近くに設けられている巨大なステーションだ．ここは年間の日照率が80%を超え，太陽光発電などエネルギー確保や地球との交信に適しているため月面の宇宙港に選定された．人類が地球外に初めてつくった太陽光発電所第1号もこの隣の地区に建設され稼働している．また現在は，火星への移住用大型宇宙船の打ち上げのために施設の拡張工事が行われているところでもある．

　火星への人類移住構想は古くからあったが，実際の実現はかなり遅れていた．ところが最近，「科学ロケットを超える次世代ロケット」といわれる「核融合パルスロケット」（核融合物質を連続で爆発させて推進）の実用化の目途がたち，火星への所要時間の短縮や大量の物資の運搬などが可能になった．そして打ち上げは地球より重力が小さい月からということでその準備が進んでいるのだった．

　月の高地はほとんど斜長岩という鉱物でできているが，それにはカルシウム，シリコンやアルミニウムなどが含まれ，精製加工することよりセメントや半導体が月面でつくられている．月の低地（海と呼ばれる部分）を構成するのは玄武岩だが，これにはチタンが含まれ，水素を流しチタン鉱物中の酸素と結合させ水もつくられるようになった．

　宇宙港の近くには，地下洞窟である溶岩チューブを利用して地下につくられた居住区があり，役人，研究者，建設関係者など約200人が暮らしている．それ以外に約800体もの特定任務に能力を発揮する特化分野型AI（人工知能）を搭載したロボットや建設現場で力を発揮する作業用ロボットが働いている．

　その隣には米国に本社がある世界的なホテルチェーンが運営する「ルナグランドパレスホテル」がある．

　月は，昼130℃以上の高温になるのでこのホテルの客室はすべて地下に設けられているが，「ギャラクシーラウンジ」と称した展望ラウンジだけは地上にあり，宇宙に浮かんでいる地球を「新月」ならぬ「新地球」以外は24時間眺めることができることで知られている．1960年代に同チェーンが世界初の月ホテル構想を発表して世界的に話題になったが，その夢のような絵がここで実現していた．

1.1.5 月面観光

2人を乗せた着陸船が月面宇宙港に無事ランディング．まずは地球から何か菌を持ち込んでいないか検疫を受ける．そしてイミグレーションに案内された．といっても，現在，月は国連が管理する星で，国には属さないのでパスポートは必要ないが，国連の規則で訪問者は登録が必要でパスポートで国籍や氏名をチェックされる．

手続きが終わり，悠宇人と希星の月での4泊5日の滞在が始まった．到着日は宇宙港見学とオリエンテーションが用意されており，宇宙服への順応を目的に初めての月面散歩もすることになっていた．

宇宙港着陸サイトには，ちょうど中国の着陸船が到着し，乗客の大きな声の中国語が響いていた．その隣には米国とEUの船が停泊している．打ち上げサイトには，インドの船のカウントダウンが始まっており，月と地球との往来が日増しに増えていく活気が感じられた．

宿泊する「ルナグランドパレスホテル」の部屋にチェックイン後，早速ホテルの「ギャラクシーラウンジ」に行くと，宙には大きなぽっかりと半月形に近い地球が浮いている．月は完全にモノトーンの世界だがそれとは好対照で，地球は海や雲が太陽の光で反射し，青く輝く異常に目立つ存在だ．この小さい星に今や100億人もの人が住んでいることが2人には信じられなかった．

悠宇人と希星は月面用宇宙服を着て，宇宙港敷地内の月面を手をつなぎながら初めて歩いてみた．宇宙服は初期のものと比べ軽くなり60 kgの重さで自分の体重と合わせて120 kgになるが，月の重力は6分の1なので，体感体重は20 kgとなり，体がとても軽く，跳ねるように歩ける．1時間程度の

図 1.2　月面散歩イメージ

図 1.3 月面観光イメージ

歩行訓練で，予想より簡単に歩くこつを身に付けることができた．明日の観光の日がいよいよ待ち遠しく感じる．

楽しみにしていた月で最初の夕食は，月面植物栽培工場で育てられたレタスとトマトのサラダ，そしてたんぱく源のメイン料理としては，月で稚魚から育てられている「ティラピア」という川魚のムニエルが出された．希星は特にこの魚が気に入った様子で，「癖もなくタイに似た味ね」と残さず平らげていた．それを見た悠宇人は，折角のハネムーンの思い出を台無しにしないためにも，この魚のエサが月に住んでいるスタッフの排泄物であることは希星にはいわないようにしようと心に決めた．

2 日目は，いよいよ月面観光ローバーに乗って月の有名スポットと有名クレーター巡りをする日だ．月面を観光する目的で大型ローバーが 2 人を含めた 20 名の宇宙観光客を待っていた．窓が広くつくられており，酔わないよう安定性も強化されている設計だ．ガイドは UNWTO（国連世界観光機関）が認定した「宇宙ガイド資格」保有者が行うことになっている．

観光コースは，アポロ 11 号が降り立った「静かの海」にある「着陸モニュメント」やその 3 人の宇宙飛行士の名前が付けられたクレーター，満月のとき放射線の光条が地球からも目立つ有名クレーターの「ティコクレーター」，そして月のエベレストと呼ばれる「エイトケンベースン」北側の高地が予定されている．この日のガイドは，日本の元宇宙飛行士のお孫さんに当たる北海道でバスガイドをしていた女性が担当だった．

2 日目の行程で悠宇人と希星に最も感動を与えたのは，アポロ 11 号の「着陸モニュメント」訪問だ．ここには 1969 年から残されている米国の月着陸船「イーグル」が離陸した発射台の台座がボロボロの星条旗とともに保存

され当時のままに残されている．その他にも地震計やレーザー反射鏡，カメラもそのままに保たれており，まるで屋外博物館のようなゾーンを形成している．その中心にはあのバズ・オズドリン宇宙飛行士の「足跡」も透明なカバーで覆われ，わずかながら原型を留めて見られるようになっている．80年前の歴史的な瞬間が蘇り，まさにタイムスリップをしたような感覚に襲われる場所で，月で最も人気がある観光ポイントといわれている．

　そして，3日目は地球から見ることができない月のダークサイドの観光だ．月の表側には，「海」と呼ばれている溶岩が固まり暗い色をした滑らかな平地で，海を連想させるからこう呼ばれているところがたくさんあるが，それが裏側にはほとんどない．高低差があり，クレーターしかないのがここ月の裏側だが，観光の目玉は何だろうか．

　月の表側から常に見えている地球の直径は月の4倍．つまり，地球から見た月の4倍の大きさで月から青く輝く地球が見えその光は月の表側を明るく照らす．しかし，月の裏にはその光はまったく来ないので，太陽が沈む月の夜はまさしく暗黒の世界が広がる．これは宇宙に広がる天の川を見るには邪魔をする光がなく絶好のロケーションとなる．言葉ではいい表せないような満天の星が，しかも大気がないので曇ることもなく確実に見える．文字通り降るような星空の世界を眺めることができるのが，裏側観光のハイライトなのだ．雑誌やネットで紹介される月の裏側の写真はクレーターなど月の表面を撮ったものばかりなので，この感動体験の存在は今まであまり知られてこなかった．

　この日のツアーは，このような裏側の環境を活かしたもので，2035年にその赤道直下に近い盆地「フロインドリッヒ・シャロノフ」につくられた月面天文台にも寄り，天文台長の解説付き内部見学も行われた．ここには，世界一大きな電波望遠鏡が置かれ，大気の影響も地球電波の妨害もない環境下で銀河観測や地球外生命体の探索が行われ，天文観測に携わる者にとってはいつか訪れたい憧れの施設といわれている．

1.1.6　月でのスポーツなど

　4日目は，月で「スポーツ体験」ができる日となっていた．人気があるのが「月ゴルフ」だ．1971年，アポロ（Apollo）14号のアラン・シェパード

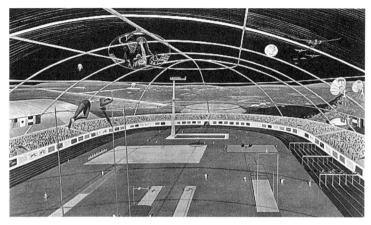

図 1.4 月面スポーツイメージ（NASA 提供）
https://er.jsc.nasa.gov/seh/moongame.html

（Alan Shepard Jr.）船長が月でゴルフをした最初の人類となった．これを真似た体験がゴルファーに人気で，大気がなく重力も弱い月で地球の 10 倍の飛距離のショットが打てる．ゴルフをほとんどやったことがない希星でも，やってみたら簡単に 100 m は飛んだのでびっくりした．

　もう 1 つの人気スポーツ「月面ダイビング」もまさしく月でしかできない体験だ．人は地球上でスカイダイビングをすると，200 km ものスピードで地面に向かって落ちていきスリルを味わうことができ，愛好者もいるが怖くてそんな体験は避ける人がほとんどだ．しかし，月面でこのダイビングを行うと時速 80 km 程度でゆっくり（？）と落ちることになる．恐怖感も想像以上に少なくなり，慣れてくると周りの景色も楽しめるようになるのがこの「月面ダイビング」の魅力だ．

　ちょうど 1950 年代に米国の SF 作家，ロバート・A・ハインライン（Robert Anson Heinlein）がその著作『地球の脅威』の中で，将来人類が月で翼を付けて飛ぶレジャーを楽しむフィクションを発表したが，これが約 100 年後に遂に実現したことになる．

　大気がないので，パラシュートも役に立たない月面では，背中に小型の噴射装置を背負い軟着陸できるようにしているので安心だ．悠宇人は軽い高所恐怖症だったが，100 階のビルくらいの高さにある特設ダイビングスポット

から思い切って何も考えず飛び降りた．恐怖感はすぐ消え去り，夢の中を舞うような心地よさを感じ，胸をなでおろす気分だった．

　将来は，月にドーム型のスポーツスタジアムが建設され，その中には酸素が供給され，温度調節もされ，宇宙服も着ず翼を付けて自由に飛び回るようなことも夢でもないかもしれない．そういえば，先日国際オリンピック委員会（IOC）が将来は月でオリンピックを開催するという構想を発表し話題になっていた．ひょっとすると，それには異星人も特別参加をするなんてことも考えられるかもしれない．2 人はそんな想像を巡らせていた．

　月滞在の最終日の午後は初めての自由行動だった．悠宇人は地球から「あるもの」を持ってきていた．

　それは悠宇人の祖母の遺骨であった．悠宇人の祖母は 7 年前に亡くなっていたが，遺言で祖父が眠る墓には入らず，遺骨は宇宙に散骨するか，月に埋葬して欲しいというのがその願いだった．

　このような宇宙葬を希望する人は少しずつ増えてきたため，国連の管理下で，月面の「豊かな海」に「月面墓地」がつくられた．「豊かな海」は「餅をついているうさぎ」の「首のところ」に当たる場所にある．悠宇人はこのハネムーンに合わせてこの墓地を申し込んでおき，希星と訪れ納骨する予定をたてていた．

　墓石は，月を覆っている白い斜長石を加工してつくられている．ちなみに地球の墓石として使われる花崗岩の中の白っぽい鉱物がこの斜長石だ．希星は「月って墓石になる石はたくさんあるし，お墓にいる故人は常に高いところから地球を見守り，地球からは新月でなければいつでも拝むことができるのでお墓にはぴったりな星かも」と感心していた．永代使用料はわずか 10 万円と安いが，遺灰を運搬する費用の 90 万円を含めると 100 万円かかる．それでも月に納骨されたお骨が，昨年世界で 1 万柱を超えたという．

　5 日目，2 人が地球に戻る日が来た．

　お土産については，「ルナグランパレスホテル」のギフトショップで月で採れた鉱物を加工したたくさんの種類のペンダントや置き物などが売られていた．その中で隕石コーナーが特に充実している．宇宙からの隕石は，地球に落ちる場合は大気で燃え尽きてしまうことが多いが，月では大気がなくそのまま月面に衝突するので，実にさまざまな隕石が採取されている．銀河系

以外から飛んできたと推定される美しく輝く宝石のような隕石が販売されている．地球までの運送費が入っていないので，どれもここでしか買えない特価だった．このなかから悠宇人はハネムーンの記念に赤身を帯びた不思議な光を放つ隕石ペンダントを購入し，希星に思い出としてプレゼントした．2人が採取した月の石は1人30 g（地球に持ち帰ると180 gになる）までは持ち帰ることが許されている．

1.1.7　地球への帰還

いよいよ月を出発するときがきた．高度120 kmの月軌道上を回っている「国際ムーンステーション（IMS）」へ向かうカプセルに乗り込み，ロケットにより打ち上げが行われる．

悠宇人は楽しかった5日間を思い出しながら，上昇し始めるカプセルの中から希星とともに月面に向かって手を振りお別れをした．ホテルの従業員やロボットたちも下で手を振ってくれている．

わずか2分で国際ムーンステーションへ到着した．しかしここからすぐ帰るわけにはいかない．この旅の重要なハイライトプログラムの1つ「地球の出」をこの帰りのタイミングで見ることになっているのだ．

頭上の地球はあと5〜6日もするとちょうど満月ならぬ「満地球」になろうとしていた．地球が月の地平線から堂々と浮かび上がってくる様子は，形容のしようもない不思議な体験だ．地球の存在がまるで他人事のようにも感じ，自分がどこにいるのか錯乱してしまいそうな不安が襲ってくる．じっくりと見ていると地球の模様も少しずつ変わり，自転していることがはっきりとわかる一生涯忘れられない体験だ．悠宇人と希星は会話も忘れるほどこの景色に見入り飽きることは決してなかった．

この感動体験も終わり，ここから軌道間巡航船「ムーンフェリー1」で地球におおよそ3日間かけて帰っていく．途中，地球まであと10万km，つまり月から地球に向かう3分2くらいのところが，丸い地球をカメラに収めることができるベストポイントといわれている．行きは三日月形だった地球が，帰りは「満地球」に近い形で2人を出迎えていた．宇宙船の中で，この大きな地球をバックに悠宇人と希星は最高の思い出になる記念写真をクルーに撮ってもらった．しかもちょうど日本列島が正面の視界に入ったところで

シャッターが押されるという絶妙のタイミングだった．

　青い海や白い雲が太陽の光を反射し，暗黒の宇宙にぽっかりと浮かぶ丸い地球の姿は何度見ても飽きることはなく言葉にはならない美しさだ．この故郷の星に帰っていく喜びを2人は手をつないでかみしめた．

　やがて，巡航船は懐かしい地球軌道上の「宇宙ステーションYOKOSO Japan号」にドッキングした．そして，地球着陸船に乗り換えて，沖縄「宙島」にある宇宙港に戻っていく．大気圏突入は重力加速度（G）も大きく今でも最も緊張する瞬間だ．6Gが体にかかり，月の6分の1の重力に慣れた後なので身体には特に辛い．が，座席は昔と比べ緩衝機能が飛躍的に改善されており，角度はフルフラットに倒されGを胸から背中に受けるような楽なスタイルでしのぐ．高度20 kmからは着陸船はスムーズなグライダー飛行で滑空して宇宙港の滑走路に向かっていった．

　かつて大気圏突入時に事故が発生し死傷者が出たこともあったが，最近は安全性も高まり，観光客は心配なく地球に帰還できるようになった．航空機は1000万回に1回程度の全損事故率だが，観光宇宙船は100万回に1回となり，20世紀の航空機並みの実績となったことが大きい．

　月は，地球の唯一の惑星，多くの人類が往来することにより，今や「宇宙に在る」というよりも，「地球圏内に在る」という時代が来たともいえる．月から他の惑星に向かうフライトこそが，これからは「宇宙旅行」と呼ばれるかもしれないと悠宇人は隣のシートで可愛らしいやすらかな姿で寝ている希星を見ながらそう考えていた．

　以上のストーリーはフィクションであり，実在するいかなる場所，国，団体，個人とも一切関係はない．今後20年後に起こりそうなストーリーを描き，将来の宇宙旅行のイメージを広げてもらうために本書のために書き下ろしたものである．その頃は月への観光旅行が一般化しているだろうと筆者は考える．

1.2 これから始まる宇宙旅行の魅力――サブオービタルとオービタル

1.2.1 宇宙旅行実現前夜

さて，ここで話を現在に戻したい．

ところで，宇宙旅行はまだ実現していないのだろうか？

もし，宇宙旅行とは民間人が観光などを目的に宇宙に行くことを指すとすると，2001年米国の実業家デニス・チトー（Dennis Anthony Tito）によって既に実現している．彼は数十億円を払い宇宙飛行士と同様な本格的な準備訓練を受け，ロシアのソユーズロケットに乗って職業宇宙飛行士とともに国際宇宙ステーションに行き8日間滞在した．つまり言葉の意味だけを考えると宇宙旅行はこのとき実現したといえる．また，観光ではない宇宙ビジネス旅行はこれより早く，1990年の元TBSの秋山豊寛が第1号となる．

だが，何日間もの宇宙滞在でなくてもよいので，背伸びをすれば行ける程度の価格でかつ訓練はできる限り簡単なものであれば，より多くの一般人が観光で宇宙に行けるようになる．それには民間企業が開発，定期的に運航する商業宇宙船の登場を待たねばならず，そのサービスが実現して初めて本当の意味で「宇宙旅行が実現した」といえるのではないだろうか？

宇宙旅行を規定するときに，「どこから上に行くと宇宙に行ったことになるのか」という定義の問題も重要である．一般的には「高度100 kmから宇宙」といわれるが，この詳細な解説は第3章や第8章に譲る．したがってこの高度を超えなければ宇宙に行ったことにならないが，気球など高度30 km程度にまで上がると空は宇宙っぽい様相を呈し始め，宇宙に行った雰囲気は結構楽しめるとされている．

1.2.2 これがサブオービタル宇宙旅行だ

さて，最も身近な宇宙旅行は，「サブオービタル宇宙旅行」である．それは高度100 kmの宇宙空間に放物線飛行を行うもので，大砲の弾のように弧の弾道を描くので，「弾道宇宙旅行」とも呼ばれている．

ヴァージン・ギャラクティック（Virgin Galactic）社のプランを例にとってその内容を図1.5の飛行イメージ図とともに紹介しよう．

16　第1章　宇宙旅行とは何か

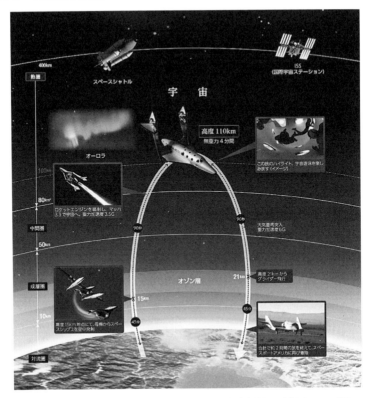

図 1.5　ヴァージン・ギャラクティック社宇宙旅行　飛行イメージ図

(1)　事前訓練と健康診断

　出発の4日前に米国ニューメキシコ州南部の宇宙港「スペースポートアメリカ」に集合．ここで3日間事前訓練と健康診断が行われる．

　事前訓練の内容の詳細はまだ公表されていないが，航空機，シミュレーターや模擬宇宙船などを使っての訓練や講義が同乗する6名の乗客チームごとに行われる．健康診断は問診表の提出など申込後に事前チェックがあり，現地では最終検査となる．

(2)　打ち上げから宇宙到達まで

　6名の乗客と2名のパイロットが乗り込んだ宇宙船「スペースシップツー (SpaceShipTwo)」は，母機「ホワイトナイト2 (WhiteKnightTwo)」に牽引された形で滑走路を離陸．高度15kmに達したところで，宇宙船は切り

離され，直後にロケットエンジンが点火し，一気に宇宙空間にマッハ 3.3 のスピードで向かう．このとき重力加速度（G）3.5 を体験．空の色は，コバルトブルーから紫，藍色，そして漆黒に変わっていく．およそ 90 秒で高度 100 km の宇宙に到達．この直前にロケットエンジンはストップし静寂の世界となる．

(3) 宇宙での滞在

高度 100 km，夢の宇宙空間には 4〜5 分滞在．シートベルトを外し，無重力状態を体験，窓からは真っ青な地球そして宇宙空間を眺め，遂に宇宙にやってきた感動の瞬間を楽しむ．船内と船外のカメラによって乗客の写真や映像も記録される．

(4) 大気圏突入，そして帰還

大気圏の再突入時は 6 G が体にかかるが，座席のリクライニングが倒され体に負担が少ない態勢で下降していく．高度 21 km からはグライダー飛行になり，スペースシャトルのように滑空して出発した宇宙港の滑走路に無事に着陸．

(5) 帰還パーティ

この日の夜は，宇宙に一緒に行った 6 名の乗客に家族や友人も加わり，無事に帰還したことを記念してディナーパーティが開催される．一生の思い出に残る体験を共にした 6 名の乗客は生涯の友になるに違いない．

1.2.3 サブオービタル宇宙旅行の分類

この宇宙旅行は宇宙船のタイプにより主に 3 つに分類される．

1 つ目は，空中で母機から切り離された宇宙船が空中発射し，地上の滑走路に滑空で戻るタイプ（水平離陸／水平着陸型）で，上記ヴァージン・ギャラクティック社のものがこれに当たる．2 つ目は，地上から垂直にロケットで打ち上げ，人が乗る先端の宇宙カプセルが宇宙到達後パラシュートなどで単独で戻ってくるタイプ（垂直離陸／垂直着陸型）で，ブルー・オリジン（Blue Origin）社のものが代表的である．3 つ目は，滑走路からジェットエンジンで離陸し，エンジンを上空でロケットに切り替えて宇宙に到達，離陸した滑走路に滑空して戻るタイプ（水平離陸／水平着陸型）で，エックスコア（XCOR Airospace）社やエアバス・ディフェンス＆スペース（Airbus

Defence and Space）社のものがこれに当たる（3.1.4項参照）．

　宇宙船のタイプはそれぞれ違うが共通点も多い．どの宇宙船で行くにしても，全体の所要時間は約2時間程度で，高度100 km 以上の宇宙滞在はおおよそ4〜5分間で，それ以上長く宇宙空間に滞在することは物理的にできない．宇宙船の速度が秒速で1 km 程度（時速3600 km）ではそれ以上の高度に行くことはできず，すぐ落ちてくるからである．また，宇宙からの地球観賞と無重力体験が乗船の目玉であることも共通している．

　現時点では各社とも宇宙船を開発中で商業運航開始前なので，どのタイプが最も安全で，乗り心地もよく，乗客により大きな感動体験を提供できるかは明らかになっていない．また，どこが最も多い顧客を獲得するかもこれからだが，まずはこの「サブオービタル宇宙旅行」が多くの一般の人が最初に体験する宇宙旅行となることだけは間違いない．

　安全性が最優先される事業のため，各社とも宇宙船の開発は慎重に行っており，非常に多くの時間がかかっている．民間資金による開発のため，資金繰りに困りこれまでも多くのベンチャーが途中で事業の撤退に追い込まれてきた．レースは最後には技術力と資金力の双方を合わせ持つ企業が，継続的な安全運航を実現し参加者の満足度が得られれば業界の最初のリーダーになるだろう．

　安全競争が終わると，次に価格競争の時代がやってくる．現在は日本円にすると1人当たり1500万円から3000万円程度の価格帯であるが，将来は競争により確実に下がり，宇宙旅行大衆化の時代がやってくる．その適正価格などの分析は第5章で論じることにする．

1.2.4　オービタル宇宙旅行の時代

　「サブオービタル宇宙旅行」の一般化に並行して，「オービタル宇宙旅行」の時代がやってくる．「オービタル宇宙旅行」とはオービット（軌道）を周遊する宇宙旅行である．多くの場合，地球から打ち上げられた宇宙船で「国際宇宙ステーション（ISS）」などに行き一定期間滞在する．1周90分で地球の周りを回りながら，高度400 km もの高さから真っ青な地球の姿を見て宇宙滞在を体験するものである．

　この体験がある程度リーズナブルな価格で実現すると，残念ながら「サブ

表 1.2 「サブオービタル」と「オービタル」特徴比較

	長　　所	短　　所
サブオービタル宇宙旅行	1. 参加費がオービタルと比較して安い（1500〜3000万円程度） 2. 準備訓練も同様な比較では簡単 3. 身体への影響は比較的軽微	1. 宇宙滞在が短い（5分程度） 2. 眺望範囲は1000 km程度まで 3. 天候にも若干左右される
オービタル宇宙旅行	1. より高い高度（約400 km）からの広範囲な眺望が楽しめる 2. より長い宇宙滞在が可能	1. 参加費が高額（数十億円） 2. 宇宙飛行士並みの準備訓練が必要 3. 身体への悪影響の可能性

オービタル」はその感動の大きさで「オービタル」には勝てないだろう．既出の大富豪デニス・チトーは，「サブオービタル宇宙旅行」ではなく，大金を払い，いきなりこの「オービタル宇宙旅行」に行ってしまったというわけだ．

改めて2つの宇宙旅行の長所と短所をまとめると表1.2のようになる．

比較をしてみると，「手軽に」宇宙に行くのであれば「サブオービタル宇宙旅行」がお勧めであることは間違いない．まもなく実現して一番目の便が最初の宇宙旅行客を乗せて宇宙に行きその様子が世界中で報道されると，新しい時代が開かれたと大きな話題になることは疑う余地がない．わずかな準備訓練で行け，身体への影響も比較的軽微，価格のことも考えると「オービタル宇宙旅行」と比較し参加のハードルが低いのが大きな特徴だ．

一方，「オービタル宇宙旅行」は，価格や健康面の不安などの欠点が改善されるようになれば，宇宙体験としてはより魅力が大きく，時間を追って確実に主流になっていくと思われる．しかもそれは宇宙ホテルの滞在とセットで一般化するので，大きなビジネス分野になる可能性を秘めている．

たくさんの内外の宇宙飛行士にインタビューをした作家の立花隆がその著作『宇宙を語る』で述べているが，宇宙に行った人が共通して気付くことが2つあるという．1つは，「地球には国境がないということ」，もう1つは，地平線にある地球の大気の膜の薄さを見て地球のひ弱さを感じ，「地球環境保護の大切さを再認識すること」だ．

この2つの体験は，「オービタル宇宙旅行」の方がより強烈に経験できるだろう．

人類はこれらの段階を経て，やがてフィクションストーリーに出てきた「月旅行」の時代を迎えることができるだろう．歴史は一気に月に行くことは決してできないのだ．

1.2.5 開発状況の俯瞰

表 1.3 は，2017 年 11 月における宇宙船の開発状況まとめたものである．

民間宇宙旅行だけでなく有人宇宙飛行全体まで範囲を広げて分類分けをし一覧にした．

①〜④が国家資金を使って職業宇宙飛行士が乗船する国家の宇宙事業である．ただしスペース X（Space X）社のように今後民間人を乗せるプロジェクトを同時並行して進めるところもあり，これらの技術や経験が今後民間用に転用されていくものと考えられる．

⑤は既に 1.2.1 項で説明したように 2001 年に実現した国家と民間のコラボレーションにより可能となった宇宙旅行の成功例である．

⑥〜⑨が，民間企業が開発し，民間人を乗せる純粋な商業宇宙旅行といえるもので，今まさに開発競争が繰り広げられている．

⑩は宇宙旅行とはいえないが，1.2.1 項でも触れたように宇宙旅行的な体験ができるので敢えて本表に入れた．

1.1 節のフィクションで，「サブオービタル」から「オービタル宇宙旅行」まで航空会社が運航しているという未来を描写したが，それは，この表の③と⑨に当たる世界の航空産業の 2 強であるボーイングとエアバスが宇宙船開発に乗り出しているという事実が土台になっている．将来は文字通り航空産業が宇宙に羽ばたくものと予想される．

1.2.6 人はなぜ宇宙旅行を夢見るか

宇宙旅行に行く夢や楽しみとはどのようなものだろうか？ 宇宙飛行士は職業として仕事で行っているので，この問いは，やはり観光で行く人々にその思いを尋ねるのが一番である．

人が宇宙に行きたい理由そのものは，第 5 章で紹介する市場調査の結果でも詳しく触れており，それは圧倒的に「自分の目で青い地球を見てみたい」である．実際に宇宙旅行に申し込みをして実現を待っている人もこの点はほ

1.2 これから始まる宇宙旅行の魅力

表1.3 有人宇宙飛行の分類および主な宇宙船開発状況の一覧

分類	資金	高度	No	事業者名	機体名称	定員	打上げ方法	打上地	参加費	営業（打上げ）開始予定	申込客数	備考
宇宙探査・輸送（宇宙飛行士）	国家資金	月・火星	①	NASA	Orion	4名	垂直打上げ	米		2018年予定 2021年有人飛行		NASAのスペースシャトル後継機。
	国家資金+民間資産	低軌道（400～500キロ程度）	②	スペースX	Dragon V2	4名	垂直打上げ	米		2018年予定		NASAと国際宇宙ステーションへの宇宙飛行士輸送契約を締結。民間人を乗せた月への周回飛行や将来の火星への移住飛行も計画。
			③	ボーイング	CST 100 Starliner	7名	垂直打上げ	米		2018年予定		NASAと国際宇宙ステーションへの宇宙飛行士輸送契約を締結。
			④	ドリーム・チェイサー	Dream Chaser	7名	垂直打上げ	米		2020年予定		NASAと国際宇宙ステーションへの商業輸送契約を締結。
			⑤	スペース・アドベンチャー（ロシア宇宙庁）	Soyuz	1名（+2宇宙飛行士）	垂直打上げ	カザフスタン バイコヌール	数千万米ドル	2001年4月	7名実施済み	2001年4月～2009年9月までに7名の民間人を国際宇宙ステーションに送り届けたプログラム。
宇宙旅行（民間人）	民間資金	準軌道（100キロ）	⑥	ヴァージン・ギャラクティック	Spaceship 2 (VSS Unity)	6名（+2パイロット）	水平離着陸（空中発射）	米ニューメキシコ	25万米ドル	2019年予定	約700名	2014年秋のテスト飛行事故を乗り越えて2号機を公開。2016年9月よりテスト飛行再開。
			⑦	ブルー・オリジン	New Shepard	6名（パイロットなし）	垂直打上げ	米	未定	2019年予定	未受付	アマゾンを経営するジェフ・ベゾスがオーナー。
			⑧	エックスコア	Lynxs Mark 1（高度60キロ） Lynxs Mark 2（高度100キロ）	1名（+1パイロット）	滑走路より離着陸	米モハベまたはキュラソー	15万米ドル	未定		倒産手続中
		30キロ	⑨	エアバス デフェンス＆スペース		4名（+1パイロット）	滑走路より離着陸		7.5万米ドル	2025年予定	約350名	観光用の有人サブオービタル機構想。
			⑩	ワールドビュー	Voyager	6名（2クルー）	気球	米ツーソン		2018年以降		2017年ツーソン空港南側に専用の打上げ施設を完成。

2017年11月1日現在の情報を元にクラブツーリズム・スペースツアーズが作成

ほ共通しているが，しかし，どのような人がどのような思いでこの体験を望み，実現を待っているかは 1 人ずつ異なり，宇宙旅行のあり方を考えるとき興味深いものである．

筆者は，ヴァージン・ギャラクティック社日本地区公式代理店の立場で，日本中の宇宙旅行参加希望者と面談をしてきたが，その経験からわかったことは次のようになる．

現時点ではクラブツーリズム・スペースツアーズ社では，申し込みを受ける前には必ず直接本人と面談をすることになっている．これは，宇宙船は開発中で運航面の詳細などまだ決まっていないことも多くさまざまなリスクもあるので，その現状を十分理解いただき予約を受けることが重要と考えているからである．この面談を通じて，本人の熱い宇宙への思いをお聞ききし同時にその人の奥深い人生のほんの一端に触れることにもなる．

宇宙旅行参加者は概ね以下のいずれかのタイプに分かれている．

1. 宇宙への思い，好奇心が強い（宇宙や天文マニアとは違う）
   理屈を超えて宇宙に行きたい人，宇宙に行くことが人生の目的の 1 つである人
2. 世界旅行好き
   特に都会より世界の奥地や辺境の地，南極や北極などを好み，宇宙を自身の究極の旅行先として捉えている人
3. 冒険やハードなスポーツが趣味
   鍛えた強靱な体をもち，自らの限界に挑戦をされており，その一環で宇宙に行きたいという人
4. 乗り物好き，スピードそのものを楽しみたい
   車やオートバイなど乗り物好きの人で，宇宙船のスピードを体験してみたいと考えている人
5. 空を愛する人（航空機操縦経験など）
   最大マーケットの米国でも参加者にパイロットの資格を持っている人が多い．とにかく空を飛ぶのが限りなく好きな人
6. ポジティブな企業経営者
   世界的な傾向で，業種は問わず経営者は宇宙好きが多い

1人1人の参加動機はそれぞれ違うが，共通していることは，あまり難しい宇宙理論や専門知識がその口から出てくることは少ない点だ．ほとんどの人が「宇宙への熱い思い」をもっていて，宇宙に行くリスクより，行ったときの感動の方がはるかに大きいことを共通して思い描いており，そこには理屈を超えた感動があると考えているのが実情である．

ある人より聞いた次の言葉がすべての人の思いを代表しているのかもしれない．

「宇宙に行って死んでもいいが，宇宙に行く前に死にたくはない」

1.2.7　宇宙旅行に行かない人も楽しめる「宇宙港」——その魅力と可能性

宇宙旅行は，宇宙船やロケット，そして宇宙に行く旅行者がどうしても話題の中心となるが，世界各地でこれから進められていく宇宙港の建設も重要な宇宙旅行のインフラとしてなくてはならないものである．それは単に離発着施設という機能だけではなく，宇宙に行かない人も引き寄せる巨大な集客施設になる可能性を秘めている．

宇宙船が飛ぶということだけで，まず多くの見学者が来場する．かつて海外旅行が一般化し始め，羽田空港やその後の成田空港など主要な国際線の空港から日航機がどんどん海外に飛び始めた頃，空港は見送り客や見学客で溢れた．これと同じ現象が宇宙港で起こる可能性が高いと考えられる．「宇宙船が実際に飛ぶところをこの目で見たい」というニーズが巨大な集客に結びつくからである．

さらに，宇宙港には，宇宙旅行疑似体験や訓練施設，ミュージアムや関連グッズショップ，ホテル，レストランなども併設され，アミューズメントパーク的な一大娯楽施設になる可能性も秘めている．科学や航空宇宙教育という点では子供や学生向けの教育施設という顔をもつかもしれない．

巨大な集客は，地域経済の活性化や観光立国の推進にまでに結びつくことになるが，このあたりは後段の章でも論じられているのでそれに譲りたい．

ちなみに「宇宙先進国」の米国では，図1.6のように，既に連邦航空局FAAが2017年9月の時点で10ヵ所もの，国の施設とは別に州などが中心になって運営する「民間宇宙港」を認定し，ここから民間企業や各種機関が貨物や人を乗せた宇宙船を打ち上げる．宇宙旅行はまだ始まってはいないが，

24　第 1 章　宇宙旅行とは何か

図 **1.6**　アメリカの宇宙港マップ（出典：FAA）

https://www.faa.gov/about/office_org/headquarters_offices/ato/service_units/systemops/ato_intl/documents/cross_polar/CPWG23/CPWG23_Brf_Commercial_Space_Transportation_Intro.pdf

図 **1.7**　スペースポートアメリカ（ニューメキシコ州）

これを将来有望な成長ビジネスと捉え，各州は「民間宇宙港」を整備し，打ち上げ事業者の誘致競争が始まっている点に注目しておきたい．

参考文献
縣　秀彦（2014）『あなたの知らない宇宙 130 億年の謎』洋泉社
ヴェルヌ，ジュール／江口　清 訳（1964）『月世界へ行く』創元 SF 文庫
宇宙科学研究倶楽部 編集（2012）『宇宙の裏側がわかる本』学研
宇宙建築研究会（2009）『宇宙で暮らす道具学』雲母書房
ガスリー，ジュリアン／門脇弘典 訳（2017）『X プライズ宇宙に挑む男たち』日経 BP 社
佐伯和人（2014）『世界はなぜ月をめざすのか』講談社
佐伯和人（2016）『月はぼくらの宇宙港』新日本出版社
佐藤勝彦（2013）『気が遠くなる未来の宇宙のはなし』宝島社
立花　隆（1995）『宇宙を語る──立花隆・対話篇』書籍情報社
ナショナルジオグラフィック日本版（2016）『火星移住，日経ナショナルジオグラフィック』
沼澤茂美，脇屋奈々代（2016）『月の素顔』小学館
ハインライン，R. A.／福島正美 訳（1965）『地球の脅威』早川書房
ハインライン，R. A.／福島正美 訳（1985）『時の門』ハヤカワ文庫
長谷部信行，桜井邦朋（2013）『人類の夢を育む天体「月」』恒星社厚生閣
福井康雄 監修（2008）『珍問難問宇宙 100 の謎』東京新聞出版局
ルークル，A.／山田卓 訳（2004）『月面ウオッチング』地人書館
ブライアン，ウイリアム／韮澤潤一郎 監修（2009）『アポロ計画の秘密──驚異の映像とデータ』たま出版
浅川恵司（2014）『集合．成田．行き先．宇宙．』双葉社

JAXA（2009）『月のかぐや』新潮社
Collins, P.（2003）"The Future of Lunar Tourism", Invited speech, International Lunar Conference, Waikoloa, Hawaii, 21 November
　http://www.spacefuture.com/archive/the_future_of_lunar_tourism.shtml

第 **2** 章

これまでと，これからの宇宙旅行

　人類の夢である宇宙旅行の歴史は，宇宙旅行を実現したい人々の熱意，それを可能にする多方面の技術開発，国際関係を含めた当時の社会情勢等，さまざまな要因が互いに影響しあった結果であり，現在も進行中である．この章ではこれまでの宇宙旅行の歴史を省みて，さらに，宇宙旅行の将来像について述べる．

2.1　宇宙旅行以前の宇宙活動

　人類が天空を見上げて興味を抱いてから，ロケットを発明し月着陸と宇宙ステーションの建設まで行うまでに長い年月を要した．しかし，初期の宇宙飛行は，どちらの体制が優れているかのイデオロギー対決の象徴であり，危険かつ訓練されたプロフェッショナル達の世界であった．

2.1.1　空想とSFの時代
　人間は旅が好きなのかもしれない．
　遠い昔，アフリカの平原から徒歩で歩き出し，家畜に乗り，舟を操り，この地球全体に広がった．そして夜になると天空の星々に思いを巡らしていた．天空は神々のものであり，ゆえに人間の手の届かぬ世界と思われていた．しかし，月の満ち欠けや潮の満ち引きから，月が地上の現象に影響を与えていることは古くから知られていた．また天空の星々の間で奇妙な動きをする惑星は，未来を予測する占星術の対象とされ，権力者は未来を予測するために占星術師を雇い保護した．専業化した占星術師の観測結果は天文学の礎となり，天空の世界に関連した多くの「読み物」が書かれた．現代から見ると多くは荒唐無稽な話ではあるが，これらの「読み物」は人々の関心を天空へ向

けることに役立った．そしてどうしたら月や天空の世界に行くことができるだろうかという考えが生まれた．

　世界最初の宇宙小説としては，ギリシャの作家ルキアノス（Lucianos）が書いた『本当の話』（A. D. 167）が知られている．また日本では平安時代に『竹取物語』が書かれ，最後の章では月からの使者に促され，かぐや姫が月に帰っていく場面で終わる．この場面から月は少なくとも，「人間が生きて地上と行き来ができる」という認識があったのだろうか．見方を変えると，世界最初の宇宙旅行の話であるともいえる．

　18世紀の産業革命と科学技術の進歩は，娯楽小説の一分野としてSF小説（Science Fiction）を生み出した．その中でジュール・ベルヌ（Jules Verne）作『月世界旅行』は，米国のフロリダ州に巨大な大砲をつくり，人間と犬を砲弾に乗り込ませて打ち出すことを描いている．これは月を周回して海上に着水するという現実のアポロ計画を彷彿とさせる小説であった．

2.1.2　宇宙旅行の理論的支柱としてのツィオルコフスキー

　コンスタンチン・ツィオルコフスキー（1857-1935）は，幼くしてしょう紅熱で難聴となり，ロシアの片田舎の数学教師として生計を立てる一方，独力でロケット推進について理論的な研究を進めた．このため帝政ロシア時代のアカデミズムからは，荒唐無稽な素人学者として嘲笑され狂人扱いをされた．彼は宇宙飛行や宇宙旅行に関して『わが宇宙への空想』等，SF小説，科学解説書を多数発表している（ツィオルコフスキー，1961）．

　ツィオルコフスキーは，制御された液体燃料ロケットや，燃料としての水素の利点，多段式ロケットによる宇宙飛行等を予言した．ロケット推進に関して，次の有名なツィオルコフスキーの式を残している．

$$V_f = I_{SP} \times g \times \ln(M_o/M_f)$$

　　V_f：最終速度
　　I_{SP}：比推力
　　g：重力定数
　　M_o：燃料を満載し静止したロケットの質量
　　M_f：燃料を消費した後のロケットの質量

これにより多段ロケットを使えば，衛星軌道速度である約7.8 km/sに到達できるという宇宙旅行の基礎を確立した（青木，2017）．

革命後のソビエト政権は，「帝政時代の冷遇された境遇から，先進的なソビエト政権下で再評価された天才科学者」と，彼の功績を称えた（冨田，2012；セミョーノヴァ・ガーチェヴァ，1997）．

1920年に出版された彼のSF小説『地球の外で』（的川，2017）は「宇宙飛行」（北島，2006）の題名で1935年ジュラヴリョーフ監督よりソビエト国営モスフィルムにて映画化される（ツィオルコフスキー，1961）など，尊敬され平穏な晩年を過ごした．

2.1.3　ドイツのロケットブームとドイツ宇宙旅行協会

ヘルマン・オーベルト（Hermann Oberth, 1894-1988）は，当時のオーストリア帝国，現在のルーマニアに生まれた．少年時代にジュール・ベルヌのSF小説『月世界旅行』に感動し，数学教師の傍ら1923年に『惑星空間へのロケット』『宇宙旅行への道』を出版した．この本がきっかけとなりドイツ国内のロケット・マニアの青年たちが集まり1927年にドイツ宇宙旅行協会（VfR）が設立された（オーベルト，1958）．

このロケットブームを見たドイツの映画会社ウーファ（UFA）社は，オーベルトにサイレント映画「月世界の女（月の女）」のワンシーンに模型の月ロケットを実際に飛ばすことを依頼した．実際にはロケット実験中に爆発事故があり，映画の中では実写フィルムが使用できなかった．しかし映画の中では，高加速時の加速度，無重力状態，宇宙服等を登場させ，宇宙旅行のイメージを大衆に植えつけた．

他にも，1928年にドイツ宇宙旅行協会の会員であったマックス・フェリエ（Max Valier）が世界最初のロケットカーを自動車会社オペルのオーナーであるフリッツ・フォン・オペル（Fritz Adam Hermann von Opel）らと開発しスピード記録に挑戦した．VfRでは技術的な挑戦も同時に行われ，液体酸素・ガソリンを使ったミラクロケットや，液体酸素・液体メタンを使ったヨハネス・ウインクラーの打ち上げ成功などもあった．

これらの活動により大衆の注目を集めることに成功したロケットブームではあったが，世界恐慌による影響は大きく，VfRも会員の減少と資金不足

に悩み，当時のリーダーであったウェルナー・フォン・ブラウンはドイツ陸軍からの資金援助を受けることを決意した．その後フォン・ブラウンはドイツ陸軍兵器局へ入り大型ロケット開発に邁進したが，VfR は 1934 年 1 月にロケット打ち上げ実験に使用していたラケーテンフルークプラッツ演習場を軍に返還し，その活動を停止した（的川，1995）．

2.1.4　フォン・ブラウンと V-2 ロケット

第一次世界大戦終結後のドイツでは，ベルサイユ条約で大砲，戦車，航空機の保有が制限された．このためドイツ陸軍の一部では，ベルサイユ条約の軍備制限を逃れる方法として，所有禁止兵器リストから除外されていたロケットに注目する動きがあった．当時ドイツ陸軍兵器局弾道・弾薬部長の職にあったカール・ベッカー（Carl B. Becker）は野戦用兵器として小型固体ロケットの開発を内示するとともに，ベルリン工科大学に対して将校への弾道学などの教育プログラムを依頼するなど兵器としてのロケット開発に向けて技術力の底上げと要員の拡充を図った．この教育プログラムに参加した将校の中にのちの V-2 ロケット開発の中心人物の 1 人となるヴァルター・ドルンベルガー（Walter Robert Dornberger）がいた（冨田，2012）．

もう 1 人のドイツでのロケット開発の中心人物として，前述のウェルナー・フォン・ブラウン（Wernher von Braun, 1912-1977）を挙げなければならない．彼は，男爵家の息子として裕福な家庭環境で教育を受けた後，寄宿制の中学へ進み，ここで彼の一生を決めるオーベルトの著作『惑星空間へのロケット』に出会った．その後ベルリンの工科大学へ進み，VfR の活動に参加する中で，ドイツ陸軍のドルンベルガーとも知己となり，ドイツ陸軍のロケット開発に参加することとなる．

実験センターはバルト海沿岸のペーネミュンデが選ばれ，ここで大型ロケット開発に関連した空力，エンジン，誘導制御に関する研究開発が行われた．

完成した A-4（以後 V-2）は，長さ約 14 m，直径 1.65 m，打ち上げ重量約 13 t の機体となり，推力 25 t 重のエンジンを載せペイロード 750 kg で最大射程 320 km のロケットとなった．ロケットには過酸化水素で作動するターボポンプが搭載された（図 2.1）．

ロケットの推進薬の組み合わせについては，当時から多数が知られていた

図 2.1　V-2 ロケット

が，性能と燃料の入手性などから液体酸素と 75% 含水エチルアルコールの組み合わせが選ばれた．理由としては，空気を圧縮冷却する設備があれば酸化剤の液体酸素を製造でき，また燃料のエチルアルコールは，原料のジャガイモから既存の蒸留酒製造工程を使い大量生産が可能であった．また含水エチルアルコールは燃焼温度の低減により，燃焼室とノズルへの負担低減と推力向上で役立った．ガソリンなどの石油系燃料は軍内部での割り当て制限を受ける可能性があり，燃料をエチルアルコールとした選択は適切であったことが大戦末期に明確となる．

　フォン・ブラウンは，技術者をまとめて開発作業に邁進し，ドルンベルガーは，ドイツ陸軍内部とナチス政権との折衝，物資や生産施設，人員確保に奔走した．V-2 の頭文字 V はヒトラー（Adolf Hitler）の命名による「報復兵器」（Vergeltungswaffen）から名付けられた．完全な成功は 1942 年 10 月 3 日の A-4，4 号機である．その日の祝宴でドルンベルガーが，「この日が惑星間飛行に向けての最初の日となるであろう」と述べたとされる．フォン・ブラウンも，テストロケットのフィンに描いた「月の女」のステッカーに表されるように，宇宙旅行への第一歩という思いもあった（冨田，2012; Michels, 1996）．

　1943 年暮れまでは，ナチス政権内でも少数を除きロケット開発は知られていなかったが，V-2 の実験成功後は SS（親衛隊）とドイツ陸軍の間の V-2 に関する主導権争いから，SS はペーネミュンデの管轄権を陸軍から取

り上げるための陰謀を画策する．その中でフォン・ブラウンがゲシュタポに逮捕された逸話がある．ゲシュタポ長官ハインリッヒ・ヒムラー（Heinrich Himmler）から，「陸軍を離れて SS で働かないか」という誘い（V-2 開発の管轄権を SS に移すことを意味する）を断った数日後，フォン・ブラウンがゲシュタポに逮捕される．罪状は「フォン・ブラウンの関心は，軍事用ロケットではなく宇宙旅行に向いている」に始まる内容の告発で捏造の面もあったが，ドルンベルガーの祝宴での演説内容や，ロケット尾部に描かれた「月の女」のイラスト（冨田，2012; Michels, 1996）など，SS の告発に際してつけ入る隙を与えた面もある．当時の独裁政権下では，密告や告発が奨励され，友人や同僚，場合によっては家族からも些細な言動を告発された．フォン・ブラウンの逮捕を知ったドルンベルガーは，ヒトラーに直接面談するなど「V-2 開発にフォン・ブラウンは必要です」と説得を行い，やっと釈放された（的川，2000）．この権力闘争後，最終的に SS が V-2 の生産の実権を担うこととなった．

　フォン・ブラウンは開発チームのリーダーとして活動したが，戦況が悪化するにつれ空襲を避けてドイツ国内を転々とすることになる．SS からの命令自体も混乱し，前後の脈絡がない命令書が乱発される状況となり，開発グループ内では迫りくる連合軍のいずれに投降するかの議論となった．フォン・ブラウンはアメリカ軍に投降しようと発言し，グループ内でアメリカ軍に投降すると全員一致で決まった．軍や SS の検問をすり抜けるため，混乱する命令書の中から都合のよい命令書を見つけ改竄し，アメリカ軍の前線に近づくため車両を連ねて移動し，最後にアメリカ軍に投降した（的川，1995）．

2.1.5　第二次世界大戦終結後の宇宙開発競争

　第二次世界大戦終結後ドイツは，西側を米国軍とイギリス軍が占領し，東側をソビエト軍が占領する状況となった．そしてロケットを含むドイツの軍事技術が国外へ持ち去られる状況となった．

　米国軍は，フォン・ブラウンを含む主要技術者を手に入れるとともに，ミッテルベルクの鉱山跡の地下につくられた V-2 生産工場を接収し，多くの V-2 の完成品を手に入れることに成功した．他方ソビエト軍は，ドイツに

残った技師や工具，関連部品の製造設備から部品類まで，すべてソビエトに持ち帰る方法を取った．このときソビエト軍のロケット技術調査団の一員として参加した人物として，のちにソビエト宇宙開発を推進するセルゲイ・コロリョフ（1906-1966）がいた（冨田，2012）．

米国は，多くの完成品のV-2ロケットと主要技術者を有していたが，当初ロケット開発は低調であった．当時，米国は原爆を保有し，戦略爆撃機の数でソビエトに対して圧倒的な優位に立っていたため，ロケット開発の必要性を感じなかったためである．

他方ソビエトは，彼らの呼ぶところの「大祖国戦争」でモスクワ周辺を含む広い国土で戦闘となり，多くの人命が失われ社会インフラも破壊された．そのうえ，第二次世界大戦後しばらくして始まった米国との冷戦があり，戦後の国内復興を抑えても軍備拡張で米国に対抗する必要があった．ロシア人は，帝政ロシアの時代から長距離攻撃として大砲を重視してきたが，ロケットは大砲を超える兵器となることは明白であった．こうした状況でソビエトはV-2の模倣からロケット開発を再開することとなる．

長距離誘導ロケット開発は，1946年からNII-88（科学研究所88）で開始され，初めはドイツ製のV-2ロケットの打ち上げを行い成功した．その後，ロシア人によるロケット「R-1」（RはロシアPeg語のロケットを意味するRO-KATAの頭文字から来ている）の打ち上げを行った（的川，2002）．1948年9月7日の最初の打ち上げは失敗だったが，その後10月10日での打ち上げは成功した．その後の開発は順調に進み，開発初期に参加させられたドイツ人たちは次第に母国へ帰還することとなり，1956年にほぼ全員が帰国した（マグヌス，1993）．その後はロシア人による技術開発となり，最初の大陸間ロケットR-7の開発につながっていく．

他方，米国に移住したフォン・ブラウンらは，人里から離れたニューメキシコ州ホワイトサンズで，米国陸軍の実験としてV-2ロケットの打ち上げを開始した．その後，陸軍弾道ミサイル局（ABMA）がアラバマ州ハンツビルに設立されるとそちらに移り，米国陸軍のロケット「レッドストーン（Redstone）」の開発主体となっていく（ブレジンスキー，2009）．

1955年，米国のアイゼンハワー政権が国際地球観測年（IGY：1957-1958）の期間中に人工衛星を打ち上げると発表すると，同年コペンハーゲン

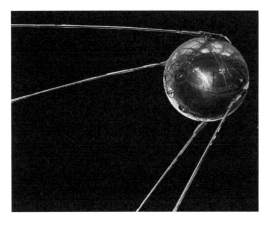

図 2.2 人類最初の人工衛星スプートニク1号（NASA 提供）

で開催された国際宇宙航行連盟（IAF）総会で，ソビエト代表団も人工衛星打ち上げを発表した．コロリョフらの人工衛星計画はソビエト軍部や一部指導者からの「彼の趣味に国家の貴重な資源，人材，時間が浪費されている」という反対もあり，決して祝福された計画ではなかった（冨田，2012）．しかしコロリョフは「（ソビエト指導部が人工衛星計画を承認せずに）米国が先に世界最初の人工衛星を打ち上げ，優位性を誇示する事態となった場合の責任はいったい誰が取るのか？」とソビエトが二番手となった場合の失態の責任追及がソビエト指導部の誰かに向けられると暗に指摘し，指導部が渋々承認した面もあった．

1957年10月4日，バイコヌールで発射されたスプートニク1号は，多数の観測機器を積んだスプートニク3号のような科学観測衛星となるはずであったが，ソビエト体制内で人工衛星計画が政治的に優位に立つために，システムの簡素化による開発スピードアップを図り，アルミニウム合金の球体内にバッテリーと無線送信機を積みアンテナ4本を外部に取り付けた形となった．そして無線送信機から事前に公表された周波数で「ピーピー音」を電波で軌道上から送信した（図 2.2）．

スプートニク打ち上げの成功のニュースは「人類による最初の人工天体の打ち上げ成功」として「スプートニク・ショック」となって世界を駆け巡った．打ち上げた当事者であるソビエトも例外ではなかった．当初の報道では，単なる大型科学実験が成功したという淡々とした報道だったが，全世界から

驚愕と注目を浴びて，ソビエト社会と科学の優位性を示す政治的なプロパガンダに利用できることがわかってからは，大々的な宣伝に変わっていった（ブレジンスキー，2009; Daniloff, 1972; Harford, 1997）．この後ソビエトは，自身の政治体制の優位を示すために宇宙計画を推進していくこととなる．その後1957年11月3日，ソビエト革命記念日に打ち上げられたスプートニク2号には，ライカという名の犬を乗せていた．世界で初めて地球の生物が宇宙を飛行したと世界中が興奮に包まれた．翌1958年5月15日に打ち上げられたスプートニク3号は高層大気（電離層）や太陽放射線など観測機器が積まれ衛星総重量が1.3 t に達した．

世界は，続けざまに打ち上げられるソビエトのロケット技術に驚き，特に米国では自国が世界一であるという今までの自信が瓦解し，同時に政府の無策を非難するマスコミと世論にアイゼンハワー政権は苦慮することとなった．

当時，米国では，海軍が主導するバイキング（Viking）ロケットを使ったバンガード計画と，陸軍が主導するレッドストーンロケットを使うフォン・ブラウンのグループが，IGYでの打ち上げを目的にして人工衛星打ち上げを計画していた．しかし海軍のバンガード計画が優先され，フォン・ブラウンのチームは2番手扱いであった．しかしバンガード計画で1957年12月6日に打ち上げたロケットが発射直後に爆発してしまい，急遽フォン・ブラウンとジェット推進研究所（JPL）の合同計画であるエクスプローラー（Explorer）1号の打ち上げが急がれた．エクスプローラー1号は，1958年1月31日の打ち上げに成功し，ソビエトに対して一矢報いたとの安堵感を米国

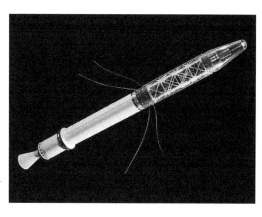

図 2.3　エクスプローラー1号
　　　　（NASA 提供）

国内に与えた（図 2.3）．

なお打ち上げに使用したロケット「ジュピター（Jupiter）C」は，フォン・ブラウンのチームが衛星打ち上げ許可の出る前から「長期保存試験用」として確保し衛星打ち上げに備えていたものであり（ブレジンスキー，2009），これが短期間での打ち上げ成功の要因となった．エクスプローラー1号は放射線観測機器を搭載し，地球の周りにある放射能帯を発見した．後年JPLの責任者ヴァン・アレン（Van Allen）博士の名前から「ヴァン・アレン帯」と名付けられた．

当時の冷戦下で米国＝ソビエト間の「宇宙レース」はこうして始まった．この後，有人衛星，月惑星探査機，気象衛星などの実用衛星，偵察衛星などの開発につながる技術開発競争が始まることとなる．

2.1.6　世界初の有人宇宙機ボストークと有人宇宙活動

スプートニクで世界に衝撃を与えたソビエトは，R-7ロケットの巨大な搭載能力を利用して有人宇宙機の計画を進めた．R-7は，比較的小さな推力のエンジンを束ねクラスター化することで大きな搭載量を実現した．しかしソビエト側の秘密主義もあり，宇宙計画自体も厚いベールに覆われていた．

1961年4月12日ユーリイ・ガガーリンが，有人宇宙船ボストークとともにR-7ロケットで打ち上げられ，周回軌道に投入され，地球を一周後ボルガ川河畔にカプセルは着陸した（図2.4）．正確には着地時の衝撃に人体が耐えられないため，ガガーリンは着地前に射出座席でカプセルから離れパラシュートで着地した（的川，2000）．

その後，米国も1962年2月20日にジョン・グレン（John Herschel Glenn

図 2.4　人類最初の宇宙飛行士 ガガーリン（NASA提供）

Jr.）が，アトラス（Atlas）ロケットに搭載されたマーキュリー（Mercury）カプセルに乗り米国初の有人軌道飛行に成功した．ソビエトはさらにボストーク2機によるランデブー飛行，そしてその中に初の女性宇宙飛行士バレンチーナ・テレシコワを搭乗させ大々的に宣伝した．

　米国は，豊富な人員，資材，資金を使うことで新しいシステムを初めから作り上げる方法を取ったため，初期には開発が遅延し，ロケット開発でソビエトに遅れを取った．しかし，電子機器の小型軽量化と信頼性向上に取り組み，後のアポロ計画での成功に寄与した経緯がある．

2.1.7　月探検旅行への道

　ソビエトの宇宙計画の進展に伴い，米国国内にはソビエト脅威論が目立ち始め，米国の政権内部でも対抗策が検討された．フォン・ブラウンらは，以前から有人月着陸を提案していたが，実際にはペーパープランの状態から脱せず，実現可能にはほど遠い状態であった．

　1961年1月にアメリカ合衆国大統領に就任したジョン・F・ケネディ（John Fitzgerald "Jack" Kennedy）はニューフロンティア政策を提唱し，1961年5月25日に有名な「1960年代に米国は月に人間を送る」という議会演説を行った．当時，米国は，ソビエトに対抗するため国家レベルの宇宙計画が必要とされた．こうして有人月計画である「アポロ（Apollo）計画」がスタートした．

　フォン・ブラウンは月飛行が可能な大型のサターン（Saturn）ロケットと，より大きな超大型のノバ（NOVA）ロケットの構想を持っており，サターンロケットは中間段階で，最終的にはノバロケットを開発し，直接月に人間を着陸させ帰還させる構想であった．しかし計画途上でノバロケットの開発は，技術上無理であると判断され，最終的にはサターンV型が月ロケットとして開発されることとなった（寺門，2013）．またマーキュリーに続く2名乗りのジェミニ（Gemini）宇宙船は，初期のコンピューターと燃料電池を搭載し，ランデブー・ドッキング実験と宇宙遊泳を行うなど後のアポロ計画の実証試験の面もあった．

　アポロ計画は急ピッチで進められた．当時は公表されていなかったが，米国側はソビエトで月飛行用に巨大なN-1ロケットが開発中であることを察

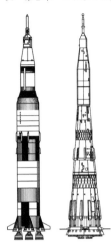

図 2.5 米国のサターン V ロケット（左）とソビエトの N-1 ロケット（右）（NASA 提供）

知しており，月着陸でもソビエトに遅れを取ることを恐れていた（図 2.5）．

しかし急ぐあまり 1967 年 1 月 27 日，発射台に据え付けられたアポロ 1 号内で火災が起こり，訓練中の 3 名の宇宙飛行士が死亡した．100% 酸素の船内での火災事故であった．事故対策として，可燃性の材料を不燃性に交換し，ハッチを緊急時に短時間で開放できるものに替えるなど，多くの改良を必要とした．ソビエトの月計画がいつ行われるかという状況で，月着陸船を搭載せずアポロの司令船のみで月の周回飛行を行うプランが採用された．これがサターン V ロケットによる初の有人飛行となるアポロ 8 号の飛行であった．この後地球周回軌道での月着陸船の試験を行ったアポロ 9 号，実際に月の周回軌道まで到達し月軌道上で月着陸船を試験したアポロ 10 号と続き，人類最初の月着陸となるアポロ 11 号となる．

1969 年 7 月 16 日ケネディ宇宙センターからアポロ 11 号は打ち上げられ月へ向かった．順調に飛行していたが，月着陸の途上で月着陸船の搭載コンピューターがエラーを表示する等のトラブルに見舞われたが，米国東部標準時 7 月 20 日午後 10 時 56 分アームストロング船長の足跡が月面に刻まれた（図 2.6）．この後事故で着陸を断念したアポロ 13 号を除きアポロ 17 号まで月着陸は実施されたが，当初予定された 20 号までの飛行はベトナム戦争による戦費拡大で中止される等，後半は政治と財政に翻弄された．

一方ソビエトは N-1 ロケットの開発失敗をひたすら隠し，月探査は有人

図 2.6 アポロ 11 号の月着陸（NASA 提供）

ではなく無人探査で行うと発表し，その後は無人探査機によるサンプル回収や月面車ルノホートによる探査を行った．

2.1.8 宇宙基地の開発

アポロ計画が 17 号まで終わった後，20 号まで計画されていた 5 機のアポロ宇宙船，そしてサターン V ロケットが残された．これを使い米国は 1973 年から 1974 年までスカイラブ計画を実施した．スカイラブは，サターン V ロケットの第三段を改造してつくった宇宙ステーションであり，太陽のコロナ観測，微小重力実験，長期の無重力環境が人体に及ぼす影響を実験した．

他方ソビエトは，1971 年に世界初の宇宙ステーション・サリュートを打ち上げ，火星への有人飛行等，長期にわたる宇宙飛行による人体への影響を調査した．サリュートが打ち上げられた後，宇宙飛行士はソユーズロケットでサリュートに向かい搭乗した．ソビエトはサリュートで宇宙での長期滞在記録を着実に伸ばすと同時に，新たな宇宙ステーションを建設した．それが宇宙ステーション・ミールであった．冷戦終結前にソビエトはミールのコアモジュールを 1986 年 2 月に打ち上げた．その後複数のモジュールを軌道上で結合し，1996 年 4 月に最後のモジュールを結合して総重量 130 トンの巨大構造物となった．ミールの全体像を図 2.7 に示す．

宇宙長期滞在記録はミールを使ってさらに延ばされ，連続宇宙滞在記録の

40　第2章　これまでと，これからの宇宙旅行

図 2.7　宇宙ステーション・ミール
　　　　（NASA 提供）

図 2.8　国際宇宙ステーション
　　　　（ISS）（NASA 提供）

最長はヴァレーリー・ポリャコーフの 437 日間となっている．

　またミール（Мир）は，日本の秋山豊寛を含む多数の外国人宇宙飛行士が訪問した最初の宇宙ステーションとなった．その後，スペースシャトル（Space Shuttle）によるアメリカ人宇宙飛行士による複数の訪問と長期滞在などを行ったが，2001 年 3 月 23 日に大気圏に突入しその役目を終えた．

　その後，国際宇宙ステーション（International Space Station: ISS）の建設が開始され，米国，ロシア，ESA（欧州宇宙機関），カナダ，日本の協力の下，1998 年建設が始まった．当初 2004 年には完成する予定であったが，2010 年 5 月にやっと完成形となった．これは図 2.8 に示すように，軌道構造物として最大の重量 420 t の宇宙ステーションである．ISS には，宇宙旅

行者のデニス・チトーを含めてこれまでに多数の宇宙飛行士が訪問し，無重力下での研究実験を継続して行っている．

2.2 再使用型ロケットの開発

　米国は，アポロ計画後，再使用型打ち上げシステムとしてスペースシャトルを開発し，有人飛行をすべて委ねていく．しかし高い運用コストと2回の重大事故により人命が失われ，シャトルの運用は2011年に終了した．

　また，別の再使用型打ち上げシステムとしてデルタクリッパーの開発が行われる等，米国での再使用型ロケットの開発は継続していく．

2.2.1 再使用型打ち上げシステムとしてのスペースシャトル

　宇宙への飛行は，当初は使い捨てロケットと有人カプセルを用い，最後に人間が乗った有人カプセルのみが地球に帰還する方式であった．しかし打ち上げ毎にロケットの大部分を捨てる方式では，いつまでも高コストの体質から抜け出せない．そうした中でロケット本体を回収し再利用することで，打ち上げコストの低減と打ち上げ準備期間の短縮が可能になるという考えが出てきた．これが再使用型ロケットの基本概念となった（コリンズ，2013）．

　再使用型打ち上げシステムとしてのスペースシャトルは，1981年4月12日の初打ち上げから31年にわたり地上と宇宙の間の往復（シャトル）ミッションを行った．そして2011年7月8日に打ち上げられたSTS-135ミッションをもって全ミッションは終了し，飛行を停止した．アポロ計画で使用された使い捨てのサターンロケットと異なり再使用ができる輸送システムとして計画され長い期間運用されたが，多くの困難と事故に曝された苦難の運用でもあった．世界最初の部分的再使用型ロケットであるスペースシャトルの開発と運用の歴史を述べる．

　スペースシャトルは，ポスト・アポロ計画の基幹計画としての完全再使用型ロケットとして計画された．当時アポロ計画での月着陸成功により宇宙での米国の優位は確立したが，サターンロケットのような高価な使い捨てロケットではなく，何度でも再使用ができる航空機のような低コストの宇宙輸送システムが求められた．スペースシャトルは最終的にデルタ翼のオービター

図 2.9 スペースシャトル（NASA提供）

(Orbiter)，2基の再使用型大型固体ブースター，飛行ごとに使い捨てとなる大型外部燃料タンクで構成される形態となった（図2.9）．オービター表面にはシリカを主体とする軽量の耐熱タイルが貼り付けられ，帰還の際に大気圏突入時の空力加熱から機体を守り，なおかつ再使用が可能であると宣伝された．ただし機体からのタイルの剝離問題はなかなか解決されず，シャトル運用の高コスト体質の原因の一部となった．またメインエンジン（SSME）には外部燃料タンクから液体水素と液体酸素が供給され，打ち上げ時上昇中の加速度を低減するため推力の可変が可能であった（村沢他，2011）．

2.2.2 スペースシャトルの功績と事故

スペースシャトルの特筆すべき点は，巨大なカーゴベイにさまざまなペイロードを搭載して軌道へ届けることができる点であった．ミッションに応じて衛星や惑星探査機のみならず，宇宙実験室を搭載し，最大8名の宇宙飛行士を乗せ，10日から2週間程度軌道上で実験が可能であった．また計画後期には，その巨大なカーゴベイを使いISSの建設で活躍した．またISSも含めて米国外の宇宙飛行士を多数搭乗させることで，宇宙活動を国際協力の場にした実績は大きい．

しかしシャトルの安全性については，当初からNASA内部でも疑問が持

たれ，飛行100回に1回は深刻な事故を起こすと予想されていた．しかしアポロ計画の「成せば成る」という精神と，運用に習熟していけば事故の発生は抑えられるという意見が大勢を占め，また事故の危険性の公表を対外的には抑える方向にNASA広報も動いた．結果，シャトルは安全な乗り物であるというイメージが，NASA上層部と政権指導部にも広がる結果となった．

しかし1981年4月12日に初飛行したコロンビア（Columbia）が打ち上げ後，軌道上で耐熱タイルが剥がれるトラブルに見舞われる等，シャトルの初期はトラブル対応に追われることとなる．

その後は，衛星放出や女性宇宙飛行士の搭乗，欧州とのスペースラブミッション，衛星回収など華々しい活躍をした．しかし，1986年1月28日にチャレンジャー（Challenger）の打ち上げ時に，固体ブースター内のセグメントをつなぐ部分の合成ゴム製リングシールが寒波により硬化し，この部分から火炎が噴出し，周囲を損傷させた．最終的に爆発し，7名の宇宙飛行士の命が失われた．事故の背景として，商業衛星打ち上げでシャトルを使用するためスケジュール通りの打ち上げを強行させられたこと，また現場の技術者からの寒波で危険であるとの意見を上層部が取り合わない等の官僚的な対応が事故を誘発した．技術的改善と安全性確保のため，事故後約3年間にわたりシャトルの飛行は中断されることになる．チャレンジャーの事故後，エンデバー（Endeavour）が建造されシャトル計画は復活したかにみえたが，事故後17年経過した2003年2月1日に大気圏再突入後コロンビア（Columbia）が空中分解する事故が発生し7名が死亡した．原因として打ち上げ時に外部燃料タンク外側のウレタン製断熱材が剥がれ落ちたことがあり，これがコロンビアの左翼に衝突し，左翼先端の炭素複合材パネルを破損した．その後再突入時に高温のプラズマが破損面から翼内部に入り込み，最終的に機体構造を破壊して空中分解したのである．チャレンジャーの事故から長い年月が経ったことの他に，これまで同様の現象が見られても「事故にならないから大丈夫だ」という論理が成立していた内部の問題もあった．

この事故後，これ以上のシャトルの運用は危険であるとの報告書が提出され，2011年7月8日の打ち上げを最後にスペースシャトルの飛行は終了した（村沢他，2011）．

2.2.3 垂直離着陸機デルタクリッパーの開発と民間宇宙活動

1990年のレーガン政権下で，ソビエトからのICBMに対するミサイル防衛が真剣に議論された．そのなかでビーム兵器など，宇宙設置防衛システムの配備を速やかに行う必要に迫られた．既存のロケットでは打ち上げまでに最低数ヵ月を必要とし，また事前に衛星軌道に配備する方法は敵の攻撃に脆弱であるため，反復使用ができるロケットで，命令後数時間で地上から打ち上げられるシステムが求められた．最終的にマクダネル・ダグラス（McDonnell Douglas）社案が採用され，戦略防衛構想局（SDIO）の予算でDC-X「デルタクリッパー（Delta Clipper）」として完成し，1993年8月18日に初飛行で垂直離着陸に成功した（図2.10）．その後，数回の飛行試験が行われ高空には達しなかったが，誘導制御とエンジンの反復使用などで貴重なデータを得た．しかし着陸脚が出ないトラブルから機体が横転してしまいその後飛ぶことはなかった．その後SDIOからの予算はつかず計画は事実上終了した（スタイン，1997）．

米国には各種民間宇宙団体が存在し活動している．全米宇宙協会（NSS），宇宙輸送協会（STA），宇宙観光協会（STS）などである．米国ではこうした民間団体が政府やNASAに対して政策や計画について助言や提言を行っている．STAはNASAとの共同研究として"General Public Space Travel and Tourism"という研究レポートを1999年に発表するなど宇宙観光関係で大きな役割を果たした．

図2.10　デルタクリッパー（NASA提供）

このうち，ウィリアム・ガーバーツ（William "Bill" Gaubatz）は，デルタクリッパーの開発に携わり，同時にSTAで重要な役割を果たした．その後，宇宙観光を進めるグループの主要リーダーとして活動した．現在でも多くの個人や団体が，自らの時間と資力を使い，宇宙観光実現のために活動していることは，米国が宇宙開発を先導している理由の1つとみることもできる．

2.3 宇宙旅行実現への努力

最初の宇宙旅行は既存のソユーズロケットを使い，宇宙ステーション・ミールと国際宇宙ステーションへの訪問から開始した．スペースシップワンの開発と弾道飛行の成功後，現在，多くの民間会社が宇宙旅行用の機体開発を行い，宇宙旅行の実現に努力している．

2.3.1 旧来のロケットと宇宙基地を用いた宇宙旅行の試み

ソビエトの宇宙ステーション・ミールには，当初はロシア人飛行士のみが搭乗したが，外貨不足の解消のため外国からプロの宇宙飛行士ではない人物を有料で滞在させる方針に切り替えた．以前より「インターコスモス」という名のミッションでソビエト側の衛星国出身の宇宙飛行士をミールに搭乗させ，東側の政治的結束の象徴としていたが，ソビエト経済が苦しくなる状況下で宇宙ステーションや宇宙活動を維持するための苦肉の策であった．その最初の搭乗客となったのが，TBSの秋山豊寛である（寺門，2013）．彼はモスクワ近郊の「星の街」で宇宙飛行士の訓練を受けたのち，1990年12月2日から9日間ミールに滞在した．彼は世界最初の衛星軌道まで到達したビジネスマンであり，同時に日本人初の宇宙旅行を体験した．この旅行に際しては，日本の広告代理店がスポンサー企業を募り，ソニーやカラオケ会社など民間企業のスポンサーによって宇宙飛行を果たした．

日本人初の宇宙飛行士としては，宇宙開発事業団（NASDA／現JAXA）の毛利衛がスペースシャトルのペイロードスペシャリストとして秋山より先に飛行するはずであったが，しかし1986年1月のスペースシャトル・チャレンジャーの爆発事故により，シャトルのフライトは2年以上中断せざるをえなかった．このため毛利の搭乗するフライトは1992年9月12日まで延期

され，日本人初の宇宙飛行経験者とはならなかった．

　その後ミールは廃棄され，新しい ISS の軌道上での運用を開始した．ロシアは自国モジュールを自由に使用する権利を行使し，自国のソユーズロケットの搭乗枠を民間人へ販売することを NASA の反対があっても強行した．ソビエト崩壊後のロシアでは，宇宙機関自体の予算不足で汲々とした経済状況もあり，最終的に NASA は宇宙飛行士以外の民間人に対する搭乗枠の販売を黙認した．そして米国のスペース・アドベンチャーズ（Space Adventures, Ltd.）社は，ロシア宇宙局と契約して米国の実業家デニス・チトーを ISS に送った．彼は ISS へ定期的に人員と物資を補給するソユーズロケットに乗り，2001 年 4 月 28 日から 5 月 6 日まで ISS に滞在した．「宇宙旅行」に消極的な NASA も，コロンビアの事故以来ソユーズロケットを使い ISS に必要な物資と人員の輸送を行う必要から，ロシア側からの民間宇宙旅行者の搭乗を断ることができなかった．

2.3.2　X プライズとスペースシップワンの成功

　MIT の医学部を卒業したピーター・ダイヤモンディス（Peter H. Diamandis）は，幼いころから宇宙に行くことを考えていた．しかし彼はギリシャ系の医師の家系であったため，不本意ながら医師の道を選ばざるをえなかった．その後インターンコースに進んだが，同時に 1988 年 6 月に国際宇宙大学（ISU）を設立した．その後ダイヤモンディスは，1927 年 5 月 21 日に大西洋単独無着陸飛行に成功したリンドバーグ（Charles Augustus Lindbergh）がオルティーグ賞を受賞したことにヒントを得て，X プライズを 1996 年に発表した．これは，高度 100 km まで 3 名分のペイロードを積んだ機体で行き，2 週間以内に同じ機体で反復飛行を行った最初のチームへ，賞金として 1000 万ドルを支払うというものである．

　世界各国から多数のチームが，X プライズへの挑戦を表明した．そのなかで，航空機設計者のバート・ルータン（Elbert Leander "Burt" Rutan）と，無着陸地球一周飛行に成功した複合材航空機を製作したスケールド・コンポジッツ（Scaled Composites）社のチームは，2003 年初頭に空中発射母機「ホワイトナイト」と，ハイブリッドロケットの宇宙船「スペースシップワン（Space Ship One: SS1）」のシステムを創出した．マイクロソフト（Mi-

図 2.11 スペースシップワン
（D Ramey Logan 提供）

crosoft Corporation）社創立者の1人であるポール・アレン（Paul Gardner Allen）から資金を得て，モハーベ空港内ハンガーで機体製作を開始した．2003年4月18日の発表会まで，プロジェクトの内容が明るみにはならなかった．その理由の1つは，資金が潤沢にあるので，資金提供者を探すためのメディア曝露を必要としなかったことである（ガスリー，2017）．

2004年6月21日早朝，歴史的瞬間を目撃しようとモハーベ空港の周囲に多くの車が溢れた．63歳のテストパイロット，マイク・メルヴィル（Mike Melvill）が操縦し，SS1 の初挑戦である．ホワイトナイトから空中で切り離されたSS1 は，ハイブリッドロケットに点火し，速度約 1 km/s で高度 100 km に到達した．着陸後メルヴィルは，「スペースシップワン，ガバメントゼロ（政府からの資金なし）」と書かれたボードを掲げた（ガスリー，2017）．

その後2週間以内での反復飛行に成功し，SS1 のチームは賞金1000万ドルを獲得した．賞金はルータンとアレンの間で折半され，ルータンはスケールド・コンポジッツ社の社員全員に年俸と同じ金額を配ったという（ガスリー，2017）．

2.3.3 スペースシップツーとヴァージン・ギャラクティックによる宇宙旅行の企画

ヴァージン・ギャラクティック（Virgin Galactic）社は，SS1 の発展型として，8名が乗れるスペースシップツー（Space Ship Two: SS2）（図2.12）を製作し飛行試験を実施中である．SS2 は，SS1 と同じくハイブリッドロケ

図 2.12　スペースシップツー
© Virgin Garactic

ットであるが，2014 年の操作ミスによる死亡事故以来飛行を中断していた．再開されたテスト飛行は順調に進み，商業初飛行ではオーナーのブランソン自身が搭乗すると発表している[1]．世界中で 700 人以上の顧客が，バックオーダーとして商業準軌道飛行を待ち望んでいる．

2.3.4　ブルー・オリジン社によるニューシェパードロケットの開発

　ブルー・オリジン（Blue Origin）社は，アマゾン（Amazon）社オーナーであるジェフ・ベゾス（Jeffrey Preston Bezos）の潤沢な資金に支えられニューシェパードロケットの開発を進めている（図 2.13）．ニューシェパード（New Shepard）は，液体水素と液体酸素（LOX）系のエンジンを使った 1 段ロケットと，有人カプセルの組み合わせである．ロケットは垂直に 2.5 分間上昇後分離し，有人カプセルは高度 100 km まで上昇する．カプセル帰還

図 2.13　ニューシェパード
© Blue Origin

---

1)　http://jp.techcrunch.com/2017/07/06/20170705virgin-galactic-set-to-start-powered-flight-tests-aims-for-2018-commercial-trips/

時には、空力で減速後パラシュートを開く。地上へ着陸する直前にはロケットを噴射して、着陸時の衝撃を緩和する[2]。1段目ロケットは垂直着陸にて地上に着陸する。またニューグレン（New Glenn）と呼ばれる2段式ロケットを開発中で、その1段目は打ち上げ後回収され再使用する計画である[3]。

2.3.5　スペースX社のファルコン9ロケットとドラゴン宇宙船の開発

スペースX社は、ベンチャー企業のイーロン・マスク（Elon Reeve Musk）の資金で設立された。2010年から商業衛星打ち上げを開始し、ドラゴン（DRAGON）宇宙船を使いISSへの補給ビジネスにも乗り出している。また2016年には、海上の台船上に第1段を着陸させ、回収に成功した（図2.14）。

今後は2段目、フェアリングの回収で打ち上げコストの低減を目指す。またテキサス州の新射場で打ち上げ回数を増加させると同時に、生産能力を徐々に新型ロケットや有人カプセル等の新規事業にシフトしていく模様である[4]。

また、ドラゴン宇宙船によるISSへの人員輸送を予定している。NASAのプログラムとは別に、商業宇宙観光用としてドラゴン宇宙船を使う計画もある[5]。

図2.14　ファルコン9, 1段目着陸　© Space X

---

2) https://wired.jp/2017/03/30/blue-origin-teases-more-images/
3) https://www.blueorigin.com/technology
4) http://www.spacex.com/
5) http://www.spacex.com/news/2017/02/27/spacex-send-privately-crewed-dragon-spacecraft-beyond-moon-next-year

2.3.6 問題点と解決方法

　マーケットの確立とその持続が，すべての産業で成功のカギである．たとえば宇宙旅行ではないが，ビジネスの具体例として，各種テーマパークが挙げられる．その経営者は，「一度体験したら終わり」ではなく「何度でも楽しめる」世界をつくり，そのイメージを維持することに努力している．

　宇宙旅行産業も例外ではない．まず初心者向けから上級者向けまでの商品のバラエティが必要となる．ゼロG体験飛行や遠心加速器による短時間の疑似体験は，本格的な宇宙旅行の前段階としてだけでなく，手軽に楽しめるレジャーとしての役割を持たせることができる．また，世界各地の施設を体験できる世界共通の認定制度をつくる等の方法で，複数回にわたる来場や体験をしてもらうことは，顧客の関心を維持するためにも重要である．また準軌道飛行や宇宙滞在の宇宙旅行については，当分の間，高価であるので機材の量産化と原価償却を基にしたコスト削減により価格の低下を目指していく．

　開始初期には収益が生まれない問題については，収益部門と組み合わせることで宇宙旅行会社のトータルの健全性を維持する方法がある．たとえば，ブルー・オリジン社は，ベゾスがアマゾン社のオーナーでもあるので，ロケット開発に投資を行うことができているといわれている．また広告宣伝分野との連携によるキャンペーン企画や，企業間のコラボ企画なども検討する必要がある．

　また住民が少ない地域の振興として，新設する宇宙空港とその周辺地域を巨大なテーマパークとすることも考えられる．これによる地域への経済効果は決して小さくない．

　宇宙旅行会社も安定した顧客数が維持できる段階になれば，既存の産業と同様に，収益と支出の関係を維持しつつ，新規の資本導入を行う等で安定した企業運営が可能になる．また月旅行等新規の事業をスタートすることも可能になるだろう．

2.4　将来の月以遠の旅行

　月，火星，その他の天体など，地球周回軌道以遠への宇宙旅行が現在検討中である．既存のロケットを使う月周回旅行や，将来は，新規開発の機体に

よる月面基地での長期滞在や，火星以遠の遠距離旅行が可能となる．

2.4.1 月周回旅行

スペース・アドベンチャーズ社は，ロシアのRKKエネルギア社と，ソユーズロケットによる民間宇宙飛行を行っており，2011年には月周回計画を発表した[6]．この計画では，ソユーズ宇宙船と別に打ち上げられる推進モジュールを地球周回軌道上でドッキングさせて月に向かう（図2.15）．アポロ8号の飛行で示すように十分な推進力があれば月の裏側を巡り，地球に戻る軌道を取ることは十分に可能である．現在の技術でも，月飛行用の推進モジュールを追加する，搭乗員を減員させ生命維持装置の負担を軽減する等で，1週間程度の月旅行で地球に帰還させることは可能であるとしている．

また最近ドラゴン宇宙船とファルコンヘビー（Falcon Heavy）ロケットの組み合わせで，月周回計画を発表した[7]．アポロ8号で行われた月周回飛行の再現を，民間で行うとしている．またスペースX社も宇宙観光用として，ドラゴン宇宙船を使う計画をしている．

また，今後大型の月面基地が完成すれば，当然短期滞在の形で月面への観光が可能となる．

さらに将来，月面都市が完成すれば，エスカレーションツアーの形で月面

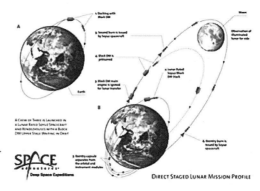

図2.15 スペース・アドベンチャーズ社，月周回飛行
© Space Adventure Ltd.

---

6) http://www.spaceadventures.com/experiences/circumlunar-mission/
7) http://www.spacex.com/news/2017/02/27/spacex-send-privately-crewed-dragon-spacecraft-beyond-moon-next-year

の溶岩洞窟や巨大なクレーターへの探検，低重力下でのスポーツなども行われるであろう．

2.4.2 火星そしてそれ以遠の旅行

2017年，スペースX社はBFRと仮称される超大型ロケットによる月，火星，木星の衛星への有人飛行を発表した．（図2.16）

搭乗者が多数搭乗できる大型ロケットが完成すれば，居住空間が大きく取れ，それを使い火星，それ以遠への観光飛行が可能になる．将来的には，惑星間飛行では原子力エンジンによる大推力ロケットで飛行時間を極力短くすることで，宇宙放射線による人体への影響を最小限とし，酸素や食料等の消費物資の低減を図ることが可能になる．

長い目でみるとこうした旅行により人類の活動範囲は拡大し，事実上の宇宙植民となっていく可能性がある．初めは技術者や専門家の集団で始まり，次第に一般市民も宇宙植民に参加する形で惑星や衛星に居住することになるだろう．その際そこに住むきっかけは観光かもしれない．

宇宙観光により，より良い未来がわれわれの前に開かれている．

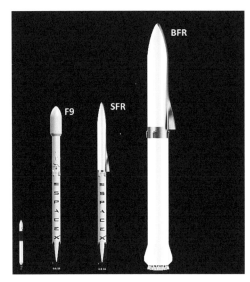

図2.16 BFRロケット
Ⓒ Space X

2.5 まとめ

宇宙旅行の歴史は，多くの技術革新とさまざまな政治状況等の偶然により，今日の状況となっている．その道のりは決して順調で平坦ではなく，進歩と停滞，熱狂とニヒリズムの時代を繰り返してきた．

しかし，これまでの歴史を俯瞰して見ると，人類の夢である宇宙旅行の実現は社会基盤と技術基盤が成熟して初めて成立した面がある．一例として，有人ロケットは，材料，誘導，生命維持システム，そして地上の支援システムを含むコンピューターシステム，最後にそれらの開発を支える資本と社会基盤が揃って初めて成立するが，同時にその開発チームをまとめる指導者の存在と，宇宙旅行を支持する社会集団の存在が重要である．

それらの条件を考えると，これまで米国が宇宙旅行のリーダーシップを取ってきた歴史も必然といえる．しかしながら，富と技術が世界的な広がりを見せる現代では，宇宙旅行を含む宇宙産業へ多くの民間企業やグループが参入して来ている．また，ルクセンブルク大公国のように，今後は積極的に宇宙活動を支援して自国に誘致しようという動きも出てくるであろう．

既存の宇宙機関は地球周辺の低軌道への輸送は民間に任せ，月や火星それ以遠の活動に集約しようとする動きがある．宇宙旅行が地球周辺の低軌道への輸送の一翼を担う存在になれば，宇宙輸送コストの低減に寄与し，より多くの人々が宇宙に行くことができる．

人類の活動領域を拡大することが人間の理性と倫理性を高め，次なる世代の未来の土台となる．宇宙旅行はその大きな土台となりうる．

「人間の想像できることは，必ず実現できる」とのフランスの有名なSF作家ジュール・ベルヌの有名な一節でこの章を終える．

参考文献

青木　宏（2017）『ロケットを理解するための10のポイント』森北出版
オーベルト，ヘルマン／日下実男 訳（1958）『宇宙への設計』みすず書房
ガスリー，ジュリアン／門脇宏典 訳（2017）『Xプライズ宇宙に挑む男たち』日経BP
北島明弘（2006）『世界SF映画全史』愛育社

コリンズ，パトリック（2013）『宇宙旅行学』東海大学出版会
スタイン，G・ハリー／飛永三器 訳（1997）『宇宙観光がビジネスになる日』三田出版会
セミョーノヴァ，S・G，ガーチェヴァ，A・G 編／西中村浩 訳（1997）『ロシアの宇宙精神』せりか書房
ツィオルコフスキー，K.／早川光雄 訳（1961）『わが宇宙への空想』理論社
寺門和夫（2013）『ファイナル・フロンティア』青土社
冨田信之（2012）『ロシア宇宙開発史』東京大学出版会
ブレジンスキー，マシュー／野中香方子 訳（2009）『レッドムーン・ショック』，日本放送出版会
マグヌス，クルト／津守滋 訳（1993）『ロケット開発収容所』サイマル出版会
的川泰宣（1995）『ロケットの昨日・今日・明日』裳華房
的川泰宣（2000）『月を目指した二人の科学者』中公新書
的川泰宣（2002）『ロシアの宇宙開発の歴史』東洋書店
的川泰宣（2017）『宇宙飛行の父ツォルコフスキー』勉誠出版
村沢　譲他（2011）『スペースシャトル全飛行記録』洋泉社

Daniloff, Nicholas (1972) "Kremlin and the Kosmos", New York: Alfred A. Knopf.
Harford, James (1997) "Korolev", How One Man Masterminded the Soviet Drive to Beat America to the Moon, New York: Wiley and Sons.
Michels, J (1996) "Peenemünde und seine Erben in Ost und West", Bernard & Grafe Verlag.

第 **3** 章

ロケットや宇宙船
―― 宇宙旅行の技術と安全性

　宇宙旅行に行きたいが，ロケットは安全だろうか？　どういう技術で行けるようになるのか？　ロケットで地球の周りをぐるぐる回るのか？　など，不安を感じる人が多い．本章では宇宙旅行の乗り物として強加速で宇宙に飛び出していくロケットと，ほとんど加速度を感じないで宇宙を巡航する宇宙ホテルなどに分類し，その特徴を述べる．過去の宇宙開発を基に，安全性を議論する．また乗り物以外にも，宇宙旅行に必要なものがあるので，それらを紹介する．

3.1　宇宙旅行に必要な乗り物

3.1.1　宇宙とは

　現在地球上の旅行では，陸上の自動車や列車，海上の船，空の飛行機など，種々の乗り物が使われている．これらの間でも違いが大きいが，さらに宇宙旅行では地球を離れることになるので，そこで必要な乗り物はさまざまな点で異なっている．まずその違いを考えてみよう．

　宇宙機（spacecraft）は大気圏外で使用される人工物と定義され，特に有人ロケットや宇宙基地（宇宙ステーション）のように人が乗るものを宇宙船（space ship）と呼んでいる（木村編，1995）．したがって本章の題で，実はロケットは宇宙船の1つなのであるが，両者とも親しまれているので併称した．それでは宇宙旅行における宇宙船は，どのくらいの高さを飛ぶのであろうか？　それによって，必要な乗り物も変わるはずである．

　よく，ロケットは大気がないところを飛ぶものであるといわれる．しかし地球の大気圏といっているものは，明確に定義されているわけではない．地球物理の学問的には図3.1（a）に示すように，次のように分類されている．

56　第3章　ロケットや宇宙船

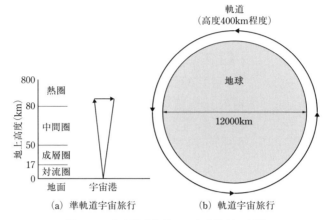

図 3.1　宇宙構造と種々の宇宙旅行の経路

地上から上空 10〜17 km 程度まで：対流圏
さらに高度 50 km 付近まで：成層圏
さらに 80 km 付近まで：中間圏
さらに 800 km 付近まで：熱圏

したがって最大に取れば，熱圏の上層部で高度 800 km である．しかし宇宙ステーションが飛んでいるのは，図 3.1（b）に示すように，400 km 程度の高さの地球周回軌道である．この軌道上から宇宙を楽しむのが，軌道宇宙旅行である．宇宙機がその軌道から高度を下げて 300 km 程度になると，空気の抵抗が効き始めて，120 km あたりでは急激に減速する．80 km あたりでは超高速の宇宙機が空気の分子と激しく衝突するため，プラズマが発生し，宇宙機はいわゆるブラックアウト状態（通信不能状態）になる．

したがって「宇宙」という語も，かなり幅がある．国際航空連盟（Fédération Aéronautique Internationale: FAI）では高度 100 km 以上を宇宙としており，それに対し米国空軍は高度 80 km 以上と定義している．いずれにしても上記大気圏の分類でいえば，熱圏の下部が宇宙と地球との境ということになる．図 3.1（a）に示すように，この 100 km 程度の高さまで上昇して，宇宙を楽しむのが準軌道宇宙旅行である．

3.1.2 宇宙を飛ぶための条件

同じ宇宙機あるいは宇宙船であっても，地上から宇宙に飛び出していくものと，宇宙空間を急加速せずに飛翔（巡航）するものでは，条件が異なる．そのため，次のように分類することが，便利と思われる（電気学会編, 2012）．

(1) 宇宙に出て行くため必要：強加速機
　　例：ロケット，カプセル（ロケット打ち上げ時および帰還時）
(2) 宇宙空間を巡航するため必要：巡航機
　　例：カプセル（軌道上），宇宙ステーション，宇宙ホテル

それらの形態については第2章を参照されたい．それでは強加速機において，宇宙に行くための要求条件は何か？　宇宙機が飛ぶ距離についていえば 100 km 以上ということで，地上での交通機関に比べて，難しいことではない．最も厳しい条件は，大気圏の説明で述べたように，空気が薄いところを飛ぶことである．したがって燃料を燃やしてエネルギーを得るにあたり，酸化剤も自前で用意する必要がある．これがロケットである．

翻って飛行機は，空気を酸化剤として使うので，その飛行は対流圏内に限られる．標準大気圧（1気圧）は海面上で 1013.25 hPa と決めているが，高度 10 km ではおよそ 280 hPa となる．そのためプロペラ機で 10 km 程度，ジェット機で 20 km 程度が実用的な限界である．

第2の条件は速度であり，このロケットが物体をどの軌道に乗せるかで異なってくる．その原理を，図3.2で説明しよう．地球上から物体を斜め方向に打ち上げるとき，図3.2 (a) に示すように弾道を描いて飛んでいき，打ち出し速度が小さい間は近くに落ちる．特に図3.1 (b) に示した準軌道宇宙旅行（弾道宇宙旅行ともいう）では，100 km しか上がらないので，半径約 6000 km の地球の地表はほぼ平面に見える．そして速度を上げていくと着地点が遠くなり，さらに地表は丸くなるので遠くなる．ついには図3.2 (b) に示すように，物体は地表に落ちなくなる．特に物体が軌道上を回転するための遠心力が，地球との万有引力と釣り合うと，いつまでも回り続けることになる．これが，物体を地球周回軌道に乗せるための条件となる．

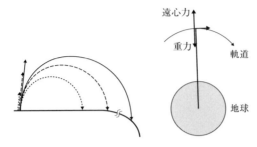

(a) 打ち上げ速度を上げると地上到達距離が遠くなる

(b) ついには地上に落ちなくなる

図 3.2　飛翔体が地球の周りを回る原理

遠心力は角速度と関係しているが，簡単のため円軌道とすれば，上記条件は次の式で表される．

$$m\omega^2 r = \frac{GmM}{r^2}$$

ここで，m は物体質量，ω は回転運動の角速度，r は地球中心から物体までの距離，G は万有引力定数，M は地球の質量である．

物体が地球半径（6400 km）に比べて著しく低い高度を周回する場合，r はほぼ地球半径に等しいので，$\omega = 0.67$ ［ラジアン/秒］と求まる．これから，物体の軌道上接線速度は，7.9 km/s となる．いい換えれば，物体が軌道上で落下しないで回るには，それだけの速度を持つ必要がある．これが第1宇宙速度といわれるものであり，ロケットが物体を軌道上に乗せられるか否かを決める重要な速度条件である．

さらに火星に行く場合は，地球の重力を振り切って行く必要があるので，上記の円軌道でなく無限遠に飛んでいく条件となる．これは第2宇宙速度といわれ，11.2 km/s となる（木田他，2001）．

同じロケットでも軌道に乗せない場合，上記の宇宙速度は必要がない．従来から使われてきた観測ロケットやミサイルは，このようなロケットである．さらに宇宙機の姿勢制御や，深宇宙の探査機（人工惑星）が宇宙空間に出てからの推進用に，おのおの用いるロケットがある．これらも，第1宇宙速度までの加速性能は要らない．

第3の条件は，重力に逆らい大気圏を突き破って，急加速することである．そのため機械的振動や衝撃に耐え，かつ空気力学的に安定である必要がある．

次にもう1つの宇宙機である巡航機には，どんな条件が必要だろうか？たとえば地球上空を回っている宇宙ステーションは，構成要素ごとにロケットで運ばれる．したがって，まず地球重力圏を脱出するため，ロケットの加速や振動に耐えるだけの機械条件は満たさねばならない．そして宇宙空間に長く滞在するために，熱や放射線，地磁気，（微小）重力条件を満たす必要がある．

放射線は，粒子線である宇宙線と電磁波を含む．宇宙線の粒子は，電子から陽子，種々の原子核，さらに重金属原子核がある．電磁波は波長によって，電波から，赤外線，紫外線，X線，γ線と多様である．巡航機はこれらに曝されるが，電子や陽子は透過力が弱いので，巡航機外壁が劣化するだけである．しかし，他の粒子は外壁を透過して，内部の電気機器などに影響を与えることになる．また電磁波では，電波や赤外線は巡航機外壁で遮断されるうえ，ほとんど人体に影響を与えない．紫外線は遮断できるが，当たれば肌を焼く．X線，γ線は外壁で遮断することが難しいうえ，長時間浴びると細胞に影響を与える．

宇宙にはごみ，すなわちデブリ（破片という意味）が飛び回っている（National Research Council, 1995）．これはロケットや人工衛星およびその破壊残骸であるが，軌道上を回っているのでその速度vは第1宇宙速度になっている．したがって直径1 cmの金属球（重さmは1 g程度）のごみのエネルギー（$1/2\,mv^2$）で，一般的なセダン型自動車（重さ1 t）が60 km/hでぶつかるのと，同じくらいの衝撃を受けることになる．この破壊を逃れるためには，2通りの方法がある．1つはぶつかっても壊れないような強度を，持たせることである．ロケットの場合，あまりに強度を持たせると飛ばなくなってしまう．軌道上にある巡航機では順次強化することができるので，この対応はやりやすい．そうはいっても，巡航機の外壁を厚くする限界はあり，当面直径1 cmのごみに対しても壊れないことが条件になろう．10 cm以上大きいごみに対しては，地上のレーダによりその軌道がわかっているので，巡航機の軌道を変えることで対処することになる．1〜10 cmのごみに対しては，今後観測能力を向上して軌道を把握すると同時に，防御能力の向上が必要になろう．

このように書くと，宇宙旅行は危なくて行けないと思うかもしれない．し

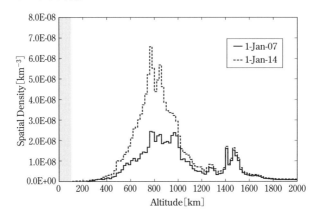

図 3.3　宇宙デブリの高度分布（宇宙航空研究開発機構，2016）

かし実際に問題なのは，デブリに遭遇する確率である．デブリは地球からの高度に応じて分布密度が変わっており，図3.3のようになる．横軸は高度を，縦軸はデブリ（直径10 cm以上）の密度で1 km^{3}当たりの個数を示す．2本の線があるが2014年データを基に，巡航機のデブリ衝突確率を求めてみよう．

ISSの飛行高度400 km高度では，密度2×10^{-9}個/km^{3}と読み取れる．正確には巡航機と同じ方向に飛んでいるデブリは，反対方向に飛んでいるデブリより，衝突確率が低いことは容易に推測できる．したがって巡航機とデブリの両速度ベクトルの差を取って，全方向の衝突数を求めることになる．しかしここでは簡単のために，デブリが空間に止まっているとして，巡航機の軌跡内に存在するデブリ数を数えることにする．

断面積3 m×3 mの巡航機が地球を90分で1周する場合，1年間でつくる軌跡チューブの体積は，2.2×10^3 km^{3}となる．したがってデブリと衝突する頻度は，4.4×10^{-6}個/年となる．これはかなり低い値であり，定常状態では衝突しないというべきである．ちなみに1〜10 cmのデブリの密度は正確にわかっていないが，10 cm以上のデブリの30倍程度といわれている．それでも1.3×10^{-4}個/年にしかならない．また図3.3から，準軌道宇宙旅行をする100 km高度では，デブリはほとんど存在しない．ただし図からわかるように，2007年から2014年でデブリ最大密度は約3倍に増えているので，今後デブリの増加を抑えるため国際協調が必要である．

以上,強加速機と巡航機に分けて,その満たすべき条件について述べてきた.実際にはその他に,人や物資を宇宙ステーションと地球の間で輸送するため,強加速飛行と巡航飛行が共に可能で,かつ宇宙ステーションを結合する(ドッキング)機能を有する宇宙輸送機が必要である.その例が,米国のスペースシャトル(2011年運用を終了した)やロシアのソユーズ宇宙船である.

シャトルは強加速飛行する部分と巡航飛行する部分が共通なので,同一機体が両者の条件を満たさねばならない.しかもその大部分が再利用されるので,経年劣化と保守を勘案した厳しいものとなる.それに対しソユーズでは,ロケットと宇宙船が別物で切り離されるので,条件も分散される.また宇宙船の中で大部分が使い捨てられ,カプセルの形をした帰還船のみが地球に還ってくる.そのため,安全設計は容易となる.

将来他の天体まで旅行することになると,その天体上に固定された宇宙基地が建設されよう.それは地球から見たら,天体と一緒になって巡航していることになる.「これは宇宙の巡航機といえる乗り物か?」という,疑問にぶち当たる.しかしその宇宙基地は,その天体による重力と地面による反力のみ受けており,遠心力と平衡していない.そういう意味でこれは,前記軌道上の宇宙ステーションと異なるものである.

3.1.3 強加速機(ロケット)の種類

以上述べたように,ロケットは大気中を飛んでいって宇宙に到達するという機能を持つので,まず空気力学特性が重要である.同時に積載物へ悪影響を与えないため,振動や加速度,衝撃などの機械条件や熱特性が,厳しく課せられる.ロケットは,システム設計のマージンが少ないため,まだ価格や安全性で飛行機の域に達していない.そのため特に強加速を要求される軌道投入用ロケットでは,現在のところ,人を打ち上げる有人ミッション(mission:使用目的)よりも,人工衛星打ち上げなど無人で行うミッションが多い.

図3.4には,世界の著名な大型ロケットを示す[1].これらはすべて,物体を

---

1) "海外ロケットとの比較", http://www.rocket.jaxa.jp/basic/knowledge/compare.html

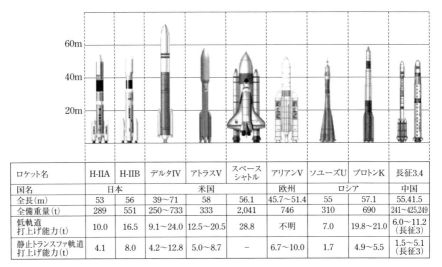

ロケット名	H-IIA	H-IIB	デルタIV	アトラスV	スペースシャトル	アリアンV	ソユーズU	プロトンK	長征3,4
国名	日本		米国			欧州	ロシア		中国
全長(m)	53	56	39〜71	58	56.1	45.7〜51.4	55	57.1	55,41.5
全備重量(t)	289	551	250〜733	333	2,041	746	310	690	241〜425,249
低軌道打上げ能力(t)	10.0	16.5	9.1〜24.0	12.5〜20.5	28.8	不明	7.0	19.8〜21.0	6.0〜11.2（長征3）
静止トランスファ軌道打上げ能力(t)	4.1	8.0	4.2〜12.8	5.0〜8.7	−	6.7〜10.0	1.7	4.9〜5.5	1.5〜5.1（長征3）

図 3.4 過去および現在の世界のロケット比べ（JAXA 提供）
http://www.rocket.jaxa.jp/basic/knowledge/compare.html

地球周回軌道に乗せる能力を有する．このうち人を宇宙に運んだロケットは，スペースシャトルとソユーズのみである（同図にない中国・長征2号は人を運んだ）．スペースシャトルは強加速機と巡航機の機能を持っており，軌道上にある国際宇宙ステーションへ人荷を輸送するのみならず，人を乗せて軌道上を巡航し種々の実験に当たった．

ロケットを推進法から分類すると，現在主に使われているのは，化学反応を用いた化学ロケットである（柴藤他，2001）．さらに化学ロケットは，固体ロケットと液体ロケットに大きく分けられる．

前者の固体ロケットは図3.5のように，ケース内に固体の推進剤を詰め込んでいる．推進剤には，燃料と酸化剤を混合して練り込んであり，着火とともにほぼ自動的に激しい燃焼（酸化反応）が起きる．発生した燃焼ガスをノズルから噴射し，その反動で推進力を得る．したがってこの燃焼速度を，飛行中に実時間で制御することは難しい．反面燃焼が暴走する（爆発）することは，液体ロケットに比べて少ない．

液体ロケットの概略構成を図3.6に示す．燃料と酸化剤を別タンクに格納し，ポンプとバルブを通して適当量を燃焼室に送り込んでいる．そのため燃

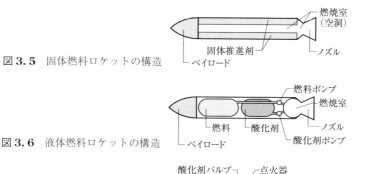

図 3.5 固体燃料ロケットの構造

図 3.6 液体燃料ロケットの構造

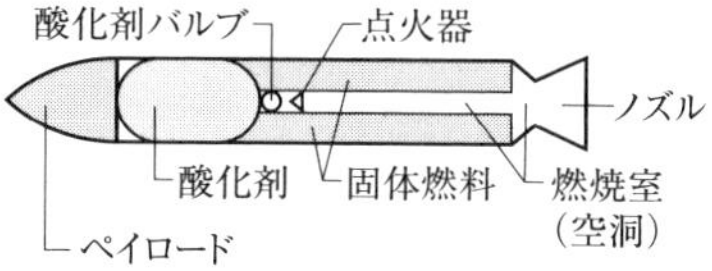

図 3.7 ハイブリッドロケットの構造

焼を，実時間で制御できる．推力も大きく，大型ロケットに応用されている．反面，燃料と酸化剤が異常に供給される事態では，爆発する危険がある．特に液体水素と液体酸素を用いる場合，極低温で推進剤を供給制御することが難しく，実際事故がしばしば起こっている．

図 3.4 のロケットの主エンジンは，すべて液体ロケットエンジンを使っている（ただし，補助ロケットであるブースターは固体が多い）．

それに対し，大陸間弾道ミサイル（頂点高度 1000～1500 km，射程 8000～1 万 km，最大速度 7.0 km/s）や対地攻撃用ミサイル（マッハ 0.8 = 270 m/s）は，軌道に投入する必要はない．また暴発しては困るし，発射するために煩雑な準備はできない．これらの理由から，固体ロケットが多く使われている．

日本では，固体ロケットで M-V（ミュー 5 型）が，液体ロケットで H-IIA ロケットが，おのおの典型例である．いずれも推力が大きく，荷物を地球周回軌道に乗せるためだけでなく，地球重力脱出のためにも使われる．

固体と液体の各ロケットは，上記のように一長一短がある．そこで両者の良いとこ取りで，図 3.7 に示すハイブリッドロケットが提案された．燃料は固体で，中央の燃焼室に固定されている．酸化剤は液体でありタンクに格納されており，バルブを通して供給量を調節できる．したがって燃焼すなわち推進力を調節でき，かつ暴走することもない．固体燃料に発生する割れ目や

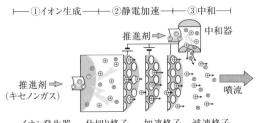

図 3.8　電気推進ロケット（國中，2000）

空孔の影響も，固体ロケットに比べて少なくできる．この安全性を活かして，宇宙旅行用ロケットのスペースシップツーが開発されつつある．ただし大型化が難しく，液体ロケットに比べて推力は劣るため，軌道までの輸送は難しいといわれている．

　ロケットには，化学反応を使わないものもある．図3.8に示す電気推進ロケットが，その例である．燃料（この場合キセノンガス）を電気反応でプラズマにして，その流体を格子状電極を介して電気的に加速し，ノズルから噴出するものである．ただし正イオンを噴出し続けると，宇宙機周辺が帯電してしまうので，ノズル近傍に中和器を置いている．プラズマ生成の残り成分である電子を，ここから噴流に注入して，正イオンを中和する．

　いわば不活性ガスが燃料に，電気が酸化剤に，おのおの相当する．特長は酸化剤相当の電気が太陽電池で得られることと，比推力が格段に優れていることである．ただし，推力は小さい．したがって軌道上に上がってから，長時間の衛星姿勢制御，あるいは地球重力圏外での推進に使われる．たとえば，宇宙探査機はやぶさの主エンジンは，これである．

　次にロケットが，1回ごとに捨てるいわゆる使い捨て型か，複数回の打ち上げに対し繰り返し使う再使用型かも，重要な分類概念である．ロケットは宇宙交通のため欠くべからざるものなので，安いことも重要な条件である．さらに宇宙旅行に使うロケットには，格段の安全性が要求される．現在使われているロケットは，使い捨て型であり，これではコスト低下や運用習熟による安全性向上に限界がある．そのため，再使用型ロケットが不可欠である．

3.1.4　再使用型ロケット

再使用型ロケットは，離陸するだけでなく戻ってきて着陸しなければならない．どちらかといえば着陸時は離陸時に比べ，準備が十分できずかつ不慮の事態が起こりやすいので，技術的に難しい．その形態は，図3.9に示すように，「離陸／着陸」と「垂直／水平」の組み合わせで3種類に分けられる．ただし水平離陸できるなら，水平着陸より難しい垂直着陸を採る意味がないので，「水平離陸／垂直着陸」は挙げていない．

再使用型ロケットの一例がスペースシャトルであり，図3.9（a）に示すように垂直離陸／水平着陸である．ただしその構成要素である軌道船と補助ロケットは回収されるものの，外部燃料タンクは捨てられる．その打ち上げ費用は当初，保守費用を少なく見積もり，1回当たり90億円程度と算定された．しかし実際には，大気圏再突入に耐える耐熱タイルの交換が数倍多くなり，人件費も上昇し，コスト上昇につながってしまったため，最終的に1回当たり1000億円を超えてしまった．

シャトルは現在廃棄されてしまったが，代わりの宇宙ステーション補給機が必要である．そのため再使用型ロケットが，現在複数の組織で開発が進められつつあるので，次にまとめて見てみよう．それらは使い道によって条件が，そして形態が異なってくる

まず宇宙ステーションへの人・荷物の運搬ロケットは，地球周回軌道まで行くので，第1宇宙速度約8 km/sまで加速することが必要である．大きな推力を出すために，液体ロケットでかつ能力を最大に出せる多段式である．その再使用型ロケットとして，スペースX社のファルコン9（Falcon 9）ロケットが開発された[2]（図2.14参照）．これは，燃料がケロシン（ジェット機と同じような軽油）で，酸化剤に液体酸素を用いた2段式のロケットである．打ち上げ終了後1段目と2段目は垂直に制御降下して着陸・回収される．すなわち，図3.9（c）に示した垂直離陸／垂直着陸である．

宇宙旅行用に開発が進められているブルー・オリジン社のニューシェパードロケットは，液体水素と液体酸素を推進剤とした，単段式ロケットである[3]（図2.13参照）．推力は少なく，準軌道旅行に使う予定である．ロケッ

---

2)　"Space X", http://www.spacex.com/
3)　"Blue Origin", https://www.blueorigin.com/

66　第3章　ロケットや宇宙船

(a) 垂直離陸／水平着陸

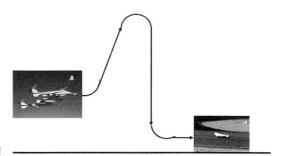

(b) 水平離陸／水平着陸

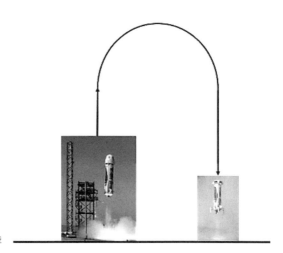

(c) 垂直離陸／垂直着陸

図 3.9　離陸と着陸における垂直／水平の形態（筆者作成）

ト機体は打ち上げ終了後，垂直に制御降下して着陸・回収される．旅客が乗るカプセルは，軌道頂点で分離され落下傘で降下し，着陸時に減速ロケットを噴射して衝撃を和らげる．

ヴァージン・ギャラクティック社のスペースシップツーロケットは，飛行機のように強加速機と巡航機の機能を併せ持ち，準軌道宇宙旅行用宇宙船である（図2.12参照）．強加速機としては，ハイブリッドロケットを採用している（浅川，2014）．単段式でもあるので，推力は小さく速度1.2 km/sで，高度100 kmまで到達する．図3.9（b）に示すように打ち上げに際しては，ジェット輸送機に釣り下げて高空に運ばれてから，水平に発射される．回収は水平に滑空して，滑走路に着陸する．

この飛行形態は水平離陸／水平着陸であり，運用は飛行機に似ている．その速度を，飛行機と比較してみよう．F4ファントム戦闘機は高速といわれているが，820 m/s（マッハ2.4）までの速度，すなわちスペースシップツーの70%の速度でしかない．またジャンボ（ボーイング747）機は，290 m/s（マッハ0.92）程度である．軌道まで行く力はないといっても，飛行機より格段に速いのである．

再使用型ロケットは日本でも研究されている（中村他，2014）．しかしニーズからの動機づけが弱く，国からの支援も少ないのが現状である．また月や火星への旅行では推力性能への要求が厳しいため，再使用ロケットは当面考えにくい．

再使用ロケット・宇宙船で最も難しい技術は，機体を安全に回収することである．打ち上げるとき強加速する結果，軌道上の宇宙船は膨大な運動エネルギーとポテンシャルエネルギーを獲得する．回収時に速度を保ったまま大気圏に突入すると，機体が空気との摩擦で加熱され，そのエネルギーが熱に変換されることになり，機体が燃えてしまう．これを防ぐため，シャトルでは耐熱タイルを貼って，長い時間かけて降りてくる．ニューシェパードでは，ロケットは逆噴射エネルギー注入により，カプセルは落下傘により，おのおの減速して降ろす．いずれも獲得したエネルギーを，熱として放散させる必要がある．

それに対し新しいアイディアとして，エネルギーを回生してブレーキをかけながら，宇宙機をゆっくり降ろす方法が，日本で研究された（高野・内山，

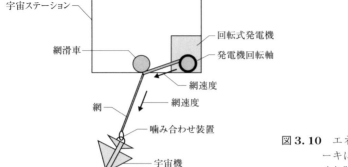

図 3.10 エネルギー回生ブレーキによる宇宙機ゆっくり降下法

2014)．その構成を，図 3.10 に示す．宇宙機が自由落下しないように，綱で引っ張りながら降下させると，綱は宇宙ステーション上の発電機を回すことができる．宇宙機の空力加熱を防ぎつつ，電力を得るという一石二鳥の方法である．この場合綱にかかる張力と材質強度，重量が問題であるが，検討の結果シャトルを想定すると，カーボンナノチューブ（CNT）の綱であれば直径 10 mm で十分で，重量は 10 t で済む．

3.1.5 巡航機の種類

巡航機は目的によって，形態や性能がさまざまである．大きく分ければ，小型で地上に帰還することを前提にしたカプセル型と，大型で軌道上で使うことが前提の宇宙ステーションに分けられるであろう．さらに強加速器の機能を持った巡航機もある．そのいくつかを紹介しよう．

人が乗った巡航機すなわち巡航宇宙船で最初のものは，1961 年 4 月ソ連のユーリイ・ガガーリンが乗ったボストーク 1 号宇宙船である．これは図 3.11 に示すように，再突入用帰還船（カプセル）と，機械船から構成された[4]．帰還船は球形で，再突入時の加熱に耐えるため断熱材で覆われている．内部は人が滞在するため，気圧や温度などの居住環境を満たす．寸法は小さく，1 人が乗るのがやっとである．機械船はこの図ではロケットに組み込まれて見えないが円錐台形で，計器類，空気調整装置，温度調整装置，姿勢測

---
4) Wikipedia「ボストーク 1 号」を参考にした．

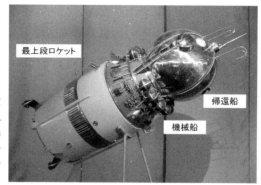

図 3.11 ボストーク1号（ボストークロケットの最上段と結合状態）(de Benutzer, HPH on "Russia in Space" exhibition (Airport of Frankfurt, Germany, 2002))

定・制御装置，減速用ロケットなどが付いている．帰還時にはカプセルが切り離されて，大気圏に再突入する．最終着陸では空中脱出するので，射出座席が備えられている．通信装置としては，宇宙船直下の地上と交信するための超短波チャネルと全世界交信用の短波チャネルを備えている．

打ち上げには同一エンジンを束にした（クラスター）方式のボストークロケット（R-7 ミサイルの改良型）が使用され，バイコヌール基地から飛び立ち高度が遠地点 327 km，近地点 169 km の楕円軌道に乗った．地球を1時間 48 分かけて1周した後，減速し，地上 7 km でカプセルから射出座席により脱出し，最後はパラシュートで減速着陸した．

このボストーク宇宙船に続いて，その後2人乗りボスホート宇宙船が開発された．さらに続いて，有名なソユーズ宇宙船がつくられた．これは，軌道船と帰還船，機械船の3モジュールで構成されており，直径 2.7 m，全長 7.5 m である．機械船には太陽電池パドルが付いており，必要な電力を賄うことができる．軌道船と帰還船に人が居住でき，3人乗りでゆったりしている．地球への帰還に当たっては，帰還船のみが切り離され，減速して大気圏再突入する．そして，パラシュートで減速し，着陸直前にさらに小型ロケットを吹かして着地衝撃を和らげている．他のモジュールは再突入の際に切り離され，燃え尽きる．

ソユーズ宇宙船は，いわゆるソユーズロケットにより打ち上げられる．1967 年から始まり，種々の改良を加えつつ累計 130 機が使われた．人間の軌道上飛行はじめ，宇宙ステーションへの人・荷の輸送に活躍した．

米国で最初の有人の宇宙船は，マーキュリー3号である．1961年5月A. シェパード（A. Bartlett Shepard Jr.）が乗って，フロリダ州ケープカナベラル空軍基地からレッドストーンロケットにより打ち上げられた．高度187 km に達して，15分間の弾道飛行に成功し，米国中が沸きかえった．降下時に最大加速度は11.6 G，最大速度は2.3 km/s に達したが，減速ロケット，姿勢制御ロケット，パラシュートにより減速しつつ，無事フロリダ東南海上で回収された．

その巡航宇宙船の形状は円錐台形であり，直径が1.8 m，高さが3.3 m である．緊急脱出用に図3.17と似たロケットが装置されて，全体の高さは7.9 m である．居住空間の容積は $2.8\,\mathrm{m}^3$ で，飛行士1人が入り込むのが精一杯だった．この巡航機は無人の場合を含めて，他のマーキュリー計画に使われ，種々の実験データを得た．

次に現れて世界的に最も有名なのは，月着陸を果たしたアポロ11号であろう．これは1969年7月16日に打ち上げられ，4日後月面に着陸した．アポロ宇宙船は，司令船・機械船および月着陸船で構成される．月着陸船は月面着陸に使われたが，宇宙飛行士が司令船に乗り移ってから，月周回軌道上に放置された．地球まで行くためには，着陸船と一緒では戻れなかったのである．地球への帰還時には，司令船のみが大気圏に再突入し，パラシュートを展開して速度を落とした後，海洋上に着水した．したがって司令船底部には，再突入時の加熱から機体を保護するため，耐熱材が貼られている．機械船は，再突入直前に投棄された．

その後，人が長期軌道上に滞在するため，種々の巡航宇宙機を組み合わせて，軌道上施設すなわち宇宙ステーションがつくられた．まずソ連のミール宇宙ステーションがあるが，1986年に打ち上げ始めて，2001年まで使われた．ミールのコアモジュールには，計6ヵ所のドッキングポートがあり，種々のモジュール船を結合（ドッキング）させて，規模拡大と機能拡張ができる．実際，クバント，クリスタル，スペクトル，プリローダなどの大型モジュールが打ち上げられ，それらを結合した．残りの1ヵ所とクバント1のドッキングポートは，ソユーズ宇宙船とプログレス補給船のドッキングに使用された．1996年に完成したが，その最終形態は第2章に示されている（図2.7参照）．

宇宙ステーション・ミールは，3人が滞在できる本格的なものである．15年間に訪問した宇宙飛行士は，100人以上にのぼる．1990年には秋山豊寛が，世界初の宇宙旅行者として，この宇宙ステーションに行った．しかし2001年に老朽化したということで，制御しながら太平洋上に落下させた．全重量124 tの超大型宇宙構造物を，指定したところに安全に落とすという初めての試みは成功した．これは今後の大型宇宙ごみの処理方法として，貴重な経験となった．

国際宇宙ステーション（ISS）は，米国，欧州，日本，カナダそしてソ連（現ロシア）が共同でつくった．1999年に組み立て始め，2011年に完成した（図2.8参照）．各国・組織が調整して整合標準をとり，各自の担当部分を製作し運用している．重量419 t，全長73 m，全幅108 mで，最大発生電力110 kWで，最大6人が居住できる．巡航軌道はほぼ高度400 kmで，地球の赤道に対して51.6度の角度を持ち，地球を90分で1周する．ISSについては，第2章でも詳しく述べられている．

日本が製作したモジュールは，日本実験棟（Japanese Experiment Module: JEM）と呼ばれて，船内実験室と船内保管庫，船外暴露部からなる．他の国・地域のモジュールと比べて特徴的なのは，船外暴露部で，種々の船外実験を行うことができる．宇宙飛行士はロシア担当の居住モジュールで，寝起きを共にする．日本からは，1992年の毛利衛から2017年の金井宣茂まで，計11人の宇宙飛行士が滞在した．

前に述べたスペースシャトルは，強加速性能を持ちながら，巡航性能も一体構造で併せ持つ．準軌道までの往還に用いるスペースシップ2も，この類である．

以上の軌道上の巡航機に，滞在した延べ人数を図3.12に示す．ソ連・ロシアはほぼ確実に数を増やしている．それに対し米国のデータでは，1968年アポロ8号から1969年11号の成功時期に，大きなピークを持つ．いったんほとんど0になった後，スペースシャトル初飛行から大きくなりその後また少なくなっている．これから，米国では時の政府・政策により，宇宙開発予算が増減していることが推察される．

ここに述べた宇宙滞在記録はすべて，専門家としての宇宙飛行士が乗った例である．彼らは国・組織に尽くすので，もし死んでも国が栄誉を与えるの

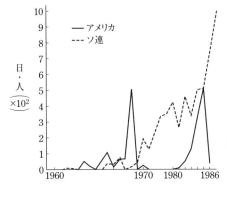

図 3.12 軌道上の巡航宇宙船に滞在した延べ人数（長友信人教授・私信）

で報われる．しかし宇宙旅行は性格が異なり，旅客が楽しんだりビジネスに使うためのものである．1990 年以降行われた宇宙旅行は，それまでの宇宙飛行士の経験・実績の上に始めることができたことはいうまでもない．

3.2 宇宙旅行の形態

1990 年秋山豊寛は，民間人として世界初の宇宙旅行を行った．この費用は民間会社 TBS が負担したので，ビジネス旅行といえる．そのとき使用したのは，宇宙ステーション・ミールである．TBS がミール訪問に関する協定を結んだ旧ソビエト連邦の宇宙総局は，ミールを管理運用しているので，世界初の宇宙旅行仲介・実施業者といえよう．

2001 年デニス・チトーは，世界初の宇宙観光旅行を楽しんだ．使用設備として当初ミールを使う予定であったが，実施前に前述のように廃棄されたので，ISS を使うことになった．チトーは宇宙旅行の話を，当初 NASA に持ち込んだが拒否されて，ロシア連邦宇宙局に請け負ってもらった．そして NASA が主導する ISS を使うことになったのは皮肉である．このイベントは，宇宙旅行代理店スペース・アドベンチャーズ社（Space Adventures, Ltd.）（米国）が仲介し，ロシア連邦宇宙局が実施した．

その後 6 人もの人が宇宙旅行に行ったが，宇宙旅行者を正規の宇宙飛行士と区分する必要が出てきた．そのためロシア連邦宇宙局と NASA の間で，宇宙飛行関係者と呼ぶという合意が正式になされた．以降，NASA による

図 3.13 巡航機の例（アルマーズ・カプセル）
（筆者撮影）

「宇宙教師」などのミッション担当乗員や，ISS製作組織でない国からの搭乗者も，このように呼ばれている．

日本でも宇宙旅行仲介業者として，1998年若松立行によりスペーストピアが設立された．また近畿日本ツーリスト（株）は，その企画内容を2008年の宇宙ミッション研究会で発表している（白石，2002）．その流れは現在（株）クラブツーリズム・スペースツアーズに受け継がれて，準軌道宇宙旅行を企画しているヴァージン・ギャラクティック社の独占契約者となっている．

日本で最初に企画された宇宙旅行実施会社は，堀江貴文が2005年設立したジャパン・スペース・ドリーム社であろう[5]．図3.13は，その旅行で使う予定であったアルマーズ宇宙船である．旅客2人とクルー1人が乗る．下面は直径約3m，高さ約8mで，300回程度の使用すなわち大気圏再突入に耐えられるように，分厚い耐熱構造を有している．このカプセル型宇宙船は，ソユーズロケットで軌道に乗せられて，地球を周回して宇宙と地球の眺めを楽しむ．帰還のためには，高度を落としてからパラシュートで着地する．この企画は惜しくも中断されたが，日本の若い起業家が世界の先端グループにいたことは心強い．

---

[5] "宇宙旅行事業に数十億…ホリエモン投資"（2005-10-16），http://www.spaceref.co.jp/news/1Mon/2005_10_24tour2.html

図 3.14　ISS の JEM 内部と宇宙飛行士
（JAXA 提供）

それでは宇宙旅行は，これからどのように実現されていくだろうか？　まず近い将来の宇宙旅行は，準軌道旅行で実現される．宇宙旅行用ロケットのスペースシップツーは，巡航機能を合わせ持つ．すなわち 100 km まで飛んでいく強力なエンジンと，旅行者が宇宙を楽しむための居住空間を持っている．この空間は，気圧や温度などが制御されている．この旅行形態は，乗り込んだ飛翔体で宇宙に行き，かつ戻ってくるので，現在の飛行機旅行の延長で考えられる．服装や手荷物品は飛行機用と宇宙用の折衷になると思われるが，友人らとの通信手段とともに，今後検討する必要がある．

さらに将来の軌道上宇宙旅行は，宇宙旅行の快適さを追求するため，スペースシャトルやカプセルより広い居住空間が望まれる．したがって本格的・恒常的な巡航宇宙船を使い，人はその巡航宇宙船と地上との間を，再使用型の強加速機で往復することになる．現在そのために使える施設は，国際宇宙ステーション（ISS）であろう．このくらいに大きくなると，無重力体験や旅行者の連係動作が自由にできる．図 3.14 では，宇宙飛行士が飛び跳ねている様子を示している．実際 ISS は既に宇宙旅行用に使われた実績があり，今後 ISS を利活用する手段として宇宙旅行は有望である．

さらに宇宙ステーションを基本として，設備を増強するものが提案されている．図 3.15 は，ビゲロー・エアロスペース（Bigelow Aerospace）社の折り畳み型ホテルユニットである[6]．将来宇宙ホテルに発展することが考えられる．

これらの軌道上宇宙旅行では，数日に及ぶ滞在時間と閉鎖状態，無重力状態があり，飛行機旅行の延長とは考えにくい．また宇宙空間の特殊条件下で

---

6)　"BIGELOW AEROSPACE", http://bigelowaerospace.com/

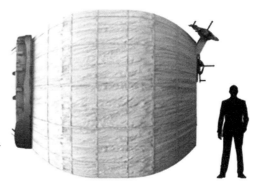

図 3.15 ビゲロー社の折り畳み
ホテルユニット
© Bigelow Aerospacc

表 3.1 宇宙旅行用各種宇宙船の居住空間特性比較

宇宙船名前	SS2	アルマーズカプセル	ISS の日本モジュール	ビゲローのホテル
最大乗員数	8人	3人	10人くらい	5人くらい
使用空間	15.4 m^3	14 m^3	155 m^3	24 m^3
軌道	準軌道	低地球軌道	低地球軌道	低地球軌道
軌道への到達法	内蔵のロケット	ロシアの A2 ロケット	A2 や日本の H-2B ロケット	A2 やファルコン 9 ロケット
滞在期間	30 分程度	1 日程度	長期間	長期間
旅行者の帰還法	滑空・滑走	パラシュート	他帰還船による	他帰還船による
特殊耐熱材	不要	底面のみ	不要	不要
重力状態	急加減速，無重力	無重力，急減速	無重力	無重力

の医学は，設備とともに特殊にならざるをえない（Parker, 2016）．これらのいわば宇宙旅行医学については，第 10 章で述べている．

以上述べた各種有人飛翔体について，居住空間特性を比較して表 3.1 に示す（高野，2016）．間近に始まる準軌道宇宙旅行では，飛行時間は 30 分程度と短く，速度も比較的遅い．それに対し将来本格化する軌道上（低地球軌道：LEO）の宇宙旅行では，宇宙へ行くのに第 1 宇宙速度に達する必要があり，滞在も数日に及ぶ．また帰還時に，空力加熱によるリスクがあり，着陸の衝撃も大きい．したがってこれまで述べたように，必要となる技術開発の内容は各旅行形態に応じて異なってくる．

3.3 宇宙旅行の安全性

3.3.1 安全確保の工夫

　宇宙旅行用ロケットの安全性は，燃料形態に大きく依存する．大きく分けて，極低温液体（液体水素，液体酸素），常温液体，ハイブリッドとなろう．極低温の燃料と酸化剤を使う液体ロケットが，最も推力が大きく，制御性も良い．しかしバルブやポンプのリスクが大きい．逆にハイブリッドロケットは，安全性が高く，制御性も十分であるが，高い推力を望めない．

　軌道まで行く宇宙旅行では，行くときに第1宇宙速度まで加速する必要があるので，液体ロケットが使われる．そして，戻るときに大気圏に突入して加熱に耐える必要がある．そのための安全策は，後で述べる．

　準軌道に行く宇宙旅行では，第1宇宙速度は要らないので，必ずしも速く行く必要はない．むしろ遅くても，安全で安いのが，最適な移動手段である．そのため，準軌道宇宙旅行にはハイブリッドロケットが使える．

　それではもっと低速でも，コストや乗り心地，制御性と安全性が高いロケットはないか？　ここで，宇宙旅行に使う場合の好ましさを表す指数として，価格の安さと快適さを取り上げ，それらが速度でどう変わるか考えてみよう．

　まずロケットがきわめて低速，たとえば空間に浮かんでいる状態で上昇速度がゼロとすると，浮かんでいるためのエネルギーが時間に比例して増える．したがって，それだけでもコストは際限なく増えることになり，安さの好ましさ指数は低い．さらにエネルギー注入を増やすと，ロケットは上昇していき，その上昇速度が速いほどエネルギーすなわちコストは低くなる．したが

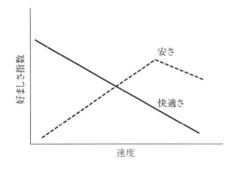

図 3.16　宇宙旅行における強加速機速度と好ましさの関係
（嶋田・高野，2017）

って，安さの指数は速度にほぼ比例して良くなることになる．
　反面旅客の安全や乗り心地の指数は，速度に反比例して低くなる．
　さらにロケットを速くするためには，その構造を強くすることになる．また第1宇宙速度で軌道に乗る場合，帰還の費用が多くなる．そのため安さの好ましさ指数は著しく悪化する．したがって安さと快適さは図3.16のように，ある速度で最適になると思われる（嶋田・高野，2017）．
　たとえば宇宙エレベーター（佐藤，2011）を使えるときがくれば，速度はほぼ自由に設定できる（浮かんでいるためのエネルギー消費はない）．そこで高度100 kmの準軌道まで，時速100 kmで行くとすると，旅客は飛行を1時間楽しめることになる．現在の20～30分で行くより，旅行気分を味わえて望ましいであろう．さらに軌道（LEO）まで宇宙エレベータで行く場合も，第1宇宙速度より遅くてよい．すると同じ速度で高度400 kmの宇宙ステーションに行くと，4時間かかり旅行らしくなる．
　軌道から帰還するスペースシャトルは，空力加熱で機体が高熱になるので，安全上その保守が重要である．それに対し準軌道旅行用のロケット・巡航機は，大気圏再突入時加熱の問題が少なくなり，さらに飛行機に近い運用になる．スペースシャトルやスペースシップツーのように水平に着陸する宇宙船は，滑空した後滑走路を使いタイヤの回転で安定を保ちつつ減速するので，リスクが線上に分散される．それに対し垂直着陸の場合そのリスクは，着陸の1点に集中するので，安全性が損なわれる可能性が高いといえよう．

図3.17　アボートシステム
　　　　（アポロ宇宙船の打ち上げ脱出システム）
　　　　（NASA提供写真に加筆）

ただし異常が起こっても引き返す推進力をもたないので，対応する手立てが要る．その切り札の1つが，打ち上げ脱出装置（Launch Abort System: LAS）である．アボートという語はコンピュータで使われるが，「計画を中止する」という意味である．図3.17はアポロ宇宙船で使われたものである．下の乗員カプセルの上に固体ロケットが付いており，非常時には瞬時にカプセルを安全なところまで引っ張り上げる．ただしロケット噴煙がカプセルを直撃しないよう，ノズルから斜め外向き方向に噴出するのが特徴である．

開発中の商業有人宇宙船であるスペースX社のドラゴン宇宙船と，ボーイング社とビゲロー・エアロスペース社が検討するCST-100宇宙船では，LASが装備される．ただし宇宙船の下側に装備した液体ロケットで押し上げるタイプである．引っ張りタイプでは重い固体ロケットを頭に装着し，かつ火炎がカプセルに当たらないような工夫が必要であるが，この押し上げタイプでは軌道上推進や垂直着陸用ロケットを共用できる利点がある．ただし，点火直後の姿勢を制御するのが難しいという問題があったが，コンピュータの能力向上とロケット技術開発により解決された．

その他，射出座席も検討されたが，使用できる速度制限（マッハ3以下）や高度制限（高度6 km以下を滑空している状態）があり，実用化に至っていない．

宇宙デブリについては，前に述べたように密度がきわめて薄いので，現在は問題になることは少ない．さらに高度を下げて大気が濃くなる100 kmでは，ほとんどのデブリや微小隕石は燃え尽きてしまう．これは高度10 km程度を飛ぶジェット機で，ほとんどデブリとの衝突事件がないことから類推できる．したがって準軌道旅行では，問題にならない．

ただし軌道上旅行で宇宙滞在時に，大きなデブリやデブリ群が近づく場合は考慮する必要がある．それらは地上のレーダや望遠鏡で軌道すなわち時々刻々の位置がわかっているので，衝突の可能性があればそれを回避するための軌道変更（マヌーバ）を行えばよい．

3.3.2　過去事例からの安全性の検証

過去の宇宙開発における死亡事故を調べると，今後の宇宙旅行での安全性を推し測ることができる．まず宇宙飛行士が飛行中に事故で死亡した例は，

3.3 宇宙旅行の安全性

表 3.2 飛行中の死亡事故

1967 年 4 月 -	ソユーズ 1 号帰還失敗．大気圏再突入時にパラシュート開かず．1 人死亡．（ソ）
1971 年 6 月 -	ソユーズ 11 号帰還失敗．宇宙船内の空気が失われた．3 人死亡．（ソ）
1986 年 1 月 -	チャレンジャー号爆発．打ち上げ直後．7 人死亡．（米）
2003 年 2 月 -	コロンビア号大気圏再突入時，空中分解事故．7 人死亡．（米）
2014 年 10 月 -	ヴァージン・ギャラクティックの準軌道宇宙船スペースシップツーが，操縦誤りのため墜落．乗員 2 名死傷．（米）

表 3.3 訓練あるいは地上運用中の死亡事故

1960 年 10 月 -	大陸間弾道ミサイル R-16 が打ち上げ直前に突然爆発．90～150 人死亡．（ソ）
1964 年 4 月 -	デルタロケット暴発事故．地上で爆発．3 人死亡，8 人負傷．（米）
1967 年 1 月	アポロ 1 号 地上訓練中に司令船が炎上．宇宙飛行士 3 人が死亡．（米）
1973 年 6 月 -	コスモス 3M ロケットが衛星打ち上げ失敗．地上の 9 人死亡．（ソ）
1980 年 3 月 -	ボストーク 2M ロケット爆発．地上で過酸化水素を充填中．48 人死亡．（ソ）
1991 年 8 月 -	日本 LE-7 ロケットエンジン試験中に破裂事故．1 人死亡．（日本）
1996 年 2 月 -	長征 3B ロケットの打ち上げ失敗．有毒のヒドラジンが飛散し，村民 500 人位が死亡した．（中国）
2002 年 10 月 -	ソユーズ-U ロケットが衛星打ち上げ失敗．墜落．地上の 1 人死亡，8 人負傷．（ロシア）
2003 年 8 月 -	VLS-1 ロケット 1 段目が地上で暴発．21 人死亡．（ブラジル）

国略号）ソ：ソビエト連邦，米：アメリカ合衆国

表 3.4 事故でも生還した例

1970 年 4 月 -	アポロ 13 号．宇宙空間で液体酸素タンクが爆発．宇宙飛行士 3 人は生還．（米）
1983 年 9 月 -	ソユーズ T-10-1 打ち上げ直前にロケットが炎上・爆発．爆発 2 秒前に打ち上げ脱出システムが作動し，宇宙飛行士 2 人は生還．（ソ）

表 3.2 に示されるように少ない．5 件のうち，3 件が帰還時で大気圏突入に伴う事故である．また残る 2 件のうち 1 件は，シャトル打ち上げの際リングシールが低温で封印効果が失われて，ガス漏れ爆発した（詳しくは，第 2 章を参照のこと）．あと 1 件は，準軌道宇宙船スペースシップツーの事故であり，操縦誤りのため機体に過度な力がかかり空中分解してしまった．この種の機体開発の事故は，いずれのシステム開発でもつきものである．

訓練あるいは地上運用中にも，事故が起こっている．大部分は公にされていないが，表 3.3 の死亡事故が明らかになっている．これらはいずれも液体ロケットの事故であり，その開発が難しかったことがわかる．

事故が起こっても生還した例があり，それらは表 3.4 にまとめられている．これから見ても，非常時脱出（アボート）システムが正しく動作すれば，多

くの事故は大事に至らないと思われる．ちなみに1986年に爆発したチャレンジャー号は，アボートシステムが付いていれば助かった可能性がある．この事故後スペースシャトルにおいても，アボートシステムの検討が行われている．

以上の事故例はほとんどが米国のNASAのような宇宙開発機関のものであり，事故死者は国の英雄として讃えられるという対処になっている．各国でそれらの犠牲者は，専門家あるいは公務員として手厚く葬られている．残る1件はスペースシップツーの事故であるが，システム開発時点での専門家の死亡例であり，個人への補償は組織として行われる．

それらに対し，宇宙旅行者の死亡事故は公の補償はないので，起こってはならない．これまでビジネスおよび観光目的の宇宙旅行者8人は，目的を果たして無事帰還している．しかしヴァージン・ギャラクティックのR.ブランソン（R. Branson）は，宇宙旅行実施業者として次のように決意を語っている．

「NASAは宇宙飛行士全体の3%の生命を失っている．彼らにとって再突入が最大の問題だった．国家事業に死亡率3%の危険は許されても，民間企業では1人の生命を失うことも許されない．」

ここに言及されたNASAは1958年に国家航空宇宙法に基づいて設立されて以来，商業宇宙活動の促進を義務づけられてきた．その一環としてスペースX社とロケットプレイン・キスラー社に，システム開発費を拠出してきた．それは前述のファルコン9ロケットとドラゴンカプセルで，結実した．しかし宇宙旅行に対して積極的に関係してこなかった．

米国の行政組織として商業宇宙輸送は，FAA（Federal Aviation Administration，連邦航空局）の商業宇宙輸送部内（AST）が管理して，市民の安全確保と商業宇宙輸送の支援・促進を図っている．安全の点では強加減速時，すなわちロケットの打ち上げ時と大気圏への再突入時を，重要視している．これを遵守させるため重要な手段は，打ち上げ許可である．米国市民または企業がロケットを打ち上げる場合，打ち上げ場所が世界中どこであっても，ASTから審査の上免許を受けなければならない．FAAの高官は誇りを持って，「これまでに196件の打ち上げ免許を付与したが，市民を巻き込んで死者や重傷者あるいは重大な物的損害を出した事故は1件もない．これは，私

たちが大いに誇りとする安全記録であり，今後もこれが続くことを望んでいる」といっている．

またASTは宇宙船の2操縦士に，専門家としての商業宇宙飛行士の資格を認定した．彼らは，2004年にスペースシップワンで，初の民間資金による有人飛行を成功させた．今後も商業宇宙飛行士の重要度は増えると予想され，ASTは同資格を積極的に認定していく予定である．

3.4 宇宙旅行の運用と安全性向上のために開発すべきもの

3.4.1 宇宙船運用設備と宇宙港

軌道上に長く滞在する宇宙船は，現在多用されている人工衛星や有人の宇宙ステーションと同じように，地上からの指令に基づいて運用される．そのため3.1節に述べたような条件を満足するように，宇宙船の各機器が構成され，宇宙船全体が設計される．軌道上の宇宙船に対しては，電力を太陽電池などから発生し，姿勢を望むように保持し，軌道上位置を制御し，内部状態を管理する．宇宙船の位置や姿勢は，地球上に設置される通信機や計算機などの運用設備により決定される．

宇宙旅行においては，前記のように事故が起こってはならないので，システムとしての安全性が厳重に確保されねばならない．たとえば通信系は地球上のシステム管理者との唯一の窓口なので，1系統が切れてもいいように，2系統を持つことになろう．その良い例が，アポロの通信系である（高野他，2001）．

ロケット打ち上げの設備としては，ロケットの整備場，燃料貯蔵庫，搭載物との組み合わせ施設，発射台（ランチャー），発射の制御と安全を司るレーダ，テレメトリとコマンド用の通信設備などが，必要である．日本では鹿児島県の種子島と内之浦に，それぞれ液体ロケットと固体ロケット用の打ち上げ設備がある．

さらに宇宙旅行に用いる宇宙港（空港に対比してそう呼ばれる）は，上記のロケット打ち上げ施設の他に，次のものを必要とする．

- 滑走路：長さはロケットにより大きく変わる．たとえば，現在最も近く

実用化されると考えられる宇宙旅行は準軌道型であり，宇宙船は水平着陸することを考えている．したがって3000 m級の滑走路が要る．それに対し垂直離着陸宇宙船では，狭い敷地ですませる．

- 旅客ターミナル
- 補助の宇宙飛行訓練施設
- 娯楽施設，博物館

最後の3項目は，旅行客の憩いや訓練の施設，同行の見送り者への待機設備，さらには一般の見学者への娯楽設備である．

宇宙港に集合するための交通も考える必要がある．たとえば日本国内に宇宙港を置いた場合，本州各地から来る人の便利のため新幹線やリニア新幹線の駅を併設したい．さらに北海道や沖縄，あるいは世界各地からの旅客は，飛行機を使うであろう．したがって宇宙港の近くあるいは同じ敷地に，空港が必要である．また宇宙旅行に組み合わせて，周辺の観光旅行も統合したプログラムにすれば，大きなビジネスになる（第7章参照）．そのためには，周辺観光地への交通やホテルも重要である．

以上から，1つの例として，静岡空港を宇宙港として利用することを考えてみよう．宇宙港に近い地下に，東海道新幹線の駅を設ける．すると宇宙旅行客は，飛行機か新幹線を使って集まれる．宇宙旅行に付随して，富士山への遊覧飛行を提供すれば，富士山を異なった高度から見ることになり，感激を新たにすることであろう．伊豆や南アルプスの温泉へ行こうと思えば，鉄道や道路およびホテルが便利にできている．宇宙旅行を核にして，地域全体の活性化が可能になる．

米国では宇宙旅行に用いる宇宙港について，前記FAAのASTが，最大積載量や安全性，環境および財政面から審査する．そして他の米国政府機関による政策面での意見を取り入れつつ，免許を付与する．免許を得れば誰でも，宇宙ビジネスを始められる制度をつくっているのである．いわば法律がビジネスを規制するのではなく，ビジネスを誘導している．

免許を受けた宇宙港は，フロリダ州のケネディ宇宙センターとセシルフィールド，バージニア州のワロップス，アラスカ州のコディアック，カリフォルニア州のモハーベとバンデンバーグ，オクラホマ州のバーンズ・フラット，

図 3.18 ニューメキシコ宇宙港および準軌道宇宙旅行機（Spaceport America 提供）

そして 2008 年 12 月に許可が与えられたニューメキシコ州のアプハム（スペースポート・アメリカ）などがある．図 3.18 は，ヴァージン・ギャラクティック社の宇宙港（スペースポート・アメリカ）を示す．砂漠の中にあるので見晴らし良く，上空に航空路がない．ターミナルビルの中には，前記の娯楽設備も設けられている．その上空を，双胴の専用輸送機に吊り下げられて準軌道宇宙船が飛行している図である．

米国以外にスウェーデン，アラブ首長国連邦，マレーシア，およびスコットランドが，各国内に宇宙港を建設する計画を発表している．これらは主に，現在進められている準軌道の宇宙観光旅行用に，営業するためのものである．今後数年のうちに関心がさらに高まり，活動が盛んになることが予想される．

3.4.2 旅客用通信など

忘れがちなのは，旅客用通信である．現在の種々の旅行において，通信がどのような役割をしているか考えてみよう．まず旅行者は旅行地に行って，安否を家族や友人に連絡する．次に周囲の写真を撮って，通信で送るであろう．あるいは SNS で不特定多数の人に，半ば自慢気に送るかもしれない．このための通信は，宇宙船の安全を保つための通信とは，性格がまったく異なるものである．とにかく画像を送るので，大容量でなければならない．しかし，相手に届く時間は，数ミリ秒くらい遅れてもいいであろう．そして緊急時には，宇宙船運用の通信を優先し，自らは切れてもいいとする．通信用語でいえば，ベストエフォート（best effort）通信であり，代わりに大容量・低価格を実現する．

84　第3章　ロケットや宇宙船

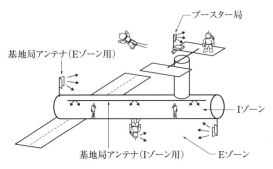

図3.19　宇宙旅行用携帯電話システム（高野，2016）

　その宇宙携帯電話システム構成を，図3.19に示す．旅行者は宇宙ステーション内を動き回り，時間と場所にかかわらず通信しようとする．その際，基地の内部なら，電波が届いているので比較的問題が少ない．しかし船外での宇宙遊泳を楽しんでいる場合，宇宙ステーション内の電波は漏れてこない．旅行者は非日常の空間に居るので，当然写真を送りたくなる．したがって現在の携帯電話システムと同じく，閉空間の外に電波の中継設備を設けて，携帯電話を中継する必要がある．ただし船外の活動においては，通信に異常が起こると，旅行者に取り返しがつかないことになる．旅客用通信が切れても，旅客は安全に宇宙船に戻れるような方策が要る．地球帰還時に用いる旅客用通信には，3.1.1項に述べたブラックアウトへの対策が要るかもしれない．たとえば，大気に突入する宇宙船の上方ではプラズマが薄いので上方にある通信衛星を経由して地上と通信する．反面ブラックアウトを楽しむイベントも考えられる．

　服装も，宇宙旅行については重要である．軌道上旅行では，ロケットで打ち上げるときの気密服は，なるべく早く脱ぎたくなるであろう．また船外活動を楽しむときには，宇宙飛行士のように固く重い宇宙活動服を着ているわけにはいかない．全体として，気軽で飽きがこない，それでいて長い滞在に耐えられるような宇宙服が必要である．その詳細は第9章に譲る．

参考文献
浅川恵司（2014）『はじめての宇宙旅行』ネコ・パブリッシング
宇宙航空研究開発機構（2016）「スペースデブリの現状及びスペースデブリ低減に係る研

究開発状況」
木田　隆・小松敬治・川口淳一郎（2001）『人工衛星と宇宙探査機』（宇宙工学シリーズ 3）コロナ社
木村秀政 編（1995）『航空宇宙辞典』地人書館
國中　均（2000）「電気推進・イオンエンジン」ISAS ニュース，No. 230
電気学会 編（2012）『電気工学ハンドブック（第 7 版）』「38 編　交通」のうち「7 章　宇宙交通機器」，pp. 1986-1990，オーム社
佐藤　実（2011）『宇宙エレベーターの物理学』オーム社
嶋田　徹・高野　忠（2017）「宇宙旅行に適したロケットの検討」2C17，宇宙科学技術連合講演会，新潟，10 月
白石孝和（2002）「宇宙旅行への期待」第 1 回 宇宙ミッション研究会，宇宙科学研究所，相模原，8 月
高野　忠（2016）「宇宙旅行のための技術開発」3E14，宇宙科学技術連合講演会，函館，9 月
高野　忠・小川　明・坂庭好一・小林英雄・外山　昇・有本好徳（2001）『宇宙通信および衛星放送』（宇宙工学シリーズ 4）コロナ社
高野　忠・内山賢治（2014）「宇宙エレベータにおけるエネルギー回生システムと軌道上飛翔体のゆっくり降下法」航空宇宙学会誌，宇宙エレベータ特集第 4 回，Vol. 62, No. 12, pp. 385-388
中村昌道・野中　聡・稲谷芳文（2014）「垂直離着陸型再使用ロケットにおける帰還飛行の空気力学」宇宙科学技術連合講演会講演集 58，p. 5
松尾弘毅・柴藤羊二・渡辺篤太郎（2001）『ロケット工学』（宇宙工学シリーズ 2）コロナ社

National Research Council（1995）"Orbital Debris", National Academy Press, Washington, DC, 2101.
Parker, W.（2016）"NASA News: Space Tourism Faces New Challenges", Science World Report, May 03.

第 **4** 章

多様なツーリズムと宇宙旅行

　ツーリズムとは英語の「tourism」のカタカナ表記であるが，その訳語として日本では大正時代に，「観光」という語が政府資料で用いられたのに始まる[1]．なお，1855 年（安政 2 年），オランダから江戸幕府に寄贈された軍艦に観光丸[2]と命名された例がある．

　本章では，「ツーリズム」と「観光」の解釈（4.1.1 項参照）において国・機関・研究者等により若干の相違があるが，ここでは同義語として扱う．観光は今や重要な産業として国策の 1 つに取り上げられており，観光立国が推進されている．

　ツーリズムの発展を通してさまざまなツーリズムの形態が生み出されてきており，ついに地上における観光現象や観光行動が宇宙へと広がりの様相を見せている．観光学は学際的な領域をその研究分野としているが，ツーリズムの新しい領域としてスペース・ツーリズムについて考察する．

4.1　ツーリズム（観光）とは

4.1.1　観光の語源と定義

　「観光」の語源は，易経[3]の「観国之光，利用賓于王（国の光を観る．用て王に賓たるに利し）」の一節に由来する．本来の意味は「国の威光を観る」ということである．「観」には①見る，こまかに見る，注意して見る，のぞみ見る，見上げる，広く見る，ながめる，見物する，②しめす，見せる，③あらわす，④ようす，外見等の意味がある（『新漢和辞典』第 4 版，大修館

---

1) 国際観光年祈念事業協力会（1967）『観光と観光事業』p. 31
2) 江戸幕府最初の木造外輪船式蒸気船（旧名スームビング号）．
3) 中国の周の時代（B. C. 11～B. C. 3 世紀）に著された五経の 1 つ．

書店).

また，観光の意味は，①他国の文化を視察すること，②転じて，他国の風景などを見物すること（前掲書），①文物・風光などを見物してまわること，②観風（『広辞苑』第2版，岩波書店）である．「観光」という語が定着するまでは，「巡遊」「漫遊」「遊覧」等[4]が使われていた．

「観光」の定義について，観光政策審議会[5]は「自己の自由時間（＝余暇）の中で，鑑賞，知識，体験，活動，休養，参加，精神の鼓舞等，生活の変化を求める人間の基本的欲求を充足するための行為（＝レクリエーション）のうち，日常生活圏を離れて異なった自然，文化などの環境のもとで行おうとする一連の活動」（観光政策審議会，1969）とある．さらに，「余暇時間の中で，日常生活圏を離れて行うさまざまな活動であって，触れ合い，学び，遊ぶということを目的とするもの」（観光政策審議会，1995）とし，「時間」，「場所・空間」，「目的」の3つの面から規定している．「余暇時間の中で」という冒頭の言葉が，日本における定義の大きな特徴を示している．つまり観光とは余暇活動の1つであるという認識である．しかし，その後「単なる余暇活動の一環としてのみ捉えるものではなく，より広く捉えるべきである」（観光政策審議会，2010）と環境変化に対応した答申がなされている．

一方，観光学における代表的な定義として，イギリス・エジンバラ大学のオギルヴィエ（F. W. Ogilvie）は，その著書（Ogilvie, 1933）に「ツーリスト[6]とは2つの条件を充たす者である．1つは自分の居住地から離れている者で，その離れている時間が1年以内であること．2つ目の条件は，訪問先でお金を支出するが，そのお金は訪問地で稼いだものであってはならない」とある．また，スイス・ザンクト・ガレン大学のフンツィカー（W. Hunziker）は，「観光とは，外来者の旅行と主要な定住をしないようなまたそれによって原則として営利活動と結びつかないような滞在から生じる諸関係およ

---

4) 大阪朝日新聞（明治39年6月24日）社告に掲載された「満韓巡遊船」の企画に見られる使用例．
5) 観光政策に関する内閣総理大臣の諮問機関．
6) tornare（ラテン語）およびtoronos（ギリシャ語）の「ろくろ」に由来する．英語のtourは「回転する」を意味し，再び元に戻ることを指している．すなわち，一時的に日常生活圏を離れて他地方に滞在する目的をもって行われる移動のことで，それを行う主体者をtourist（ツーリスト），行動態様をTourism（ツーリズム）という．

び諸現象の総体概念である」(Hunziker, 1942) が知られている．すなわち，「非定住性」と「非営利性」の2原則を貫いている．さらに，UNWTO（国連世界観光機関）はツーリズムを「レジャー，ビジネス，その他の目的をもって，1年以下の間，通常の生活圏から離れた場所に旅し，滞在する人々の活動」と定義している．

このように，日本，ヨーロッパ，UNWTOの定義に共通して言及されているものに"日常生活圏を離れる"という条件があるが，ツーリズムを余暇活動の1つとして捉える考え方は日本と異なる．しかし，わが国では「観光」と「Tourism（ツーリズム）」は概ね同義語として使われている．現在では，観光という語は，狭義では「楽しみを目的とする旅行（travelling for pleasure）」を，広義では「旅行とそれに関わる事象の総称」を意味する．

4.1.2 観光と旅・旅行

「旅」という文字は，「旗」の下に集っている人々の集団を意味していた．人々は集団をつくって移動したので，それが転じて「たび」の意味になったといわれている．一方，「旅行」の「行」は，もともとは「とおり道」を表しており，それが転じて，「一行が連立って歩き進むこと」を意味するようになった．すなわち，「旅行」は，人々が「日常生活圏」から離れて，他の場所へ行くという，空間を移動するという行為を表している．

このように，旅と旅行という2つの言葉にはニュアンスの相違があるものの，現在では両者とも「2つ以上場所を空間的に移動する」という意味で使われている．ただし，人々が移動する目的は，観光，レクリエーション，帰省，訪問，家事，仕事，調査・研究などさまざまであり，「観光旅行」「帰省旅行」「業務旅行」，あるいは「個人旅行」等と，目的や形態により多岐にわたる．したがって，厳密にいえば観光＝旅行とはならない．余暇と旅行の関連で観光の領域を図示すると図4.1のとおりである．

余暇（leisure）とは，1日（24時間の生活時間から生活必須時間（睡眠・食事などの時間）と社会生活時間（仕事や学業）を差し引いた自由になる時間である．この自由時間を利用して行われる諸々の活動がレクリエーション（recre-ation）で余暇活動である．一般的に仕事などの拘束で疲れた心身を，娯楽・運動・スポーツ・旅行などで回復させることを意味している．余暇は

90　第4章　多様なツーリズムと宇宙旅行

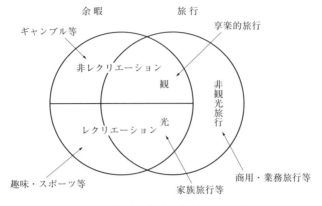

図 4.1　観光の概念図[7]（稲垣, 1981）

レクリエーションとそうでないもの（非レクリエーション）に分かれる．

したがって，観光の領域は，旅行の目的により観光とそうでないもの（非観光）に分けられ，さらに余暇のレクリエーションと非レクリエーションを合わせた範囲といえる．要するに，「旅行を伴う余暇活動」が観光である．

4.1.3　観光の意義

観光政策審議会は以下のような観点から観光の意義についてその重要性を答申している（観光政策審議会, 2000）．

(1) 人々にとって
- 観光は，単なる余暇活動の一環としてのみ捉えられるものではなく，人々の生きがいや安らぎを生み出し，ゆとりとうるおいのある生活に寄与し，また，日常生活圏を離れて多元的な交流・触れ合いの機会をもたらし，人と人の絆を強めるものであること．
- 人々が地域の歴史や文化に触れ，学んでいく機会を得ることにより，各個人レベルにおいて，多様な価値に視野が広がること．

(2) 地域にとって
- 地域にとっても観光振興のために地域固有の文化や伝統の保持・発展を図り，魅力ある地域づくりを行うことは，アイデンティティ（個性の基

---

7)　副次的に余暇が目的の一部に含まれていれば観光の一種と考えられる．観光をも兼ねた旅行を「兼観光」と呼んでいる．

盤）を確保し，地域の連帯を強め，地域住民が誇りと生きがいをもって生活していくための基盤ともなること．
- 観光によるまちづくりが地域活性化に大きく寄与すること．

(3) 国民経済にとって
- 観光産業は，旅行業，交通産業，宿泊業，飲食産業，アミューズメント産業，土産品産業，旅行関連産業等幅広い分野を包含した産業であり，そのわが国経済に与えている影響についてみると，直接消費は約20兆円にのぼり，さらに波及効果を含めると，わが国経済全体に対する効果は約50兆円と算定されている等，経済効果は乗数的に極めて大きいものとなっていること．

(4) 国際社会にとって
- 国という単位で捉えた場合，外国人との直接的な交流・出会いは，メディアを通じての見聞とは異なり，実際の人間像と生活をよりよく理解できる機会をもたらすものであることから，国民各個人レベルの国際観光交流は，国際相互理解の増進，国際親善，ひいては国際平和に貢献するものであること．

4.1.4 観光の構成要素

一般的に観光は主体，客体，媒体の3つの要素から構成されている．観光現象の基本的な要素は観光行動の主体としての観光する人そのもの，観光者の存在がある．観光者の観光行動は所得（可処分所得），時間（余暇時間），意識（余暇に対する価値観）等の影響を受ける．

次に観光行動の客体としての観光対象がある．観光の主体である観光者のニーズを喚起したり，充足させるための観光対象や観光地および各種便益を提供するための観光施設等から構成される．

さらに，観光現象は観光行動の主体と客体の存在だけでは十分に機能しない．この両者をつなぐ媒介機能が不可欠であり，それが交通・移動手段や観光情報等の媒体である．

今後の課題として，観光主体である観光者の観光欲求が多様化するなかで，彼等自身の観光スキルの教育が必要となろう．また観光客体である観光資源等の観光対象をモノからコトへの視点の転換ならびに観光媒体を構成する観

光関連産業群のホスピタリティ産業[8]への脱皮が求められる．

4.1.5 近代ツーリズムの生成
(1) グランド・ツアー

18世紀には英国貴族の御曹司たちが国際人としての教養を身に付けるため，当時の先進国であったフランスやイタリアへの周遊旅行に出かけた．いわゆるグランド・ツアーと呼ばれた修学旅行で英国貴族の通過儀礼として広まった．同行の召使や家庭教師がつくのが一般的で，1～2年，長いときは5～6年をかけフランスやイタリアの文化，芸術，社交術を学び教養を磨くことが要求されていた．これらの旅行経費を安全に送金するために為替手形や信用状の制度も発達していった．また，フランスからイタリアに向かう途中のアルプス見物に立ち寄ることは行程上不可欠であり，今日のスイス観光のモデルとなった．

(2) 旅行業の誕生

18世紀末から19世紀前半にかけてイギリスで始まった産業革命の進行により経済活動が活発化した．これにより多くの人々の往来が増大し，その輸送形態が従来の馬車から鉄道に替わっていった．大量輸送機関として鉄道はイギリスを中心にヨーロッパ各国に広がって人と物の移動時間が大幅に短縮された．

1841年，イギリス人牧師のトーマス・クック（Thomas Cook）は禁酒同盟の大会に参加する人々のために，鉄道会社とかけあって団体割引運賃を適用して貸切列車を運行させた．その後，トーマス・クックは人々から依頼されたさまざまな旅行を手配したり，自ら旅行を企画して販売する旅行代理店（excursion agent）を創業[9]した．これが現代観光において重要な役割を果たすことになる旅行業の始まりであり，近代ツーリズムの祖といわれている．

1855年国外旅行としてパリ万博旅行を最初に，1864年イタリア周遊旅行，1865年アメリカ大陸周遊旅行，さらに1869年エジプト旅行を企画実施して

---

8) 観光産業等の人的対応・取引するすべての産業，ホスピタリティを媒介する産業（旅行・交通運輸・宿泊・飲食・余暇関連産業等）．
9) 近代的な意味での世界最初の旅行代理店，1871年息子たちと Thomas Cook & Sons Ltd. 社を設立．

成功をおさめた．1872年には彼自身「222日世界一周旅行」の途上，横浜港に寄港している．

トーマス・クック社以外にも旅行代理業を営むものが出現するが，その最大のものがアメリカン・エキスプレス社（American Express Company）[10]である．同社は，現在使われているものとまったく同じ仕組みの「旅行小切手」（トラベラーズチェック）を1891年に販売し，安全な旅行の普及に大きく貢献した．

(3) 観光の量的拡大——近代ツーリズムの生成

19世紀末から20世紀初頭にかけては，ヨーロッパ大陸とアメリカ大陸との間の往来が盛んで，それを可能にしたのは大西洋を往復する豪華客船の登場であった．両大陸間の最初の団体旅行は1865年にトーマス・クック社によって企画されたものであり，当時の団体旅行の人数は30人程度にすぎなかったが，複数の船会社が豪華客船を続々と投入したために，新世界に対して好奇心をもつヨーロッパの人々が北アメリカ大陸へ，また祖先の故郷に対して憧れを抱いたアメリカ人がヨーロッパ大陸へと，大西洋を挟んで往来が盛んになった．

1917年に始まった第一次世界大戦はこうしたツーリズムの繁栄を一時的に中断したが，その後も豪華客船旅行が復活し第二次世界大戦まで続いた．

第二次世界大戦後，既成の交通機関の改良特に大型ジェット旅客機の就航により輸送力が飛躍的に向上し，大量かつ高速の輸送が可能になった．先進諸国の経済発展は，大衆消費社会を出現させ，工業生産力に裏打ちされた大量生産・大量消費の経済活動によって未曾有の経済的豊かさを実現した．かつては富裕層に限られていた旅行を大衆も享受しうる環境が整ってきた．

国民の可処分所得の増大，技術革新による労働時間の短縮，ひいては余暇時間の増大に加えて，マスメディアの発達は，人々に世界各地の観光資源・施設等の存在と活用について多くの情報を提供することとなった．

このように，観光を活発化する基本的条件が徐々に成熟していくに伴い，先進諸国では，現代観光の特徴である，一般大衆が広く観光に参加するマス・ツーリズム（mass tourism）の時代を迎えることになる．

---

10) 1850年ヘンリー・ウェルズ（Henry Wells）により創立，世界最大の旅行会社．

4.2 多様なツーリズム

4.2.1 マス・ツーリズム (mass tourism)

　マス・ツーリズムとは，第二次世界大戦後の荒廃から復興した先進諸国にみられる観光が大衆の間に広く行われるようになる現象および観光行動をいう．いわゆる，大衆観光または観光の大衆化のことである．元来，余暇を有しかつ資産を有する特権階級のみに可能であった旅行は，旅行の商品化・低廉化によって大衆に普及していった．そして国内旅行から国際旅行へと拡大の一途を辿ってきている．

　観光客の往来は交通機関を潤すだけでなく，宿泊・観光・土産物等の観光地を経済的に支える有力な要因である．先進国のみならず今後は後進国もその発展段階に相応する観光客の誘致に懸命である．このようにツーリズムは多くの国で基幹産業として機能することが期待されている．

　ここでマス・ツーリズムのメリットを列挙すると次の事項が挙げられる．
- 旅行費用の低減化（航空運賃等の大幅割引）
- 観光客の増大（観光地における関連消費額の増加）
- 観光関連産業の活性化（交通・宿泊・飲食・土産物など）
- 外貨獲得（観光立国の推進——インバウンド：訪日外国人旅行の増大）
- 交流人口の増大（国際相互理解の拡大）

　一方，マス・ツーリズムは，一度に多くの観光客が観光地に訪れるために生ずるさまざまな問題がある．観光客を迎え入れる観光施設等を作ることによる環境破壊，環境汚染，その他諸々の観光行動・現象から生ずるデメリットが列挙される．

- 自然・環境破壊（景観の破壊，水質汚染，ごみ問題）
- 交通渋滞（大気汚染，騒音）
- 観光地の疲弊（送客側の要求を満たす設備投資の加重な負担等）
- 旅行者のモラルの低下（旅の恥は掻き捨て）

4.2.2 オルタナティブ・ツーリズム (alternative tourism)

　大衆観光の意味でのマス・ツーリズムに対する「もう1つの観光ないし別の形態での観光」をいう．観光の大衆化に伴って観光地において生じてきた観光の弊害（自然・文化財・景観などの破壊，騒音，交通渋滞など）をできるだけ少なくし，観光の経済効果をその地に及ぼし，観光客も十分に満足するような観光の形態の総称として使われる場合が多い．

　1992年の地球サミットの中心的な考え方として取り上げられた「将来の世代のニーズを満たす能力を損なうことなく現在の世代のニーズを満たす開発」という持続可能な開発[11]（sustainable development）という概念に基づく観光形態をいい，持続可能な観光（sustainable tourism）と置き換えることができる．

　持続可能な観光とは，環境と観光開発を相反するものとしてではなく，互いに依存するものとして捉え，環境を保全してこそ将来にわたっての観光開発が実現できるとする概念である．ある地域の観光地としての資質は，観光資源の価値を将来にわたってどれだけ維持できるかに大きく左右されるため，国や地方自治体，住民，開発事業者など当事者がこの考え方をいかに具体化し，観光客がいかに積極的に協力していくかにかかっているといえよう．

　マス・ツーリズムの対極にあるのがオルタナティブ・ツーリズムであり，その主な種類について述べる．これらは広義にはオルタナティブ・ツーリズムの概念として包含される．

(1) エコ・ツーリズム (eco-tourism)

　観光を推進することは国際的に共通した課題であるが，一方では環境への負荷を高めることになり，諸刃の剣となる．そこで「サステイナブル・ツーリズム（持続可能な観光）」が議論されるようになった．世界観光機関（WTO）は，保護する観光の対象を自然資源だけでなく歴史遺跡や文化遺跡にまで広げるとともに，われわれの子孫にも貴重な観光資源を伝承することができるように，適切な管理と制御のもとに利用しようという考えを示している．

　無秩序な観光開発は，貴重な自然や歴史遺産の破壊を招いたり，ごみ問

---

11) 環境と開発に関する世界委員会「地球の未来を守るために」のことで地球環境保全の取り組みにおいて不可欠なキーワードである．

題・交通渋滞・大気や水質汚染等の環境問題が生じる．しかし，適切な観光開発を行えば，観光地には雇用の創出，社会的なインフラ整備等のプラスの影響を与えることが可能である．

　観光という行動が拡大した今日，従来のマス・ツーリズムから脱却した自然環境に優しいエコ・ツーリズムの概念が提唱されてきた．日本エコツーリズム協会は，「エコツーリズムとは，①自然・歴史・文化など地域固有の資源を生かした観光を成立させること，②観光によってそれらの資源が損なわれることがないよう，適切な管理に基づく保護・保全をはかること，③地域資源の健全な存続による地域経済への波及効果が実現することをねらいとする．資源の保護＋観光業の成立＋地域振興の融合をめざす観光の考え方である．それにより，旅行者に魅力的な地域資源とのふれあいの機会が永続的に提供され，地域の暮らしが安定し，資源が守られていくことを目的とする」[12]と定義している．

　ただ単に自然環境を観光対象にするだけでなく，観光行動のために支出される金銭が観光対象となる自然資源の保全のために使用され，さらに観光関連部門の雇用の創出など地域経済の振興に貢献する観光形態をいう．2008年4月から「エコツーリズム推進法」が施行されている．この法律は，エコ・ツーリズムを通じて①自然環境の保全，②観光振興，③地域振興，④環境教育の推進を図るものである．

(2) ルーラル・ツーリズム（rural tourism）

　都市生活者が農山漁村で余暇・レクリエーション活動をすること．都市生活で失われた自然・伝統文化や農山村での居住環境を体験し自らリフレッシュすることを目的とする．

(3) グリーン・ツーリズム（green tourism）

　ルーラル・ツーリズム同様，農山漁村での滞在型の余暇・レクリエーション活動利用者に宿泊サービスを提供する民宿経営などの観光関連事業も含めていう場合もある．

(4) アグリ・ツーリズム（agri-tourism）

　都市生活者などが農場や農村で休暇・余暇を過ごすこと．一般にグリー

---

[12] http://www.ecotourism.gr.jp/index.php/what/ （2017.5.6）（エコツーリズムの定義）．

ン・ツーリズムと同義である．
(5) ヘルス・ツーリズム（health tourism）
　医学的な根拠に基づく健康回復や維持，増進につながる観光のこと．温泉療法や森林療法，海洋療法の他，医療行為を受けるための手段として行われるメディカル・ツーリズム（medical tourism）も広義において包含される．
(6) スポーツ・ツーリズム（sports tourism）
　スポーツ観戦やスポーツイベントへの参加など，スポーツを主な目的とする観光旅行．スポーツと観光を融合させた旅行スタイルの普及を目指す．
(7) インダストリアル・ツーリズム（industrial tourism）
　歴史的・文化的に価値ある工場や機械などの産業文化財や産業製品を通じて，ものづくりの心にふれることを目的とした観光をいう．産業観光のこと．

4.2.3　スペシャル・インタレスト・ツアー（SIT: special interest tour）

　特別の目的意識を持つ客層の興味と関心を惹く，あるいは「テーマ」のある旅行で SIT といわれている．そのため，価格は通常の旅行より高額になる場合が多い．
(1) 世界一周旅行（round-the-world tour）
　旅行者のニーズや目的が変化し，多様化していくなかで，誰もが憧れる観光旅行の1つとして「世界一周旅行」がある．世界一周の定義はさまざまだが，簡単にいうと，太平洋と大西洋を横断してぐるりと地球を一周する旅行である．
　観光旅行としての世界一周は，1816年にニューヨークとリバプール（英国）間で，蒸気船を使った大西洋航路がスタートし，既存の太平洋航路を乗り継いで一般人でも世界一周旅行が可能となった．1872年には英国のトーマス・クックが世界で初めて世界一周航海旅行を主催し，1947年にパンアメリカン航空が空路による世界初の世界一周空路を開設．その後，日本航空が日本で初めて世界一周空路を就航するなど，時代とともに世界一周の移動手段も海から空へと広がっていった．
　21世紀に入り，旅客機を利用した世界一周旅行の普及に大きく貢献したのが，世界一周専用の航空券＝世界一周航空券である．世界の航空会社がアライアンスを組んで30万円台というリーズナブルな価格設定で，夢や憧れ

だった世界一周旅行が，近年ではちょっと背伸びをすれば，誰もが実現できる観光旅行となっている．

(2) 世界一周クルーズ（cruise around the world）

　豪華な世界一周旅行の代表格といえば，旅客機ではなく，船で優雅に時間をかけて世界を巡る「世界一周クルーズ」である．快適な大型客船に乗りながら，大海原を約3ヵ月かけて20ヵ国前後の国を訪れる世界一周クルーズは観光旅行の最高位とされる．世界で約10隻前後の客船がそれぞれ年に一度出発して，世界各地の文化芸術に触れ，多くの人々との貴重な出会いや日常生活では体験ができない感動の旅を満喫できる．

　豪華客船飛鳥2号で行く「世界一周クルーズ102日間」は，最上級のロイヤルスイートを使用する旅行代金は2625万円[13]である．準軌道宇宙旅行の代金とほぼ同額である．

(3) 極地旅行（polar tour）

　今や冒険家たちだけの旅ではなくなった北極・南極の「極地旅行」．一生に一度は行ってみたい神秘の地へも，軽装備でクルーズ船に乗って行くことができる．地球の果てに行くような旅でさえ，現代では気軽に楽しめるようになった．手つかずの大自然や地球に残された最後の秘境を訪れて，人生観が変わる体験ができるのも極地旅行の醍醐味である．地球の謎や歴史を繙く極地旅行はまさに地球を知る旅でもある．

(4) 秘境ツアー（unexplored tour）

　ヒマラヤ，サハラ砂漠，シルクロード，アマゾンのジャングルなど，いわゆる辺境の地と言われている場所にグループで訪れる秘境ツアーも観光旅行の1つであり，究極の非日常体験や未知なる地球の姿に出会える．個人では行きにくい場所もツアーという旅行商品であれば，安全に行けるようになった．秘境ツアーの最終型といわれているものが，極地旅行でもある．もはや，われわれの住んでいる地球で，行けないところはないのかもしれない．

　地球最後の秘境といわれる南極ツアーに参加した人は，年間で3.6万人といわれる[14]．宇宙旅行需要予測では年間約1000人前後となっているが，こ

13）https://www.asukacruise.co.jp/pamphlet/ （2017.08.23）（世界一周クルーズ）
14）IAATO（国際南極ツアーオペレーター協会）によれば，2014年4月〜2015年3月の1年間に世界中の南極ツアーの参加者は3万6702人となっている．

れらの参加予定者の多くは，ヴァージン・ギャラクティック社によれば世界中を一巡し，宇宙を次なる行先地として選んでいるという．地上（地球）から宇宙へと観光地の1つに加えている．こうした流れは今後一層大きくなるであろう．

4.2.4 近未来のツーリズム──宇宙大航海時代の到来予感

15世紀中葉から17世紀中葉にわたる200年は地球探検の大航海時代であった．主に海路による冒険が行われ歴史上の大発見がなされた．1492年のコロンブス（Christopher Columbus）によるアメリカ大陸（西インド諸島への上陸）発見，1498年のヴァスコ・ダ・ガマ（Vasco da Gama）のインド航路の開拓，1520年のマゼラン（Ferdinand Magellan）による世界一周航路の達成等，未知の世界への憧れと挑戦心が行く手を阻むさまざまな障害を乗り越えさせた．地球大航海時代は三本マストの船[15]が使われている．

マゼランの世界一周航海から約500年を経て人類は宇宙大航海時代へ突入しようとしている．三本マストの帆船から宇宙船に乗り換えて宇宙の神秘に挑んでいる．地球の周回軌道上には数多くの多目的衛星が飛び交い，他の惑星への探査にも向かっている．ミッションを帯びた探査機が深宇宙を進む姿は，大航海時代の人類の夢と希望を叶えるために，果てなき海を目指した姿と重なり合う．やはり，人類の勇気と叡智が無限に感じられる．

いつの時代にあっても，そのときどきの先端技術の開発は国家的支援の下に行われてきた．しかし，わが国は十分に豊かな国であり，国民の生活は安定している．これから国際的貢献ができる分野の1つは，宇宙開発の分野での協力と，宇宙観光促進による相互理解の増進である．人類は着実に科学技術の進歩により，それぞれの時点で画期的な事象を経験してきたが，今まさに宇宙観光旅行（スペース・ツーリズム）が始まろうとしている．

1964年に海外旅行が自由化されたときでさえ，一般庶民は高嶺の花で一部の富裕階級にしか機会が訪れないと信じていた．ところが，現在はどうであろう！　だれもが，いつでも，思い立ったらすぐに出かけられるようになり海外旅行は大衆化時代になっている．当初12.8万人であった海外旅行者

---

15) 三角形の帆をもつラテン式カラヴェル船や四角の帆が張られたレドンダ式カラヴェル船．

は，2000年には過去最大の1781万人と140倍[16]に膨れ上がっている．

　観光旅行のみならず，宇宙空間における事業所への赴任，物資の運搬，施設の修理，あるいは研究活動等，さまざまな目的で宇宙を訪れる人々が増えることは確かである．また，宇宙ステーションを基地として，月周回あるいは月滞在ツアーなどは日常的になるであろう．さらに，他の惑星間との往来により本格的なスペース・ツーリズムの時代を迎えることになる．

4.3　宇宙旅行

4.3.1　宇宙旅行の位置づけ

　宇宙旅行はその主たる目的により観光旅行にも業務旅行にもなる．プロの宇宙飛行士が任務を帯びて宇宙空間（ISS滞在）で業務（研究・調査活動等）に携わる場合は宇宙業務旅行といえる．しかし，滞在中の自由時間を利用してISSから地球を観光的な観点から眺めるのは宇宙観光旅行に当たる．すなわち，兼観光（注7参照）の事例である．

　4.1.4項で述べたように，観光は主体，客体，媒体の3要素で構成されている．宇宙旅行は，参加者（主体）が宇宙空間（客体）へ宇宙船（媒体）を利用して行くことである．将来的には宇宙へ行く目的が観光（地球ウォチング，無重力体験，宇宙ホテル滞在等）のみならず，業務（宇宙空間にある事業所等への赴任あるいは出張等）など地上の場合と同様になろう．

　今や，民間の商業宇宙旅行が開始されようとしている．地球観光の時代から宇宙観光の時代へと進展しつつある．地球上の観光対象などから宇宙空間の領域に拡大して行おうするのが宇宙観光旅行であり，宇宙から見る地球観光であり観光資源の再認識・再開発でもあるといえる．

(1) 宇宙旅行の企画

　宇宙旅行の魅力は，何と言っても宇宙から自分の住んでいる"地球"を自分の目で見ることで宇宙を舞台にした観光である．では，何を見たいか，見られるかである．もちろん，搭乗する宇宙船の軌道により違いがある．

　地球周回の軌道宇宙旅行の場合は，次のような企画が考えられる．

---

16)　法務省「年度別日本人出国者数の推移」による．

- 世界遺産観光
- 極地（オーロラ観光）
- ハリケーン，台風，火山爆発（自然現象を宇宙から見る）
- わが故郷を宇宙から眺望する
- 世界の秘境（アマゾン川，エベレスト，シルクロード，サハラ砂漠，アフリカの熱帯雨林等）
- 世界の夜景めぐり（巨大都市の夜の実像を見る）
- 世界一（地球一）シリーズ
- 地球環境ウォッチング
- 天体観測（宇宙の神秘により近づく）

なかには技術的あるいは軌道の位置（高度や打ち上げ傾斜角度など）により，できないこともある．特に，宇宙船の窓から，肉眼で対象物を識別することは大変難しいことである．それは，既に実用化されている諸々の軍事技術・ハイテク技術を活かして，観光用の器具・機材の開発がなされることを期待している．たとえば，地上観察・観賞ができる超々高性能望遠鏡やテレビ（受像画面をコンピュータで即時解析処理）などが宇宙船内に設置されることである．

　将来，地球周回軌道宇宙旅行において，あらかじめ搭乗予定の宇宙船の軌道を調べ，その軌道上から見られるポイントを中心に上記宇宙旅行が企画され，発売されるようになるであろう．また，グループ（オーガナイザー）の希望に沿った衛星軌道を設定することにより，特別企画のチャーター・スペース・ツアーも可能になるであろう．

(2) 宇宙旅行による生活・思考の変化

　宇宙旅行が大衆化してくれば，従来のツーリズムの発展段階と同様な形態が予想できる．たとえば，地球の環境汚染の現状を宇宙から眺め，その問題意識を高揚させ，防止策を探るというエコ・ツーリズムの宇宙版が期待できる．前段で提案した企画は，いずれもグローバルな視点で国民生活の向上に寄与できるものと考えられる．

　宇宙旅行の発展は，他の分野と比較して学術的研究成果が問われる観光学にとって，宇宙空間における関連分野と学際的研究に取り組む良い機会であ

る．観光そのものが産業としての基盤を整備し，先進性を追求していくことも重要であるが，宇宙旅行時代を先取りした研究対象を拡大して，宇宙観光（事業）論，宇宙ホテル（事業）論，宇宙交通（事業）論，宇宙交通管理論，宇宙旅行心理学，宇宙旅行健康論，宇宙旅行添乗員論，宇宙旅行医学，宇宙旅行気象学などといった研究の積み上げにより体系化した宇宙観光学（総論）の登場も期待できる．

さらに，宇宙旅行（滞在）が日常化する宇宙旅行時代には，われわれのことばの表現や使い方にも変化が見られることになろう．たとえば，水に流す（宇宙では水に流せない），寝返りをうつ（無重力下では死語），頭にくる，頭に血がのぼる（無重力下で体液が頭部に集まる），足で立つ（指1本でも体を支えられる），上下感覚（無重力下では意味がない），直立不動の姿勢（無理である），横たわる，垂れ下がる，口角泡を飛ばす，しゃべりながらの食事（口から小さい食片が飛び出すことがある）等の表現あるいは行動は宇宙の特殊環境（微小重力）下では変化するであろう．

また，「重さ」に対する表現（重々しい，ずっしり，重んずる，重責，重役，重罰）や「軽さ」に対する表現（浮く，浮遊，浮薄，浮気，浮き足だつ）等も地上と比べて異なることになろう．

4.3.2 宇宙産業と宇宙旅行

宇宙産業は，通信，放送，気象観測，地球観測・監視，資源探査等，宇宙空間の利用および研究に必要な手段・機材等を提供する国民生活に重要な役割を果たす産業であり，また，高度な技術を結集した先端技術産業である．ロケット，衛星，宇宙機，宇宙ステーション等の飛翔体や地上施設等の製造を行う「宇宙機器産業」を頂点に，衛星通信，リモセンデータ提供，測位サービス，宇宙環境利用等の宇宙インフラを利用してサービスを提供する「宇宙利用サービス産業」，全地球測位システム（GPS）を利用したカーナビゲーションや衛星携帯電話端末等の民生用機器を製造する「宇宙民生機器産業」および宇宙利用サービス産業から民生用機器およびサービスを購入・利用して，通信，放送，交通，資源開発，環境観測，気象観測，農林漁業，国土開発等の事業を行う「ユーザー産業群」から構成されている（図4.2）．このユーザー産業群のなかに，宇宙旅行産業が入る．

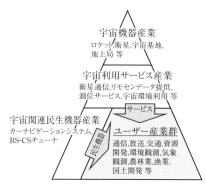

図 **4.2** 宇宙産業の構成

日本航空宇宙工業会の集計によれば，わが国の宇宙産業の規模（2014 年度）は宇宙機器産業 3554 億円，宇宙利用サービス産業 7956 億円，宇宙関連民生機器産業 1 兆 5826 億円，ユーザー産業群 5 兆 4616 億円の総額 8 兆 1952 億円となる[17]．基幹となる宇宙機器産業の規模は米国の約 10 分の 1，欧州（ESA）の約 3 分の 1 の規模にとどまっている[18]．

宇宙利用サービス産業が拡大すれば，衛星等の打ち上げ需要が増大し，宇宙機器産業の民需が拡大するという相関性がある．宇宙関連民生機器産業およびユーザー産業群は，宇宙利用サービス産業から提供される各種のサービス等を活用することにより，社会生活にとって必要不可欠な機能を提供している．7 兆 442 億円の市場規模は，宇宙機器産業の約 20 倍で，関連産業への波及効果が顕著であることを示している．

宇宙開発の重要性について，筆者は「長期的な国家戦略の中に，宇宙開発を重点施策として推進しないと科学技術分野における国際競争力が低下し，ひいてはわが国の国際社会におけるリーダーシップが損なわれることにもなりかねない．宇宙開発は，基幹である宇宙機器産業のみならず他産業への広汎な波及効果があり，科学技術創造立国を目指す上で，国民の目に見える形で成果を示すことができる」（水野，2006）と指摘している．

たとえば，2015 年度の訪日外国人の国内消費総額は 3.5 兆円で，これによる経済効果は生産誘発効果が 6.8 兆円，付加価値誘発効果が 3.8 兆円，雇

---

[17] http://www8.cao.go.jp/space/comittee/27-sangyou/sangyou-dai3/siryou2.pdf （2017.6.5）（経済産業省「わが国の宇宙産業の規模」）．
[18] 米国約 4 兆円，ESA（欧州宇宙機関）約 9000 億円（経済産業省資料）．

用創出効果は63万人と試算されている[19].これをみても,日本発着の宇宙旅行ともなればさらに宇宙機器産業をはじめとして図4.2のように宇宙利用サービス産業やユーザー産業群への生産誘発効果と雇用創出効果を期待できる.

わが国の宇宙旅行の市場規模は世界でも有望視されている.宇宙旅行取り扱いの独自のシステムを構築しなければ,その旅行需要は米国やロシア,さらに中国等の宇宙旅行関連産業に吸収され,国際旅行収支のうえでも膨大な赤字構造が懸念される.観光立国の一環として日本発着の宇宙旅行に外国から旅客を誘致することで国際社会に貢献することができる.

4.3.3 宇宙旅行の環境整備

(1) 宇宙旅行標準約款

旅行に関わる法律には,旅行業法がありこれに付随して利用運送機関によって航空法,道路運送法,海上輸送法,鉄道事業法等が加わる.消費者と事業者との関係でみると直接関わるのが旅行関係約款である.宇宙旅行はこれに特化した宇宙旅行契約約款の下で実施されるであろうが,初期段階では手配旅行契約約款に特別附帯事項を追加したものになろう.出発前の訓練参加義務,訓練によって不適とされた場合の参加代金の取り扱い,天候等による打ち上げ延期の際の参加代金の取り扱い,その他打ち上げ失敗等の補償等の事項について付記されなければならない.

現在の旅行契約は企画旅行契約か手配旅行契約のいずれかである.宇宙旅行には宇宙旅行標準約款的なものが必要となるが,わが国においてインフォームド・コンセント条項が初期段階の宇宙旅行に適用されるかどうかである.これは,宇宙旅行に伴う危険を事前に開示することを条件に,重大な過失や意図的な安全の無視,意図的な加害者行為等の場合を除き,宇宙旅行サービスを提供する運航者の責任を免除する合意[20]は有効とするものである.

しかし,わが国において宇宙旅行サービスを提供する者(運航者など)の

---

19) みずほ総合研究所『2015年度訪日旅行客による経済効果』.
20) 米国は1984年「商業宇宙打ち上げ法(Commercial Space Launch Act)で賠償請求権の相互放棄,インフォームド・コンセントの義務化等を定め,初期宇宙旅行の実現に向けての法規整備を行っている.

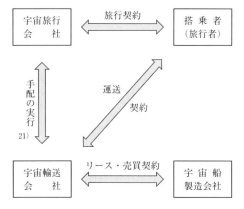

図 4.3 宇宙旅行に関する契約

責任（賠償）を免除する合意が有効と認められるかどうか，消費者に一方的に不当・不利益な契約条項は無効とする消費者契約法が立ちはだかっている．

準軌道宇宙旅行の開始が間近に迫るなか，この企画が旅行業法第 2 条第 1 項に定める「運送又は宿泊のサービス」に該当するものとして捉えるべきである．従来，専門家でもロケットに乗って 5 分程度の無重力を体験する行為を遊園地の乗り物と同一視してきた経緯があるが，宇宙空間に行く運送手段としてのロケットは運送サービスであることは明白である．したがって，宇宙旅行サービスの手配に関するガイドラインを定めて，旅行業法の適用を前提とした手配基準を明確にすることが求められる．図 4.3 において，搭乗者（旅行者）は宇宙旅行会社と宇宙旅行標準約款により宇宙旅行契約を締結する．この場合，宇宙旅行会社は搭乗者（旅行者）を媒介して宇宙輸送会社との間で宇宙旅客運送約款に基づいて宇宙運送契約を締結することになる．

(2) 宇宙旅行保険

宇宙旅行に関わる旅行保険は，その開始時期に向けて検討されている．大きく 3 つのパターンに分けて準軌道旅行（サブオービタル），地球周回軌道旅行（オービタル），月旅行（月面着陸および月周回）用に設定されるであろう．宇宙におけるリスクの想定は極めて困難なため，補償内容は宇宙旅行行程中の事故による傷害死亡に限定される．宇宙船の発射準備が完了し，

---

21) 手配旅行契約に基づき，善良なる管理者の注意義務を持って手配を実行する．

搭乗した時点から宇宙空間である大気圏外へ出た後，地球上に帰還し，宇宙船から降りるまでの間を補償対象とする．したがって，日本からスペースポート等の打ち上げ基地までの旅行行程および宇宙船の発射準備が完了するまでの間ならびに宇宙船を降りた以降の旅行行程は，従来の海外旅行傷害保険で対応する．

　補償額は，旅行者の年令，職業および収入等を総合的に勘案し決定される．また保険料については，旅行の種類およびリスクの度合等に応じ個別に算出する．現在，ジェイアイ傷害火災とロイズ・ジャパンの「宇宙旅行保険」が共同開発の途上にある[22]．

　宇宙飛行士のための専用保険というものは存在せず，普通の海外旅行保険で旅行中危険なスポーツや業務に携わる場合，そのリスクの程度を勘案して割増保険料を付加している．いずれにしても，今後宇宙旅行が一般化すれば，海外旅行と同じように旅行種別や期間などによりモデル化され加入しやすくなるであろう．

　ロケットの打ち上げに失敗すれば民間企業にとっては大きな痛手になる．それをカバーするのが「宇宙保険」である．この分野の日本の最大手，東京海上日動火災保険によると，世界の宇宙保険市場は約7億ドル（約840億円）という[23]．

4.3.4　宇宙旅行とインバウンド・ツーリズムの促進
──観光立国と科学技術創造立国の融合

　わが国の国際収支におけるサービス収支の推移（2001〜2015年）を見ると，毎年大幅な赤字を示している（表4.1参照）．その中で旅行収支だけは最近のインバウンド（訪日外国人旅行）の好調さを反映して赤字幅が縮小しており，2015年は一挙に黒字に転じた．これは訪日外国人旅行者が1970万人と前年比47%増を記録したことにより，1962年以来53年ぶりに1兆905億円の黒字となったことに起因した．近年輸出の伸び悩み，輸入の増加で貿易収支の赤字が続いており，旅行収支の改善が経常収支の安定化に寄与することにつながる．

---

22)　http://www.jihoken.co.jp/whats/2007/wh_070621_01.htm（2017.6.5）．
23)　朝日新聞の別刷り日曜版「GLOBE」2015年10月10日．

4.1 国際収支の推移（2001年～2015年）

単位：億円

年　度	経常収支	貿・サ収支	貿易収支	サービス収支	旅行収支
2001	104,524	32,120	88,469	▲56,349	▲28,168
2002	136,837	64,690	121,211	▲56,521	▲28,879
2003	161,254	83,553	124,631	▲41,078	▲23,190
2004	196,941	101,961	144,235	▲42,274	▲29,189
2005	187,277	76,930	117,712	▲40,782	▲27,659
2006	203,307	73,460	110,701	▲37,241	▲21,409
2007	249,490	98,253	141,873	▲43,620	▲20,199
2008	148,786	18,899	58,031	▲39,131	▲17,631
2009	135,925	21,249	53,876	▲32,627	▲13,886
2010	193,828	68,571	95,160	▲26,588	▲12,875
2011	104,013	▲31,101	▲3,302	▲27,799	▲12,963
2012	47,640	▲80,829	▲42,719	▲38,110	▲10,617
2013	44,566	▲122,521	▲87,734	▲34,786	▲6,545
2014	38,805	▲134,988	▲106,534	▲30,335	▲444
2015	164,127	▲23,720	▲6,288	▲16,784	10,905
	a	b	c	d	e

注：財務省国際収支状況総括表およびサービス収支表を参考に筆者作成
$a=b+$ 資本収支，$b=c+d$，$d=e+$ 輸送＋その他．

　過去，日本経済を牽引してきた自動車等の輸出産業の稼ぐ力が相対的に弱まってきている反面，慢性的な赤字構造で推移してきた旅行収支の黒字化は観光立国を推進することに大きな励みとなっている．外国人観光客の来訪の促進により国内関連消費額が伸び，貿易収支依存型から旅行サービス収支へその比重が高まり所得収支とともに国際収支の柱となることが期待される．

　表 4.1 から 2007 年と 2014 年の対比でみると，2007 年の経常収支は 24.9 兆円と過去最大であるのに対して 2014 年には 3.8 兆円と過去最少，貿易収支は 14.1 兆円の黒字に対し 10.6 兆円の赤字，旅行収支は 2 兆円の赤字に対して 444 億円の過去最少の赤字である．この経緯から 2015 年旅行収支がやっと黒字に転じたことの意義は大きい．政府は観光立国推進基本計画に基づく訪日外国人旅行者の 2020 年度の目標を 4000 万人と上方修正し，一気に観光大国への階段を駆け上がる態勢を構築しようとしている．しかし，来訪者数が伸びれば所期の目標が達成されるとは限らない．観光客数の増大とともに観光収入（1 人当たりの国内における消費支出）を伸ばす施策を重視することである．さらに迎え入れる来訪者のニーズに応えるために質的な要素も加えた総合的な施策の展開が必要である．

表 4.2　国別外国人旅行者数・観光収入・GDP 比較（2014 年度）

国　　名	外国人旅行者	観光収入	GDP	対 GDP 比
フランス	8,370	66,803	2,829,192	2.36
米　国	7,476	220,757	17,348,072	1.27
スペイン	6,500	65,100	1,381,342	4.71
中　国	5,562	56,913	10,430,590	0.54
イタリア	4,858	46,547	2,141,161	2.17
トルコ	3,981	37,371	798,414	4.68
ドイツ	3,301	55,924	3,868,291	1.44
英　国	3,261	62,830	2,988,893	2.1
ロシア	2,985	19,451	1,860,598	1.04
メキシコ	2,909	16,607	1,294,695	1.28
香　港	2,777	46,031	290,896	15.82
マレーシア	2,744	22,600	326,933	6.91
オーストラリア	2,529	34,117	1,471,439	2.31
タ　イ	2,478	42,063	404,824	10.39
ギリシャ	2,203	19,481	235,547	8.27
＊日　本	1,341	20,790	4,602,419	0.45

注：単位：外国人旅行者（万人），観光収入・GDP（百万ドル），対 GDP 比（％）
　　旅行者数は JNTO，観光収入は WB，GDP は UN の資料参考のうえ筆者作成．

(1) インバウンド政策の変遷と現状

　21 世紀のわが国経済社会の発展のために観光立国を実現することが極めて重要であることに鑑み，2006 年観光立国推進基本法が公布され，これに基づいて観光立国推進基本計画が実施されてきた．2015 年アクションプログラム実施の結果，1970 万人を達成し訪日客の旅行消費額が前年比 71％ 増の 3 兆 4771 億円[24]で過去最高となった．

　もともと，アウトバウンド（日本人の海外旅行）志向の貿易摩擦解消型の国際旅行収支の赤字を恒常的に計上してきたが，2007 年 14 兆 1873 億円の貿易収支の黒字は 2008 年 5 兆 8031 億円と減少し一時回復したものの，近年赤字に陥っている．貿易収支の黒字幅が今まで旅行収支の赤字を覆い隠してきたが，単独の旅行収支の黒字化は観光立国を標榜するうえで必須である（表 4.1 参照）．

　2007 年，観光立国基本計画では目標が 2010 年インバウンド数千万人に設定された．同時に観光旅行消費額 30 兆円の目標であった．これらの目標は

---

24) 朝日新聞平成 26 年 1 月 20 日朝刊．

表4.3 訪日外国人1人当たり費目別旅行支出（2015〜2017年）

単位：円

年度	宿泊費	飲食費	交通費	娯　楽・サービス費	買物費	その他	総　額
2015	45,465	32,528	18,635	5,359	73,663	518	176,168
2016	42,182	31,508	17,838	4,725	59,323	320	155,896
2017	38,907	29,262	16,285	5,734	57,335	543	148,066

注：観光庁『年度別訪日外国人消費動向調査』より筆者作成．2017年度は1-3月の速報値．

インバウンド数については2013年に達成されたが，その他はいまだ未達である．インバウンドの増大に伴い国内消費額も増加して，買い物という「輸出産業」が拡大する．インバウンド観光の買い物は，需要地までの輸送費や通関の手間などを訪日外国人が負担する効率の良い輸出といえよう．

外国人旅行者受入数において，日本は2014年1341万人で22位（アジアで7位）にあり，2015年の実績（1974万人）で見ても16位に相当する[25]．因みに第1位のフランスは8370万人，観光収入668億ドルでGDP 2兆8291億ドルの2.36%を占める観光大国である．スペイン，イタリア，ドイツ，英国も観光収入およびそのGDP比はいずれも日本より高い．インバウンドの経済に与える影響を如実に示している（表4.2）．

GDPに対する観光収入の比率は，表4.2に見られるように日本の劣位は否定できない．近年，ASEAN諸国からの観光客が増加しているが，査証の規制緩和（免除や数次査証の発給等）によることが大きい．高い経済成長の下で中間所得層や高所得層が飛躍的に増大している．

訪日外国人旅行者1人当たりの消費額は表4.3のとおりである．総額は15万5896円（2016年）を示しているが，1年前（2015年）は中国人の爆買い現象に支えられて大幅に伸びた．しかし，翌年（2017年）は消費額が前年対比95%と減少している．今後のインバウンド政策の重点志向として人数の拡大と同時に1人当たりの消費額を増やし続けることが肝要である．

(2) 宇宙産業とのコラボレーション

宇宙基本法の成立（2008年）を受けて民間事業者における宇宙開発利用の推進[26]を図るために，宇宙活動法[27]の整備が急がれている．宇宙活動法の

---

25) 観光庁「外国人旅行者受入数ランキング」(2014年度).
26) 宇宙基本法第35条第2項.
27) 宇宙開発への民間の参入を促進するために，人工衛星の打ち上げを許可制にすると

整備は，①民間宇宙活動の時代に対応した国際約束の履行，②公共の安全と被害者の保護の確保，③宇宙活動への参入促進等わが国宇宙産業の健全な発達推進，④国際社会におけるわが国の利益と整合した宇宙活動の推進を目的とする．

わが国の採るべき施策として，①民間企業の宇宙産業への参入を促進する制度および投資の呼び込みを図ることを主眼とする経済特区の設定，②航空法或いは宇宙航空法により宇宙船の離発着の許認可およびその打ち上げ規制の緩和，③わが国独自の宇宙機等の開発までの間，外国宇宙機のリース契約等での実施に向けての法制度措置等が求められる．

間もなく始まろうとしている準軌道宇宙旅行が米国主導で需要が取り込まれていくことを座視することは国益に反する．自国で宇宙船を開発しない国でも宇宙活動法を制定し，スペースポート等のインフラ整備を進めてこの需要獲得に意気込んでいる．

日本発着宇宙旅行ビジネスの早期スタートは今後のインバウンド政策上不可欠である．宇宙機器産業への波及，技術力向上を狙い，最終的に宇宙船の独自開発を目指すが，当面宇宙旅行等の関連ビジネスの創出においては，海外機の導入によるサービス供用を開始することが近道である．

単純に計算すると訪日外国人1人当たりの平均消費額（航空運賃を除く）は約15万円（表4.3参照）であるが，日本発着の弾道宇宙旅行（サブオービタル）が実現すれば2800万円で一次的には日本企業の売り上げになる．実に190倍である．日本企業が外国企業に払う宇宙旅行に関する技術提携料，運行システム料等の支払いを除いても国際旅行収支上，受け取り超過となる．

当面は外国製宇宙船の導入による準軌道宇宙旅行でスタートし，次には軌道宇宙旅行，と日本人の宇宙旅行のみならず外国人旅行者に日本発着の宇宙旅行を定着させていけば，宇宙産業全体の底上げに寄与できる．高度に発達した宇宙技術はその関連産業を中心にあらゆる民生産業に波及し日本経済の活性化に貢献する．まさに宇宙旅行を梃に科学技術創造立国と観光立国の実現が可能となる．

人口減少時代に突入している日本は，インバウンドの拡大に伴う交流人口

ともに，打ち上げ失敗による損害賠償保険への加入の義務付けや保険を上回る損害に対する政府の補償などを定めたもので，2016年11月6日に成立した．

の増大を図り，人口減少による国内消費額の減退を補完する．一方，1人当たりの消費額についてもより拡大させる施策を取り入れなければならない．この手段として宇宙旅行の取り扱いにシフトしていくことが望ましい．特に，インバウンド市場の80％を占めるアジア諸国の富裕層を対象に市場確保の競争に勝たなければならない．既存の観光資源に頼らずインバウンドを振興する手段が，日本の技術力に裏打ちされた宇宙観光旅行に求められる所以である．美しい自然，歴史・伝統・文化に溢れた観光資源に接することができるうえに，宇宙からの景観も味わえる日本というイメージをつくるにはインバウンドの柱としての宇宙旅行が最大のチャンスである．

参考文献
稲垣　勉（1981）『観光産業の知識』日本経済新聞社，p. 11
岡本伸之 編著（2001）『観光学入門』有斐閣
観光政策審議会（1969）「国民生活における観光の本質とその将来像」
観光政策審議会（1995）「今後の観光政策の基本的方向について」
観光政策審議会（2010）「21世紀初頭における観光振興方策について」
北川宗忠 編著（2006）『観光・旅行用語辞典』ミネルヴァ書房
財務省（2016）「国際収支状況総括表」（データ期間：平成8年以降）https://www.mof.go.jp/international_policy/reference/balance_of_payments/bpnet.htm（2016. 6. 17）
笹岡愛美（2016）「宇宙旅行に関する法的研究」『第7回宇宙法シンポジウム』http://space-law.keio.ac.jp/information/6.hjml（2017. 5. 17）．
長谷政弘 編著（1997）『観光学辞典』同文館
羽田耕冶監修（2006）『観光学基礎　第2版』ジェイティビー能力開発
前田　勇（2001）『現代観光総論　第2版』学文社
水野紀男（2006）『宇宙観光旅行時代の到来』文芸社，p. 190
水野紀男（2012）『人口減少社会と観光戦略　増補版』2ILNコンサルティング
水野紀男（2016）「インバウンド振興策としての宇宙旅行に向けた課題」日本観光学会誌，第57号，日本観光学会

Hunziker, W. (1942) Outline of the general teaching of Tourism, Polygraphischer Verlag AG.
Ogilvie, F. W. (1933) The Tourist Movement, Edinburgh University Press

第 5 章

宇宙旅行の需要を探る

　これまで国内外のいろいろな機関，企業がさまざまな形で宇宙旅行の市場調査を行い，その需要予測などを発表してきた．この章ではそれらを振り返りながら，宇宙旅行が実現したときにその市場がどこまで大きいものになるのかという点についてさまざまな観点から考察をしていく．

5.1　宇宙旅行が大きなビジネスになる可能性を探って

　新しい産業や過去になかった商品やサービスについての需要予測を行うのは容易なことではない．たとえば航空関連産業を例にとると，現在世界にあるジェット旅客機総数は一般社団法人日本航空機開発協会レポート（2013）によると2万814機．世界の航空旅客数は，国際運送協会が発表した2016年の数値によると約37億人もの規模であり，航空関連産業は製造側と航空運送業者側を合わせると100兆円近い巨大産業になっている．今後10年でこの規模はさらに倍増するという予測もある．ところがわずか100年ちょっと前，米国のライト兄弟が世界で初めて航空機を飛ばした1903年当時，このような予測をした人は，果たしていたのであろうか？　寡聞にしてそのような予測は聞いたことはないが，それは，空を飛ぶ乗り物を本当につくれるものなのか，人が乗ってどこまで行くことができるのか，果たして安全性は問題ないかなどまったく不明の段階では将来の需要など予測しようがなかったに違いない．
　一方，現時点での宇宙旅行も状況は一見似ているが，実際は少し異なる．既に1961年に初めて行ったガガーリンを先頭に，JAXAホームページによると2017年12月現在まで557人（そのほとんどがプロの宇宙飛行士）が宇宙に行っており，さまざまな探査活動や実験，体験が，写真や映像などととも

もに紹介されてきた．さらに宇宙を舞台にした映画やドラマは数え切れないほどあり，私たちは航空機が飛ぶ前の時代と比べ，遥かにたくさんの宇宙体験についての情報やイメージを既に持ち合わせているといえる．

そのような状況を背景に，インタビューやアンケートなどを手がかりにその需要を探るという市場調査が過去 20 年以上にわたり行われてきた．まずこれらの主な結果を時間軸に沿って紹介し，後半には JAXA とクラブツーリズムが行った最新の市場調査の注目すべきポイントについて解説をしていきたい．そして，それ以外の面からも大きな需要が横たわっている証左をいくつか紹介し，この大きな問いかけに少しでも答えたい．

5.2 これまでの市場調査や需要研究

5.2.1 世界初の宇宙旅行市場調査と需要研究

1993 年という早い段階で日本の航空宇宙技術研究所（他の機関と合併して現在の JAXA になった）がゼネコンの清水建設に委託をして行ったもので，世界初の宇宙旅行市場調査といわれている[1]．この前年 1992 年に毛利衛が日本の宇宙飛行士として初めて宇宙に行っている．人類の宇宙進出が日本でも話題となり，一般の人も宇宙に行く時代の到来に夢が膨らみつつある状況のなかで，民間宇宙旅行を紹介するわかりやすいイラスト入りのパンフレットとともに宇宙旅行（主に軌道旅行を想定）についてのアンケート調査が行われた．

表 5.1 にあるように結果として 3030 人から回答を得て，80.2% の人が「宇宙旅行をしてみたい」と回答をしていることが明らかにされた．宇宙でしてみたいことについては，図 5.1 のようにすべての年代で「地球を見ること」が一番となっている．「スポーツ」と「宇宙遊泳」は若年層，「天体観測」がシニア層に人気がある．また，3 分の 1 の人は「参加費用が 3 ヵ月分の給料なら出してもよい」と答えている．

このとき宇宙旅行はまだ具体的な価格もわからない「夢物語」であったが，非常に多くの人がその夢に好感をもっている様子が明らかになった．また，

---

1) 宇宙旅行アンケートの集計結果（1993 年），清水建設株式会社．

表 5.1　宇宙旅行に対する興味

	男　性				女　性			
	はい	いいえ	無回答	合　計	はい	いいえ	無回答	合　計
10 歳代	274	61	1	336	464	94	0	558
20 歳代	370	48	1	419	438	85	4	527
30 歳代	252	49	2	303	191	53	5	249
40 歳代	190	44	5	239	95	36	1	132
50 歳代	77	44	0	121	44	21	3	68
60 歳以上	24	21	2	47	11	18	2	31
合　計	1187	267	11	1465	1243	307	15	1565

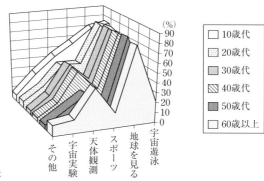

図 5.1　宇宙活動についての興味

　当時のサラリーマンのボーナスを含まない平均月収は 30 万円程度だったが，3 ヵ月分，つまり 90 万円程度の金額であれば出してもよいという人が少なからずいることもわかり，将来の目標価格が示されたことも注目される．

　さて，日本ロケット協会はこの年 1993 年に「宇宙旅行研究計画」をスタートさせた．この研究では，上記の市場調査の結果を基に，図 5.2 に示されているように宇宙旅行の価格が 150 万円になると売り上げが最大となり，日本全国で年間 100 万人程度の総旅客数が見込め，年間収入は 1 兆 3000 億円くらいになるという数字が導き出された（稲谷，2016）．これによりロケットの製造要件として，当時のペイロード 1 kg 当たり 100 万円のコストを 100 分の 1 に下げるオーダーが判明し，最終的に開発費も入れ 1 機 700 億円する 50 名乗りの宇宙船を 52 機つくり，毎日宇宙に運航する計画案が示された．この宇宙船の名称は「観光丸」と命名された．さらにその後 2001 年までに，乗客への医学的影響，宇宙船の安全基準，法制研究，事業化研究など

116　第5章　宇宙旅行の需要を探る

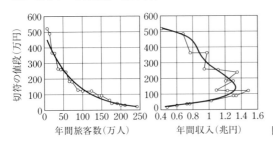

図 5.2　宇宙旅行市場調査結果

各分野の調査研究がなされ，宇宙船の第1世代としては15人乗りのものを10機製造する構想がまとめられている．

1996年，米国では，世界で初めて宇宙空間に飛ぶ民間の宇宙船に1000万ドル（約11億円）の賞金が提供される「Xプライズ」が発表され，民間宇宙船開発競争が始まっていた．ちょうど同じころ，日本ではこのような需要から要件定義してロケット開発をする包括的な調査研究が並行して行われていたことは興味深い．

5.2.2　米国での初期市場調査

米国の宇宙産業ではよく知られたコンサルタント会社であるフュートロン社（Futron）社（現アヴァセント社）が2002年に宇宙旅行について市場調査を行った（Futron Corporation, 2002）．

これは，年収25万ドル（約2750万円）または資産100万ドル（約1.1億円）以上の富裕層450名の電話インタビューによる調査で，20年後の宇宙旅行市場を予測したものだ．サブオービタル宇宙旅行が2006年に10万ドル（約1100万円）の価格で実現することを前提としており，2021年には1万5000名を超える累計参加者数が見込めるという予測が出された．

この調査の2年後の2004年に「スペースシップワン」が民間機として初めて宇宙空間に達し「Xプライズ」に優勝し賞金の約11億円を獲得した．

乗客6名乗りの大型化された「スペースシップツー」が，2008〜2009年には20万ドル（約2200万円）の価格で宇宙空間への商業飛行を目指すことが発表されたことを受けて，早速この調査の改訂版が2006年に発表されている．それによると，参加の健康条件が緩和され65歳以上も参加できるようになると2021年までに参加者は累計で2万5000名に達する可能性がある

表 5.2 サブオービタル宇宙旅行マーケット予想（フュートロン社市場調査）

調査	運行開始年	発売価格	価格変動	累計参加者数	備考
2002 年	2006 年	10 万ドル（約1100万円）	2012 年より毎年5000ドルずつ低減．2021 年に5 万ドル（約550万円）	1 万 5712 人（16 年間）	
2006 年（改訂）	2008 年	20 万ドル（約2200万円）	2011 年より毎年平均で1 万 3636 ドルずつ低減．2021 年に5 万ドル（約550万円）	1 万 3520 人（14 年間）	健康上 65 歳以上も参加できるようになると，2 万 5000 人に増加と想定

ことが示された（Futron Corporation, 2006）．なお，どちらも 2021 年に価格が 20 万ドルから 4 分の 1 に下がり，5 万ドル（約 550 万円）になることが前提となっている．以上をまとめたのが表 5.2 である．

この調査では，オービタル宇宙旅行については第 1 章 1.2.1 項でも紹介したように 2001 年に米国実業家のデニス・チトー氏が世界初の観光客としてロシアのソユーズロケットで国際宇宙ステーションに行ったことを受け，2021 年に価格が 4 分の 1 に下がると予想し，419 名の累計参加者が現れることが付け加えて予測されている．

5.2.3 ヨーロッパでの市場調査

2011 年，観光用サブオービタル宇宙船の開発構想を表明した EADS アストリウム（Astrium）社（現エアバス・ディフェンス＆スペース（Airbus Defence and Space）社）がフランスの調査会社 IPSOS 社に委託して市場調査を行った（Le Goff and Moreau, 2013）．

この調査では世界 11 ヵ国（米国，英国，ドイツ，フランス，イタリア，スペイン，日本，中国，香港，シンガポール，オーストラリア）の年収 20 万ユーロ（約 2600 万円）以上の富裕層 1850 人にインタビューを行い，サブオービタル宇宙旅行の参加予想者数を導き出している．

結果としては，表 5.3 の通り，上記米国のものと比較するとかなり楽観的な数値になっている．運航開始後 10 年で累計 10 万人を超えるようなレベルの参加者数が予測されており，同社が積極的にこの事業に向かっていく裏付けを提供するような結果となっている．

表 5.3　宇宙旅行参加予想者数
(EADS アストリウム市場調査より)

運行開始後	年ごとの参加予想数
1 年	606～756 人
4 年	2965～5643 人
8 年	1 万 4762～2 万 1711 人
12 年	3 万 4549～5 万 8340 人
16 年	4 万 3148～8 万 5464 人

宇宙旅行の価格帯によって参加者数に幅があるが，残念ながらこのレポートでは具体的な価格自体にはふれられていない．

5.2.4　米国連邦航空局（FAA）による調査

2012 年 FAA は米国のコンサルタント会社，タウリグループ（The Tauri Group）に委託をしてサブオービタル飛行マーケットの市場予測を発表した．これは商業有人飛行だけでなく，衛星打ち上げなども含めたすべての市場を網羅する数値（座席数に換算）を，基本，成長，悲観の 3 つのシナリオに分けて割り出したもので，結果一覧と総需要額は表 5.4 と 5.5 の通りである（The Tauri Group, 2012）.

調査では，200 名を超える年収 500 万ドル（約 5.5 億円）以上の金融資産を持つ富裕層，120 名の専門家や 60 名の研究者などへのインタビューが行われ，市場分析データなどと合わせて数値が導き出され，100 ページ近いレポートにまとめられた．

商業有人飛行（宇宙旅行）についてはその成長シナリオにおいても 10 年間累計で 1 万 1300 名という結果数値になっている．この調査はフュートロン社のものと違い 11 年以上先の予測はしておらず，宇宙旅行の価格も 10 年間は変更がないという前提に立っているため，控えめの数値になったものと予測される．

結果レポートではインタビューから，いかに 10 年後の参加者を予測したのかのロジックを以下のように明らかにしている．

「対象の富裕層のうち約 5% が宇宙旅行に興味を示し，そのまた 5% たらずが実際に費用を支払って参加すると想定し，それを世界の同レベルの富裕層約 300 万人に掛け合わせ約 8000 名の参加者数を特定．今後数が 2% ずつ

5.2 これまでの市場調査や需要研究　119

表 5.4　サブオービタル飛行マーケット予測結果一覧（米国連邦航空局 FAA 市場調査）

(単位：座席数)

	マーケット	1年目	2年目	3年目	4年目	5年目	6年目	7年目	8年目	9年目	10年目	累　計
基本シナリオ	商業有人旅行	340	344	353	359	366	372	379	385	392	399	3688
	基礎および応用研究	19	21	25	32	40	44	71	73	75	78	477
	技術デモンストレーション	2	9	9	9	9	9	9	9	9	9	83
	メディアや宣伝・広報	4	4	4	4	4	4	5	4	5	5	46
	教　育	1	4	5	6	8	10	12	16	20	26	107
	衛星打ち上げ	7	8	9	10	11	12	13	14	15	16	117
	合　計	373	390	405	421	438	451	489	501	517	533	4518

	マーケット	1年目	2年目	3年目	4年目	5年目	6年目	7年目	8年目	9年目	10年目	累　計
成長シナリオ	商業有人旅行	1046	1060	1079	1099	1118	1138	1159	1179	1200	1222	11300
	基礎および応用研究	21	25	31	56	68	76	132	135	168	171	884
	技術デモンストレーション	4	9	15	17	19	20	21	22	24	25	177
	メディアや宣伝・広報	4	4	10	11	11	12	17	27	32	32	159
	教　育	1	4	6	10	14	21	30	46	66	99	296
	衛星打ち上げ	21	24	27	30	30	33	36	36	39	42	318
	合　計	1096	1127	1169	1223	1260	1299	1394	1445	1529	1592	13134

	マーケット	1年目	2年目	3年目	4年目	5年目	6年目	7年目	8年目	9年目	10年目	累　計
悲観シナリオ	商業有人旅行	187	188	191	195	198	202	205	209	213	216	2003
	基礎および応用研究	18	19	22	23	30	32	28	28	28	29	256
	技術デモンストレーション	2	9	9	1	1	1	1	1	1	1	26
	メディアや宣伝・広報	3	3	3	3	3	2	1	0	1	0	20
	教　育	1	4	4	4	4	4	4	4	4	4	33
	衛星打ち上げ	3	3	3	3	3	3	3	6	6	6	39
	合　計	213	226	232	229	239	243	241	247	252	255	2378

注：各項目の数字は丸めてあるため，必ずしも合計値と一致しない．

表 5.5　サブオービタル飛行マーケット予測　総需要額（同上）

	運行頻度	総需要額
基本シナリオ	毎日 1 便運航	600 万ドル（660 億円）
成長シナリオ	毎日複数便運航	16 億ドル（1760 億円）
悲観シナリオ	1 週間複数便運航	300 万ドル（330 億円）

増えながらその40%が10年以内に宇宙に行くと仮定し,基本シナリオの人員を割り出した.」

ちなみに全体の3分の1がアメリカ人と予想されている.

5.2.5 フュートロン社最新調査

JAXAは将来の再使用型輸送機打ち上げマーケットの市場調査をフュートロン社に依頼し,2014年6月のJAXA主催の再使用将来輸送系ワークショップでその内容を公表した[2].

このレポートは同社の過去の調査やインタビューをベースに最新の分析を加えてつくられたもので,2035年時点における40の宇宙利用分野において予測されるそれぞれの市場規模の大きさをまとめたものである.

市場としては表5.6のように7分野を有力なものとして挙げ,1位のサブオービタル宇宙旅行は成長シナリオで2035年に1人当たりの参加費が約

表5.6 フュートロン社最新調査上位7市場まとめ(同社資料より筆者編集)

	市場	成長シナリオ			悲観シナリオ			前提
		人数	回数	売上	人数	回数	売上	
1	宇宙旅行(サブオービタル)	31,500人	9,000回	$15億近く(1,650億円)	14,000人	4,000回	$7.2億(792億円)	2018年開始.価格は$20万から2035年に$5万に下がる.平均3.5人乗り想定
2	宇宙旅行(軌道)	216人	54回	$10.65億(1,172億円)	108人	27回	$5.3億(583億円)	2018年開始.価格は$2000万から2035年に$500万に下がる.平均4人乗り想定
3	2地点間輸送(貨物)		1,300回	$10億近く(1,100億円)		125回	$1億以下(110億円)	2025年開始想定
4	2地点間輸送(旅客)	800人	100回	$1.6億以上(176億円)	24人	3回	$400万以下(4億円)	2025年開始想定.8人乗り想定.安全性は宇宙旅行より求められる.
5	ロケット推進薬補給		53回	$1.06億(117億円)		16回	$3200万(35億円)	2023年開始想定
6	技術立証実験(軌道)		120回	$3600万(40億円)		40回	$1200万(13億円)	1回の打上げで小型衛星6基搭載
7	技術立証実験(サブオービタル)		25回	$500万以下(6億円)		8回	$200万以下(2億円)	価格は宇宙旅行と同一と想定

---

2) JAXAフュートロン報告書,JAXA Strategic Long-Range International Launch Market Study by Futron March and April 2014

550 万円で年間 3 万人を超える参加が見込まれるという予測数値になっている．

さらに 2 位にオービタル宇宙旅行，4 位に 2 地点間輸送（旅客）が入っており，有人飛行が再使用型輸送機打ち上げマーケットにおける最大の利用分野であることが示された．

5.3 JAXA とクラブツーリズムによる共同研究

5.3.1 アンケートの概要

2014 年 6 月 JAXA とクラブツーリズムは将来の有力な宇宙利用分野の 1 つである宇宙旅行について，消費者意識を把握し，将来の市場規模，ニーズを予測するために市場調査を行いその結果を公開した．その全レポートは，クラブツーリズムのネット上でも公開しているが，そのポイントについて紹介をしたい[3]．

この調査は 2013 年 11 月〜2014 年 3 月に実施したもので，クラブツーリズムの全国の登録会員約 300 万人の 20〜70 歳代の中から 1700 名を無作為に抽出し郵便で調査票を送り回収したもので，541 名より回答を得た．集計については，その時点での人口推計に基づき性と年代について全国比率を反映して数値を調整し，できる限り日本全体レベルに近い宇宙旅行についての消費者意識を把握できるようにした．

ただし，旅行会社であるクラブツーリズムの登録会員からの抽出なので，日本国民全体の平均的な意見や動向とは少し異なるものとならざるをえない．なぜなら「旅行する」ということは，「健康」であり，「時間」と「お金」に余裕があることが前提となる場合が多く，これから始まる宇宙旅行も前向きに捉える人の比率が一般より高いと考えられる．したがって，そのような前提でこの調査の結論を見る必要はある．

調査の特徴としては，宇宙旅行を「宇宙旅行全般」と「サブオービタル宇宙旅行」（飛行イメージの図が入った説明をつけ，価格も 2500 万円であるこ

---

[3] クラブツーリズムグループと宇宙航空研究開発機構 JAXA との共同研究「宇宙旅行市場調査」の結果について，2014 年 6 月 3 日．https://www.club-tourism.co.jp/press/pdf/2014/0603.pdf

とを明示）とに分けて質問を投げかけていることである．これにより特に「サブオービタル宇宙旅行」について，より正確なニーズや印象を聞き出せたものと考えている．

5.3.2　集計結果
(1) 宇宙旅行に対する予想を超えた好感度の高さ

まず「宇宙に行ってみたいかどうか」の質問についての回答結果を図5.3と5.4に示した．いずれの性別，年代でも肯定的な反応が半数を超え，予想通りの好感度の高さを示したといえる．宇宙旅行（全般）では，「ぜひ行ってみたい」と回答した人は19.3%に至り，「やや行ってみたい」の38.0%を加えると，半数を超える57.3%となる．宇宙旅行（サブオービタル）は，「ぜひ行ってみたい」は5.7%だが，「条件によっては行きたい」50.1%を加

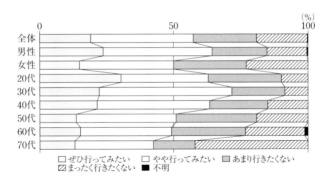

図 5.3　宇宙旅行参加意向（全体）

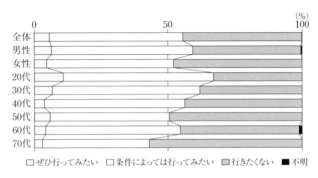

図 5.4　宇宙旅行参加意向（サブオービタル）

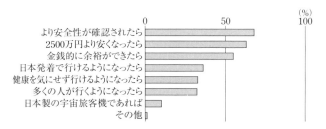

図 5.5　上記「条件によっては行ってみたい」の内容

えるとやはり半数を超え 55.8% となる．

驚きなのは宇宙旅行（サブオービタル）の方だ．前述のように旅行会員という前向きな反応が予想される層とはいえ，2 時間の行程イメージと金額を 2500 万円と具体的に示したなかにおいてこのような「20 名に 1 人が行ってみたい」と回答していることは予想を超えた好感度といえる．希望を答えるだけで決して支払い義務も何の責任も発生しないアンケート調査とはいえ，このような高さは，将来の大きな需要が横たわっている可能性を示唆していると考えられる．

特に「条件によっては」のその「条件」が気になるところであるが，以下のような順番で並んでいる．（図 5.5）

1. 安全性の確認（68.4%）
2. 価格の低下（63.4%）
3. 金銭に余裕ができたら（55.3%）

「安全」と「価格」の問題をクリアすることが，宇宙旅行が普及するかどうかにおいて最も重要なポイントであることが改めて示されている．

さらに 4 番目には，「日本発着で行けるようになったら（36.4%)」と続き，将来の日本発の宇宙旅行がそれなりに望まれていることが明らかになった．

(2) どのような宇宙旅行に行きたいか？

「希望の滞在期間」と「どこに旅行をしたいか」を尋ねたところ，多い組み合わせは以下のような順位であった．この問いでわかったことは，開発が続いている宇宙旅行のゴールは決してサブオービタルではないという点である．一般的にイメージされる宇宙旅行は，現状では「軌道旅行（オービタ

ル)」であり,しかも数時間ではなく1日以上宇宙空間にいたいというのが一般的な希望であることがわかる.

　　　1位　地球の周りを2〜3日で回ってみたい　　　　　17.1%
　　　2位　地球の周りを1日回ってみたい　　　　　　　　11.6%
　　　3位　地球を眺められる高さに2〜3日滞在したい　　11.0%

(3) 宇宙旅行に行きたい理由

　図5.6と5.7に示したように,行きたい理由は圧倒的に「青い地球を眺めたいから」いう返答が第1位となっている.全体での割合は,宇宙旅行(全般)で87.3%,宇宙旅行(サブオービタル)で85.7%という高さで,第2位の無重力の体験を大きく引き離している.この傾向はすべての年代に共通で,宇宙旅行は,「宇宙への興味」だけでなく「地球への興味」も手伝って宇宙に行きたいという思いや夢につながっているといえる.

　この点は5.2.1項で紹介をした航空宇宙技術研究所が清水建設に委託をして行った市場調査と同じ結果となっている.経験論でも,宇宙旅行参加を検討している人との面談で「自分が生まれた地球を宇宙から見てみたい」と多

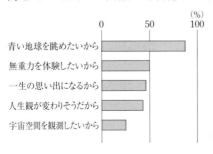

図5.6　宇宙旅行参加意向(全般)

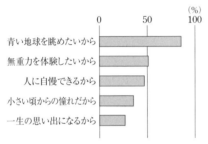

図5.7　宇宙旅行参加意向(サブオービタル)

図 5.8 日本製宇宙船への期待度

くの人がいっていることが想起される．

(4) 日本製宇宙船の安心度

(1) で紹介した「条件によっては行きたい」の 4 番目の条件が，「日本発で行けるようになったら」であったが，「日本発」とは「日本製宇宙船」をイメージして回答をした人も多いかと考えられる．

アンケートでは別の設問で，宇宙旅行（全般）に「行きたい」，「やや行きたい」と答えた人に対し，「日本製のロケットで行くことについてどう思うか」と聞いている．その答えは図 5.8 に示しているが，「日本製であれば安心」，「どちらかというと安心」と 64.9% の人が答えている．

つまり，日本製の宇宙船に乗って，日本から宇宙旅行に行くことが将来において期待され，ビジネスになる可能性があることを指し示しているといえる．

5.3.3 宇宙旅行の価格感度測定

この市場調査で最も重要な項目の 1 つである宇宙旅行の価格については，マーケティングの専門学者のアドバイスも受け，新商品などの消費者の価格観を聞き出す手法の 1 つである PSM 分析（PSM とは Price Sensitivity Measurement の略で価格感度測定のこと）の手法を簡易的に取り入れて設問を作成した．具体的には「いくら以上だと高いと思うか」と「いくら以下だと安いと思うか」を尋ね，「それぞれの価格がクロスしたところが適正価格と想定される」いう手法を取り入れた設問である．

その結果は図 5.9 と 5.10 で示した通りであるが，宇宙旅行（一般）と宇宙旅行（サブオービタル）に大きな違いはなくおおよそ 600 万円のところで「高い」，「安い」の線がクロスしている．つまり，この結果によると消費者に受け入れられる適正価格は約 600 万円と導き出されることになる．現在は 1 人当たり参加料が 1500〜3000 万円するサブオービタル宇宙旅行は，その

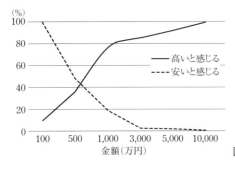

図 5.9　宇宙旅行の価格感度（全般）

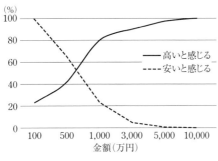

図 5.10　宇宙旅行の価格感度（サブオービタル）

程度まで価格を下げる必要があることを示していると考えられる．600 万円というとちょうど日本製の高級車 1 台程度の価格となる．これは，将来車を買うか，宇宙旅行に行くか迷う時代が来ることを暗示しているのかもしれない．

5.2.5 項のフュートロン社の最新市場調査では，2035 年にサブオービタル宇宙旅行は，5 万ドル（約 550 万円）に下がるという前提で予測がされていたが，この数字とほぼ符号する．

また，同社の調査では年間の参加者は最大で 3 万 1500 人という予測がされていたが，これに 550 万円という数字を掛けると直接売上は約 1700 億円だ．生産波及効果，雇用，税収など一般的に観光の波及効果はおおよそ 3 倍と考えられるので，宇宙旅行は最大で約 5000 億円程度の GDP を生み出す産業にまずは向かっているのではないだろうか．

5.3.4　宇宙旅行の不安

宇宙旅行への不安要素や行きたくない理由については，以下の集計により，

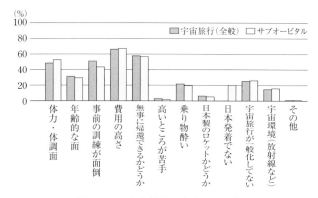

図 5.11 宇宙旅行　肯定派の不安

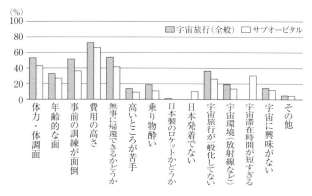

図 5.12 宇宙旅行　否定派の不安

「費用の高さ」,「安全性の不安」,「体力面の不安」,「事前訓練の面倒」が 4 大不安要素として高い割合にて選択される結果となった.

なお，図 5.11 の肯定派とは，宇宙旅行（全般）について「ぜひ行ってみたい」または「やや行ってみたい」と答えた人，宇宙旅行（サブオービタル）は，「ぜひ行ってみたい」または「条件によっては行きたい」と答えた人である．図 5.12 の否定派とは「あまり行きたくない」または「まったく行きたくない」と答えた人となるが，両派とも不安については大きな差はない．

これらの不安要素についてマーケット目線に立って改善に努めることが今後の宇宙旅行開発について重要だと考えられる．

5.4 社会からの注目の高さの事例

5.4.1 米国での事例

　さて，以上のような市場調査以外で，宇宙旅行の関心の高さを示す事例をいくつか紹介したい．

　米国の航空会社パンナム（PAN AM）は，1968年に公開されたスタンリー・キューブリック（Stanley Kubrick）監督の映画「2001年宇宙の旅」の中で，自社のロゴが入った宇宙船「オリオンⅡ」を宇宙に運航するシーンがあり話題となった．そして，同年12月24日アポロ8号が人類を乗せて初めて月を周回したその日，同社は「ファーストムーンフライトクラブ」を発足させ，月行きのパンナムフライトの予約の受け付けを開始した．運航日や運賃は未定だったが，予約者には予約番号と予約者名が入った証明書が営業担当副社長の署名入りで発行された．米国だけでなく世界90ヵ国からなんと約9万3000名もの人が実際に予約し，その反応の大きさが大きな注目を浴びた．

　残念ながら1971年にパンナムは倒産をしてしまい，予約自体は永遠のウエイティングリスト入りになってしまったが，アポロ計画がいかに多くの人の宇宙に行く夢を駆り立てたかを窺い知ることができ，その潜在需要の大きさを垣間見ることができる．

　1984年米国連邦議会は世界に先駆け「商業宇宙打ち上げ法」を制定し，政府が私企業に民間ロケットを打ち上げる免許を与えることなどを規定し，時代は商業宇宙飛行の実現に動き出した．そのような動きを背景に，翌1985年シアトルにあるクルーズや極地旅行などを扱う旅行会社，ソサエティ・エクスペディションズ（Society Expenditions）社はその7年後の実現を目指し世界初の宇宙旅行を5万2200ドルで売り出した．

　これはカリフォルニア州の企業が開発予定の25名乗りの宇宙船に乗り軌道を8〜12時間かけて5〜8回の周遊を目指すもので，161名の顧客が申込み金5000ドル（約55万円）を実際に支払ったと『シカゴトリビューン』誌が報道し話題となった．これが宇宙旅行の参加費を実際に徴収した初めてのケースと思われる．しかしながら，この旅行会社も残念ながら倒産してしま

い宇宙旅行は実現していない[4].

5.4.2　日本での事例

　日本では，清涼飲料水「ペプシコーラ」は，1998年日本での知名度と販売を強化するために提携先のサントリーを通じて，宇宙旅行に5名を招待するクイズキャンペーン「宇宙へ行こう！　2001年宇宙への旅にご優待」を行った．宇宙旅行の提供はゼグラム社という米国企業のサブオービタル宇宙旅行だったが，その開発が遅れ，2001年には宇宙旅行は実施できなかった．その後も開発は進まず，当選した5名は他社の代替サービスも現在までなく，チケットは手にしたものの宇宙には行かず現金を手にしたといわれている．このキャンペーンは宇宙旅行を景品とした世界初のキャンペーンといわれ，まだ宇宙飛行士以外は宇宙には行ったことがない時代ということもあり，日本社会にセンセーションを巻き起こした．当選者は宇宙には行けなかったが，話題性によるペプシの販促効果は非常に大きかったようだ．はがきでの応募者は65万人といわれており，宇宙旅行の注目度と潜在需要の大きさが証明されることになった．

　その後も国内外のいくつかの企業により「宇宙旅行プレゼント」のキャンペーンが行われてきたが，販促効果は大いにあったかもしれないが，残念ながらどの当選者もまだ1人も宇宙には行っていないのが実情である．

　ヴァージン・ギャラクティック社の日本での報道回数が，その注目度の高さについてのわかりやすい事例の1つかもしれない．クラブツーリズムは2005年から同社の日本地区唯一の公式代理店を務めているが，当初から多くのメディアからの取材を受け，日本でたくさんの報道がされてきた．その報道回数は把握できているだけでも2017年7月末現在合計で700回を超えた．その主な内訳は，新聞263回，雑誌149回，テレビ142回，その他で，WEBなども入れると，報道回数は1000回は優に超えているものと思われる．

---

[4]　"161 Hopefuls Put Up $5,000 Each To Experience An Out-of-this-world Trip" Chicago Tribune (1986-1-12) by Alfred Borcover, Travel Editor.
http://articles.chicagotribune.com/1986-01-12/travel/8601040135_1_pacific-american-launch-systems-project-space-voyage-space-tourism

旅行業界の中ではこのように注目を浴びる企画はおそらく他になく，他の業界でもこれを超える注目度を持つものは少ないのではないだろうか？

ヴァージン・ギャラクティック社の宇宙旅行はテストがまだすべて終了しておらず，商業飛行のスタート時期が確定していないだけでなく，この10年でテスト中に二度の人身事故も起こっている．それにもかかわらず，既に世界で700名もの人たちが，参加費を支払ってその実現を静かに待っているのが現状だ．この事実は理屈抜きで，サービスが始まり順調にオペレーションが続けば，巨大な需要が顕在化する可能性があることを証明している．

5.5 需要予側の難しさと宇宙旅行の今後

以上のように，宇宙旅行の需要の大きさはさまざまな角度から調査や研究がされてきた．その需要予測は，「世界全体で300億円程度」というものから「日本国内だけで1兆円を超える可能性がある」というものまで非常に幅広い．その話題性の大きさから測るとその顕在需要は決して小さくないことは確かだと思われる．が一方，この事業が話題性は提供するが，「お金がある一部の愛好者だけのお楽しみ」には終わらないという保証も今のところまだない．

さて，冒頭に記したように，まだ開発中で誕生していない産業やサービスの需要予測は基本的に困難である．

私たちはその事例を20世紀から21世紀に変わるところで目撃してきた．

21世紀まであと15年となった1986年，通産省は21世紀の産業社会を展望し，新時代の通商産業政策のあり方を探るため，「21世紀産業社会の基本構想」を発表した．その中で21世紀の産業に影響を与える技術革新として，以下の3分野を強調した（通商産業局産業政策局，1986）．

それが以下である．

1. マイクロエレクトロニクス
   高水準IC集積回路が各産業分野の他，ホームオートメーション，ニューメディアに利用
2. 新素材分野

超電導材料が実現し，リニアモーター，医療，発送電，重電機に利用
バイオセラミックスが実現し人口骨や関節など医療技術の向上
3. バイオテクノロジー
各産業の製品の高品質化，生産プロセスの効率化

お気づきだろうか，つまり，このとき「IT 分野」はまだ 21 世紀の産業の中で重要な位置を占めるという予測はされていなかったのだ．この通産省の構想には「IT」や「インターネット」の文字は出てこない．それも当然で，IT の中心となる「インターネット」は 1960 年代から研究されてきたが，マイクロソフトが 1985 に Windows 1.0 を発表したばかりで，期待はあるが将来どのように発展し広まり使われるのかは誰にもわからなかった．インターネットプロバイダーが 1980 年代末から 1990 年代に出現し，1995 年半ばに社会で影響を与え始めた．そして 2000 年の IT バブル崩壊を乗り越え，今や，2017 年 5 月の段階で世界の上場企業の時価総額ベスト 5 はすべてインターネットを利用した IT 関連企業になった．10 位まででは 7 社だ．それは，1 位アップル，2 位グーグル，3 位マイクロソフト，4 位アマゾン，5 位フェイスブック，9 位テンセント，10 位アリババ，となっている．

つまり，21 世紀の産業社会の最大の中心軸は現時点では「インターネット」になったが，わずか 30 年前はそれを予見することさえできなった．存在していたが，技術の確立，利用分野，価格そして需要予測もわからず予見するには時期尚早だったのだ．

しかし，いつでもどこでも簡単に情報が入手でき，他の人と高速の通信や大量のデータ交換もでき，しかもそれが低コストであれば，政府，企業，個人のすべての段階で膨大な需要が発生することは，今となっては当たり前かもしれない．

これは，「宇宙旅行」にもいえることなのではないだろうか．今は一部の宇宙飛行士や大金持ちしか行けないが，一般の人でも安全に，快適に，しかも安く行けることができると，ちょうど「インターネット」が軍や政府だけのものから，企業や個人の利用にまで広がっていったように，宇宙に旅する膨大な個人需要が発生をするのではないだろうか．その意味で 21 世紀の中盤は，「宇宙旅行の世紀」になる可能性があるのではないだろうか．

参考文献
稲谷芳文（2016）「観光丸のレガシー」第60回宇宙科学技術連合講演会, 3A17
通商産業局産業政策局（1986）「21世紀産業社会の基本構想」
浅川恵司（2014）「集合, 成田. 行き先, 宇宙.」双葉社

Futron Corporation（2002）Space Tourism Market Study
　http://www.spaceportassociates.com/pdf/tourism.pdf
Futron Corporation（2006）Suborbital Space Tourism Demand Revisited
　https://www.rymdturism.se/images/pdf/Futron-Suborbital-Space-Tourism-Demand-Revisited-Aug-2006.pdf
Le Goff, T. and Moreau, A.（2013）Astrium suborbital spaceplane project: Demand analysis of suborbital space tourism, Acta Astronautica.
　http://www.sciencedirect.com/science/article/pii/S0094576513001082
The Tauri Group（2012）Suborbital Reusable Vehicles: A 10-Year Forecast of Market Demand
　http://www.nss.org/transportation/Suborbital_Reusable_Vehicles_A_10_Year_Forecast_of_Market_Demand.pdf

第 **6** 章

宇宙旅行をマーケティングする

　本章では,「宇宙旅行」を1つの商品・サービスとして捉え,従来のマーケティング分析のメソッドにより検証していく.マーケティングの知見から,宇宙旅行のターゲットとなる顧客数を定め,その顧客の趣向やニーズを明らかにする.

　これまでつくり手サイドの視点(シーズ)からの,ロケットやホテル施設の開発が中心に進められているが,将来の宇宙旅行普及促進のためには,サブオービタル飛行からの黎明期であるこの段階から「宇宙旅行」の商品・サービスマーケティングを考察することで,将来の顧客ニーズや期待に応える商品の魅力付け・価値創造を進め,宇宙旅行市場の創出を図っていく.

6.1 宇宙旅行を商品として評価する3種のマーケティング分析

6.1.1 STP分析

　STP分析とは,図6.1に示すメソッドであり,フィリップ・コトラー(Philip Kotler)が提唱したメソッドで,「S: Segmentation」(市場細分化)では,顧客と見込める層を分類し,「T: Targeting」(標的市場の選定)で,その想定顧客層のニーズや志向の分析を行い,メインとなるターゲット層を設定する.そして,「P: Positioning」(顧客(市場)に認識される立ち位置)として,競合商品に対し,自らの特徴・強みを踏まえた差別化を明確にしていく.

　まず「Segmentation」であるが,宇宙旅行見込顧客層から検証する.宇宙旅行に対する意識調査では,宇宙旅行希望者の目的は,第5章で記載の通り「青い地球を眺めてみたい:87.3%」「無重力体験をしてみたい:50.5%」の2つが際立っている.青い地球を見たいという層は,20歳代から60歳以

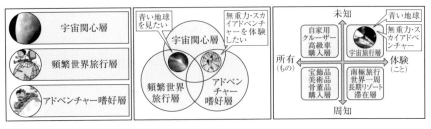

図 6.1 「宇宙旅行」の STP 分析

上まで総じて 80% 台．一方，無重力を体験したい層は，20 歳代で 63.5% と高く，比較的若い世代にその意向が強い．実際，子供たちの集まる宇宙セミナーでは，「宇宙のどんなところに興味をもちますか？」の問いかけに，「無重力！」と声が揃う．この調査と第 1 章で紹介されている実際のサブオービタル申込者の声を勘案すると，宇宙旅行見込顧客層として想定できるのは，当然であるが，まずは宇宙に関心のある層がベースである．そして，世界旅行を頻繁に楽しんでいる富裕層であろう．世界一周旅行経験者たちのなかには，その次の旅行先に宇宙を選ぼうと興味・関心をもつ層が一定数存在すると推測される．さらに，ロケット打ち上げ・上昇の際の 6 G に及ぶ体験や，初めての無重力体験へ魅力を感じるアドベンチャー嗜好層も訴求対象として見込める．世界中のジェットコースター制覇を目指している強者のなかに，未知をチャレンジしたいという潜在客は確実に存在する．加えて，実際の申込者にはパイロット経験者も多いようで，「空」に興味をもつスカイスポーツ嗜好層も含まれるであろう．

次に，「Targeting」である標的市場として，この 3 つの層の重なり部分に，宇宙旅行を志向するコア顧客層の存在が浮かんでくる．宇宙関心層と，頻繁に世界旅行をする層との重なりが，主に「青い地球」に興味をもつターゲットであり，またアドベンチャー嗜好層との重なりは，主に「無重力・スカイアドベンチャー体験」を期待する層と推測できる．

そして「Positioning」では，旅行市場においての立ち位置をどこに求めるか，宇宙旅行にとって競合と想定されるものとの差別化を明らかにする．25 万ドルという高価格を鑑みると，ターゲット層が比較検討する商品・サービスは，宝飾品，美術品，骨董品などの趣味に高額なお金をかける層や，別荘，

クルーザー，高級車，はたまた自家用ジェットといったものを所有したい層，高級リゾート地への長期滞在，豪華な世界一周旅行，さらには南極観光といった，優雅・豪勢・レアな体験を求める層と想定される．これらの層を，その宇宙旅行に対する意識・期待からマトリックス分析をすると，1つは「所有」したいという欲求と「体験」したいという願望，つまり「もの」の所有に対し「こと」の体験という軸が考えられる．もう1つは，すでに情報や評価で一般的に「周知」されているものと，まだ限られたものしか所有・体験のできない「未知」のものという視点から整理される．この分析から宇宙旅行オリジナルの魅力といえる差別化ポイントは「未知の体験」にあることが導き出される．

6.1.2　4P/4C分析

次に，「宇宙旅行」を，表6.1に示す2つのマーケティング視点（企業サイドと顧客サイド）から分析する．企業サイドからのマーケティング視点は，1960年代に，ジェローム・マッカーシー（Edmund Jerome McCarthy）が提唱した4P（Product／製品，Price／価格，Place／流通，Promotion／広告・販促）分析であり，製品を製造元・売り手の視点から分析したものである．1980年代後半になると，顧客視点からのマーケティング視点の重要性が説かれるようになり，ロバート・ラウターボーン（Robert F. Lauteborn）が，4Pに呼応した4C（Customer Value／商品としての顧客価値，Customer Cost／顧客費用負担，Convenience／顧客の利便性，Communication／顧客とのコミュニケーション）分析というフレームを提唱した．

4Pは，売り手側が製品を分析・決定するためのフレームワークであることに対し，この4Cは顧客側の視点で製品を商品として分析・決定するものである．「製品」とは，研究開発や製造段階で，まだ製品コードナンバーで呼ばれている状態の呼称である．したがって4P分析は，その製品の性能スペック評価が中心となる．次のプロセスとして製造部門から販売部門にその製品が移り，この段階でコードナンバーではなく，世の中に登場するネーミング（商品名開発）やパッケージング（外装・包装）が施され「商品」として誕生し市場デビューするのである．

今回の4P/4C分析の対象とする「宇宙旅行」としては，5分間の無重力

表 6.1 「宇宙旅行」の 4P/4C 分析

Product 製品	・宇宙空間からの眺望 ・5 分間の無重力	Customer Value 商品／顧客価値	・青い地球の絶景，オーロラの輝き ・初めて体験する無重力
Price 価格	・5 分間で 25 万ドル ・別途渡航費用必要	Customer Cost 顧客費用負担	・手が出ない高さ（5 分間で 25 万ドル！） ・価格設定が不明確
Place 流通	・米国スペースポート ・日本より渡航必要	Convenience 顧客の利便性	・限られた遠隔地スペースポートへの移動時間 ・コストの負担大
Promotion 広告・販促	・大きな広告展開はなし	Communication 顧客とのコミュニケーション	・スペースシップ人為事故のネガ報道 ・投資家による積極的な取り組み報道

を体験できる地上 100 km 超のサブオービタル飛行を設定した．まずは，売り手の立場からの宇宙旅行の製品としての 4P 分析は，表 6.1 の通りである．物理的に生じる現象や客観的な数値が中心となっている．これを，顧客にとって魅力ある商品として，顧客目線で 4C 分析すると「もの」としての単なる現象ではなく「こと」として楽しむ旅行の価値となる．同時に，素敵でエキサイティングな魅力だけでなく，顧客にとっての懸念点も見えてくる．

6.1.3 SWOT 分析

元来，経営戦略のために開発された SWOT 分析（表 6.2）は，商品・サービスのマーケティング戦略立案にも活用されている．Strength（強み）と Weakness（弱み）は，経営的には企業の内部環境の分析であるが，商品・サービスのマーケティングでは，その優位性や特徴が顧客にとって，どのような価値として評価されているかがポイントとなる．Opportunity（機会）と Threat（脅威）は，企業の置かれた外部環境の分析であるが，このケースでは，宇宙旅行商品に関わる外部環境の動向評価となる．この SWOT 分析をベースに，強み／弱みと，機会／脅威をマトリックスにし，クロス分析を行うと，4 つの視点からの経営（マーケティング）戦略ポイントが見えてくる．

強み／機会の考察からは，宇宙旅行の未知との遭遇体験を魅力的に発信し，

表 6.2 「宇宙旅行」のSWOTクロス分析

	強み（S）	機会（O）
	・宇宙空間でしか体験できない魅力的な未知との遭遇 青い地球と無重力感覚 ・無重力をリソースとして利用するビジネスのポテンシャル	・ベンチャー投資家たちによる民間宇宙開発の本格化 ・航空産業参入による、リソース・ノウハウ活用への期待
	弱み（W）	脅威（T）
	・多額な旅行費用と短い体験時間 ・スペースプレーンの安全性への不安 ・富裕シニア層にとって、身体への影響に対する不安	・飛行実験失敗による安全面の不安増大 事業開始時期の遅れ 投資熱冷却の危惧 ・航空業法による安全基準の高いハードル

		機会（O）	脅威（T）
強み（S）		・宇宙旅行の未知との遭遇体験を魅力的に発信し、イノベーターだけでなく、アーリーアダプタを早期吸引 ・無重力活用実験ニーズにふさわしいBtoB実験ツアー開発	・AI、ロボティクス、ナノなどの発展による宇宙開発イノベーションを通し、宇宙旅行の安全性向上と低価格化を図る
弱み（W）		・高付加価値をつけ、超高額レアツアーを開発 ・航空業界参入による安全品質の向上 ・旅行保険商品の充実	・2地点間弾道飛行による物流サービスの実現を先行させ、宇宙空間旅行の安全品質・信頼を向上・獲得

イノベーターだけでなく，アーリーアダプター（図 6.6（b））を早期に吸引する戦略や，無重力活用実験ニーズにふさわしいBtoB実験ツアー開発などが考えられる．強み／脅威からは，AI，ロボティクス，ナノなどの進化による宇宙開発イノベーションを通し，宇宙旅行の安全性向上と低価格化につなげるといった戦略が検討されるべきであろう．弱み／機会からは，高付加価値をつけて，超高額レアツアー（限定もの）を開発すること，航空業界参入による安全品質の向上，旅行保険商品の充実，超レアで安全な体験を広く発信することなどが方策として考えられる．弱み／脅威からは，宇宙旅行実施の前に，まずは2地点間弾道飛行による物流サービスの実現を先行させ，宇宙空間飛行の安全品質・信頼を向上・獲得するという戦略も並行して検討する価値のあることがわかる．

6.2 宇宙旅行の普及・拡大におけるマーケティング課題

前節で明らかにした3つの分析（STP, 4P/4C, SWOT）に基づき，宇宙旅行を「製品」から「商品」へ，いかにして転換していくか，また，このプロセスに関わる組織や人材がマーケティング課題をどのように解決していくか，

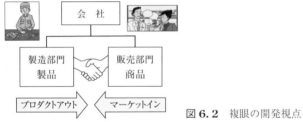

図 **6.2** 複眼の開発視点

その方向性を検証する．

6.2.1 プロダクトアウトとマーケットインの複眼視点

　一般的なメーカー企業には製造部門と販売部門があり，製造部門では研究開発から製品企画，設計，そして生産というプロセスで製品を生み出す．そして，販売部門が商品としてのネーミング，パッケージング，ブランディングを施し市場に出していく．製造サイドにおいて，つくり手からの視点で製品を生み出すことを「プロダクトアウト」と呼び，販売サイドでは，販売する顧客のニーズや嗜好を汲み取り，製品づくりに反映させることを「マーケットイン」と呼ばれている（図 6.2）．優れたメーカーは，この 2 つを同じように大切に捉え，複眼の視点で製品／商品開発と販売に取り組んでいる．

　宇宙旅行という製品／商品を生み出すうえでも，この複眼の視点が求められる．これまで宇宙旅行開発に携わる企業や業界は，製造サイドの意向や思い入れで宇宙空間への飛行を捉えており，実際に将来宇宙旅行客となる顧客のニーズや志向，さらには懸念点などについては，これから把握する段階にようやく入ろうというところである．「プロダクトアウト」というつくり手サイドの視点からの開発だけでなく，今後は「マーケットイン」という顧客の意向を踏まえた商品開発視点も求められてゆく．将来，世の中に広く普及できる「宇宙旅行」を生み出すためには，つくり手と顧客の双方からの複眼の視点による商品開発が肝要である．

6.2.2 サプライチェーンとデマンドチェーンの構築

　さらに，企業の経営の観点からみると，図 6.3 で示す研究開発から調達・生産・物流・販売といったプロセスにおける「サプライチェーンマネジメン

図 6.3 2つのチェーンマネジメント

ト（SCM）」（供給連鎖管理）は，重要な経営手法である．同時に，企業観点からだけではなく，前述の「プロダクトアウト」と「マーケットイン」の複眼の視点と同様に，顧客（消費者）の観点からの「デマンドチェーンマネジメント（DCM）」（需要連鎖管理）も経営陣には求められる．SCMはよく語られるが，DCMに関する重要性の認知はこれからという段階である．

　DCMの観点では，安全で安心な宇宙旅行を楽しむためには，その宇宙船の安全な運航が不可欠である．航空機が事故を起こすと，かつては「△△会社製造の▽▽型機が～」と報道されたが，今では「□□航空の◇◇便が～」と，製造会社ではなく運航会社名から報道される時代となっている．宇宙旅行のトラブル報道においても，いずれ同様な主格シフトが起こるであろう．安心で快適な旅行のためには，パイロットや管制官，整備らのプロによる正確なオペレーションや，おもてなしをするキャビンアテンダントの役割が重要となってくる．運航面のプロや旅行客からの指摘や要望を反映した，宇宙船づくりを可能にするデマンドチェーンマネジメントの役割は大きい．この意味において，運航や整備，接客サービスを本業とする航空業界からの参入が期待される．

6.2.3　MOT と MBA

　サプライチェーンマネジメントを構築するうえで有用な経営学の1つに，MOT（Management of Technology）[1]があり，「技術経営」と訳される．

---

[1] "MOT／技術経営"という名称は「技術を駆使した経営」という意味に取れなくもないが，技術経営が扱うのはそうではなく，主に製造業がものづくりの過程で培ったノウハウや概念を経営学の立場から体系化したものである．すなわち，技術を使って何

140　第6章　宇宙旅行をマーケティングする

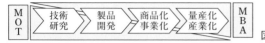
図 **6.4**　MOT と MBA

1980年代に米国の経営大学院で誕生し，技術革新や研究開発の高度化を受け，主に製造業がものづくりの過程で培ったノウハウや概念を経営学の立場から体系化したもので，技術を使って新たな価値を生み出すことを目的とした学問である．日本では，2000年に入り「技術経営人材育成プログラム導入促進事業」として経済産業省が主導し，工学系大学院に MOT が導入された．MOT は，技術版 MBA（Master of Business Administration）と位置づけられることも多い（広い意味で，MOT は MBA という学位の中の1つの学問といわれることもある）．

図6.4が示す研究開発から製造に至る一連のプロセスにおいて，自らの部門からだけの近視眼的判断ではなく，全体を俯瞰するという MOT の有益な視点の学問を，日本の宇宙系の学部では取り扱っていない．MOT は宇宙開発のマネジメントにも有効に活用できる知見であり，今後の導入が期待される．加えて，マーケティング系の学生や研究生は，さらに MBA 修得などにより市場開拓やマーチャンダイジングといった知見を，宇宙産業の振興に活かすことが期待される．これからの宇宙関連企業の人材育成に委ねたい．

6.2.4　企業経営視点からの戦略マーケティング

これまで，宇宙船の研究・開発や製造，宇宙旅行の企画・販売・プロモーションにおいては，別々の専門団体や企業が個別に取り組んでいるため，前述の「プロダクトアウト」と「マーケットイン」，「サプライチェーンマネジメント」と「デマンドチェーンマネジメント」という，いわば複眼の視点をもつことは難しい．しかし望ましいのは，宇宙船の製造部門と宇宙旅行の販売部門が，1つの会社組織としてつながることである．MOT（技術経営）の知見を活かし，図6.5の示す通り，まさに「宇宙旅行会社」という1つの企業体としての経営戦略を構築できるからである．

他章で述べられている通り，宇宙船開発という理系・ハード面だけでなく，

かを生み出す組織のための経営学である．そのため技術版 MBA と説明されることも多い（参考：Wikipedia）．

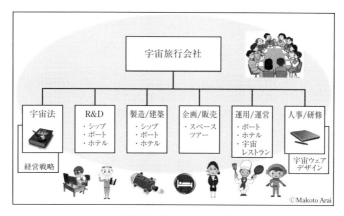

図 6.5　企業経営視点からの組織イメージ

法律の整備や宇宙旅行実施にあたる運航・整備の知見やノウハウ，接客サービスといった文系・ソフト面の充実を図っていくことが必要であるが，この領域は世界的にまだ本格的には着手されておらず，日本の宇宙産業が開拓する新しいビジネス市場としてのポテンシャルを期待できる．理想として，世界中の宇宙産業が1つの企業体として組織連携することを提唱したいところではあるが，まずは日本として1つの企業体のように研究開発から製造，整備，運航などのオペレーション，さらに旅行商品開発や販売・プロモーションまで，しっかりと連携して推進していく態勢を構築すべきである．

　宇宙旅行は，まずはサブオービタルからのスタートとなるが，第1章にあるように，将来は軌道上での宿泊ステイや月旅行を楽しめる時代が必ずやってくる．その実現に向け，宇宙船の運航面での航空産業だけでなく，スペースポートの建設・運営面での建設産業，宇宙ホテル，レストラン，などのサービス産業，宇宙スーツ開発のアパレル産業などなど，さまざまな産業の企業が参画していく．これら業界の異なる事業主たちが，研究・開発から，商品・サービスの製品化・商品化のプロセスにおいて，1つの会社共同体として切磋琢磨して取り組むことで，高価値の宇宙旅行商品の品質がつくられていくのである．

6.2.5　研究開発から市場獲得のプロセスを阻害する障壁

　企業経営において，研究開発から事業化・産業化プロセスにおけるイノベ

142　第6章　宇宙旅行をマーケティングする

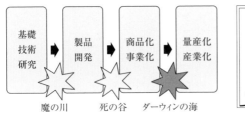 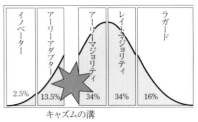

(a) イノベーションの3つの壁　　(b) キャズムの溝（ムーア，2002）

図6.6　研究開発から市場獲得のプロセスを阻害する障壁

ーションの3つの壁として，「魔の川」「死の谷」「ダーウィンの海」（図6.6 (a)）があり，総称で「デスバレー」といわれている．

「宇宙旅行」開発も1つの大きな「イノベーション」であるが，その各プロセスにおいて越えなければならない障壁がある．研究・開発フェーズでは，民間ベンチャーが多額の資金と不屈の意志で，宇宙船を生み出そうと挑んでいる．数年のうちには完成し「魔の川」を飛び越えられる見込みが出てきた．次の試練は，宇宙船によって可能になる「宇宙旅行」という製品を，顧客である宇宙旅行者にとって魅力ある商品へと商品化する段階の「死の谷」である．これをクリアするためには，後述のマーケティング知見が不可欠であろう．そして，この谷を克服し事業化を果たした暁には，宇宙旅行の産業化にチャレンジすることとなるが，この最後のフェーズでは「ダーウィンの海」が待ち構えている．

商品普及のマーケティングフローにおいても，この「ダーウィンの海」に相当するものが存在する．ジェフリー・A・ムーア（Geoffrey A. Moore）が提唱した「キャズムの溝」（図6.6 (b)）である．新商品・新サービスは，当初，イノベーターと呼ばれる「新しいもの好き」な層が買い始める．勢いでその次のアーリーアダプター層まで取り込めるケースは多いが，さらに次のマジョリティ層に購入してもらえるか否か，ここに飛び越えなければならない大きな溝がある．

では，先の「ダーウィンの海」で溺れることなく，そこに潜む「キャズムの溝」に落ちることなく，宇宙旅行事業を産業に育てるための課題は何か．まずは，前述の4C分析で明らかになっている「ツアー費用の低減」と「ツ

アー安全性の確保」という顧客にとっての懸念点である．この課題に対する取り組みに関しては，第3章に委ねるが，本章では，その成果を待ってからマーケティング戦略を立てるのではなく，将来の安全・安心で楽しく宇宙旅行が実現できている状態を目標として描いたうえで，その目標達成のために，今，何をどのようにやっていったらいいか，を考えていく．「未来を予測するうえで，目標となるような状態・状況を想定し，そこから現在に立ち戻って"やるべきこと"を考えるやり方」という"バックキャスト[2]"の手法をもって宇宙旅行マーケティング戦略を検証していく．具体的には，将来の宇宙旅行者がどのように宇宙旅行を楽しんでいるか，という理想の状況・環境を想定し，そのためにはどのような宇宙船の仕様（特に内装や装備）が必要か，どのようなサービス（船内での食事やホスピタリティ）が歓迎されるかという目標を設定するのである．

6.3 顧客の志向分析による宇宙旅行の価値創造

将来の宇宙旅行客の求める旅行の魅力を探るため，宇宙旅行想定顧客の志向分析を行う．最初に，宇宙に関心をもつ層の宇宙への興味，関心，期待などを明らかにする．宇宙関心層は，表6.3で示すように，理系（左脳系）視点からの興味に寄っているファン層と，文系（右脳系）視点からのファン層の2つに大別される．

理系（左脳系）層にとっての宇宙の魅力は，ロケットの打ち上げや惑星探査，さらに宇宙生命体の発見に及ぶが，宇宙旅行に関しても，宇宙船のメカニックの素晴らしさや無重力における身体の動かし方など，テクニカルな側面が興味の中心になるであろう．一方で，文系（右脳系）層にとっての宇宙の魅力は，星の美しさ，かぐや姫や織姫と彦星などのロマンや星占い，スターウォーズといった映画などさまざまだが，宇宙旅行に関しても，宇宙旅行を可能にした技術イノベーションというよりは，未知の無重力体験の面白さ

---

[2] "バックキャスト"とは，1997年にスウェーデンの環境保護省が"Sustainable Sweden 2021（2021年の持続可能性目標）"というレポートをまとめる際に使用したことで知られるようになり，日本でも国土交通省や環境省などの長期ビジョン策定に活用されている．

表6.3 2つの宇宙関心層の志向分析

理系／左脳系 宇宙関心層	文系／右脳系 宇宙関心層
宇宙を活かす／needs & wants	宇宙を楽しむ／wishes
宇宙飛行士を目指す	宇宙旅行者になりたい
専門情報を網羅的に提供	広く興味を引くものを提供
（Web／オフサイト）	（Real／オンサイト）
エデュケーション	エンターテイメント
サイエンスミュージアム／社会科見学	アミューズメントパーク／遊び
（例：日本科学未来館）	（例：カンドゥー）

や青い地球の美しさに魅力を感じるであろう．

宇宙空間からの眺望と5分間の無重力体験が「製品」としての性能スペックであるが，これをいかに顧客にとって価値ある「商品」として魅力づけするか，これが宇宙旅行のマーケティングである．

宇宙旅行を，上記のように嗜好の異なるターゲット層に対しプロモートする際，それぞれの層に響く価値を，宇宙旅行に付加することが重要である．たとえば，商品として楽しむ時間を，限られた5分間だけではなく，その前後の機会にも広げるといった発想も有効であろう．①宇宙に行く前にその計画を立てたり，いろいろと準備する楽しみ，②本番で宇宙空間を満喫する楽しみ，そして③宇宙から帰った後の振り返っての楽しみ，といったように，三度その楽しみを味わうという「旅行の楽しみ方」に着目してアイディアを出してみる．

左脳系ファン層に響く価値づくりとして，①宇宙に行く前の関心事は，やはり宇宙に連れて行ってくれるロケット自体であろう．ロケットの製造・整備工場を訪問し，担当のエンジニアに案内をしてもらう．部品のボルト締めを一緒に体験する．自ら乗るロケットの安全確認の現場に立ち会い，さらに，NASAの研究所内の視察ツアーにも参加する．無重力の5分間で自分の試したい実験をプレゼンし，専門家と具体的な実験方法を議論する．②当日は，無重力実験のシミュレーションリハーサルを綿密に繰り返す．帰還後は，綿密な実験結果の検証は当然であるが，搭乗したロケット室内の搭乗者記念プレートにサインを刻む．打ち上げ時に実際に使った基地部品からつくったキーホルダーがプレゼントされる．③一緒に搭乗した仲間たちと各自の実験結果を報告し合い，次の実験テーマや方法を議論する．専門家からのアドバイ

スを得られる．希望すれば論文発表の機会にもチャレンジでき，評価を得られれば，宇宙関連企業から協力依頼がくることもある．

一方，右脳系のターゲットにとっては，特別限定ツアー企画も面白い．たとえば，スターウォーズとコラボレーションした「スターウォーズ・スペシャルツアー企画」．これも三度の味わいで整理すると，①ツアーの最初の目的地は，ハリウッド．スターウォーズ映画の特別上映・展示，映画会社の訪問，出演者や撮影クルーとのセッション，撮影小道具のオークション参加など，スターウォーズフリークにとってはたまらない企画を満喫する．②高揚したテンションのままスペースポートに到着．もちろん，スターウォーズ特別仕様の限定もの宇宙旅行用スーツがプレゼントされる．③帰国後，このレアな体験は参加者の自慢話やネット配信により，スターウォーズフリークの中では話題沸騰となり，次の限定ツアーへの予約につながる．このような特別限定ツアーは，その参加費用（25万ドル）が多少増えても，レアで貴重な体験でその魅力が増すのであれば，それは顧客にとって「付加」価値を超えた，「メイン」の高価値になることもある．

6.4　3つの「こと体験」による価値創造

さらに，近年日本へのインバウンド観光客で人気の出ている「こと体験型旅行」に着目する．単に観光地を観て回るといった従前の物見遊山的スタイルではなく，その土地ならではの，体験を通した楽しみ方に人気が集まっている．宇宙旅行も，青い地球と無重力だけでなく，宇宙に行って何を体験するか，どう楽しむか，という「こと体験」を新たな価値として創造することが，宇宙旅行のブレイクにつながる．その新しい価値を生み出すポテンシャルテーマを検証する．

6.4.1　スポーツ

「無重力だと，身体は一体どうなるんだろう？　宇宙飛行士は格好よく国際宇宙ステーション（ISS）の中を動き回っているが，どうやったらあのようにうまくいくのだろう？」というのは誰しもが宇宙空間に対してもつ最初の好奇心である．サブオービタルの段階では，まだ5分間という限られた時

図 6.7　スポーツに興じる宇宙飛行士たち（出典：NASA）

間であるが，将来になって登場する軌道上のホテルでの滞在中や，月に到着するまでのフライト時間を考えると，無重力をさまざまに楽しめるチャンスは今後たくさん見込める．

　ISS の宇宙飛行士は，体力維持のために1日に2時間ほどトレーニングを課せられるが，ジムで黙々と鍛えるメニューが多く，決して楽しいものではないそうだ．一方で，自分の好きなスポーツを自由に遊ぶことは，彼らにとってとてもリラックスできる楽しいひとときである．図 6.7 にあるように，最初に月面でスポーツをしたのは，1971 年にアポロ 14 号で月に降り立ったアラン・シェパード（Alan Bartlett Shepard Jr.）で，自慢のクラブ持参でゴルフをしたことは有名である．また，多くのクルーたちがサッカーを楽しんだりしている．

　このスポーツの魅力に着目し，宇宙でしか体験できない面白い動きのスポーツが開発できれば，宇宙飛行士のトレーニングに役立つだけでなく，一般の人たちにとっても「こと体験」の1つのキラーコンテンツになる．無重力という地球にない宇宙環境の活用は，新しいスポーツを生み出し，今まで味わえなかった新しい楽しみ方を提供してくれる．さらに，音楽を付けた「スペースエクササイズ」といったプログラムもブームになろう．

　また「月面オリンピック」という夢の構想がある．6分の1の重力を活かした月面での新しいスポーツイベントで，地球への生中継により世界中の人々が楽しむことができる．「ムーンサルト（月面宙返り）」の名前がついた塚原光男選手によるウルトラCは，1972 年のミュンヘンオリンピックで披露されたが，実際に月面では，どこまで複雑な「スーパームーンサルト」ができるであろうか．さらに，「宙を飛んでみたい！」という人類の夢が，6

図 6.8 スペースマンシップとスポーツマンシップ

分の1の重力の月面では実現できる．空中を翼をつけて遊飛行しながらの新しいスポーツ競技も誕生するであろう．このような月面スポーツイベントの生中継は，アポロ月面着陸以来のインパクトで，世界中の人々を魅了するに違いない．このような未知の競技を楽しめる，「月面オリンピック」観戦ツアーも大人気を博すことであろう．

スポーツは，イベントだけでなく，その精神が重要な役割を果たす．月面へは地球上の国別のメダル争いは宇宙へは持ち込まず，国別の争いといった「競争」ではなく，力や技を競い合う「競技」会とする．国境のない唯一無二の地球の存在感を実感しながらの競技会では，月面オリンピックに参加する選手はもちろん，競技を見守る観客や地球から声援を送る人々も，地球人としての同胞の意識に目覚め，国境を越えた精神「スペースマンシップ」を享受することになる．アラブ人として初の宇宙飛行士が，1985年にISSにおいての自らの体験を語ったメッセージはその精神を表した名言として後世に残っている．「最初の1，2日は，我々はみな自分の国を指した．3，4日目には，それぞれ自分の大陸を指差した．そして5日目になると，そこにはただ1つの地球しかないことがわかった．」

この「スペースマンシップ」の神聖な感動を，感激を，将来の多くの子供たちに届けることで，「戦争や紛争，自然破壊など，人類の興した地球上の負の遺産を，決して宇宙には持ち込まない」という強い信念が地球人の共通の意識として広がっていくだろう．図6.8で示すよう，この国境を越えた同胞のスピリットは，人類最高の資産である「スポーツマンシップ」と共通する．宇宙だからこそ実感できる「スペースマンシップ」と，スポーツのもつ国籍・民族・宗教を超えた「スポーツマンシップ」の結合は，人類の平和に大きくつながる．

6.4.2 グルメ

　旅行に美味しい食事は欠かせない．どんなに天気が良くて景色に堪能しても，食事が期待外れに終わった旅行は，その訪問先も含め良い思い出にはならない．では，宇宙旅行の食事，宇宙食はどうであろう．宇宙食のイメージは，真空パック．温めて食べる．汁物はチューブを吸う．やむをえないパッケージングだろうが，美味しそうでないし，格好もよくない．今の宇宙食は，一度食べてはみようと思うが，きっとそれ以上のものではないだろう．しかし，宇宙飛行士にとっては，食事は一番の楽しみの時間であり，唯一他国のクルーたちとテーブルを囲み（無重力だから面白い囲み方である）コミュニケーションをとれる機会だそうだ．宇宙旅行客にとっても，楽しみとなる美味しい食事は欠かせないものとなる．

　ISSでは，クルーたちはNASAが用意した食事をとる規定になっている．NASAは宇宙食に関しては民間移管せず，NASAの職員が調理して提供している．各国のクルーたちは，この「標準食」とは別に，食事を持ち込んでいいことになっており，「ボーナス食」と呼ばれている．日本のクルーたちの楽しみにしている日本食は，他国の宇宙飛行士にも特に評判が良い．それもそのはず，「宇宙日本食」を提供しているのは，表6.4にある，日本の名だたる食品メーカーである．宇宙食を提供している食品メーカーは，これまで宇宙食の品質向上とバリエーションの増加に貢献してきているが，開発に関わる技術やノウハウの開示・転用や，プロモーションへの利用面においては，厳しい規制があり，宇宙食を開発・提供していることをプロモーションに利用できていない．これまで，企業相互間の連携・コラボも見受けられない．しかしながら，JAXAは2017年9月，食品メーカーに対し，このプロモーション面での規制緩和や，宇宙食に注目の集まるような話題喚起の施策を検討していく意向を発表した．この宇宙食に関する技術やノウハウは，ロケットや衛星の製造における技術範疇ではないが，米国などの先進宇宙開発国に対し，日本のもつ先行アドバンテージといえる．将来の宇宙旅行時代を見据え，宇宙日本食を普及させる大きなチャンスがここにある．

　日本には，万国の食材やメニュー，料理人など，食のリソースは豊富にある．宇宙空間だからこそ，安心と安全な食事の提供が不可欠である．世界から高評価の食文化を誇るわが国が，将来の宇宙食マーケットのリーダーを担

表 6.4　宇宙食提供日本企業（2018 年 4 月 1 日現在）

大塚製薬	日清食品	キッコーマン	ロッテ
尾西食品	ハウス食品	山崎製パン	三基商事
亀田製菓	マルハニチロ	ヤマザキビスケット	森永製菓
キユーピー	三井農林	理研ビタミン	—

えるであろう．当面は地球から調理済みの食事を持っていくことになるが，将来は「宇宙で調理する食事」に，さらに宇宙での野菜栽培や家畜（宙畜）飼育も視野に入れ「そこで育てて料理する」ことも目指していく（「月産月消」「宙産宙消」）．実際に，ISS 内で栽培したレタスを油井亀美也宇宙飛行士は試食している．

　宇宙食の技術開発の動向も注目される．

　宇宙と同じ極地探検をミッションとしている南極探検隊にとっての食事も，栄養補給，ストレス解消という点では，隊員にとって非常に重要なものであり，よりよい食を提供するために，冷凍食品やフリーズドライ食品，さらに野菜の水耕栽培など，多くの技術開発が実現されてきた．現在，南極料理人も活躍している．宇宙旅行時代の機内食や宇宙食も，南極のケースと同様に，さまざまな技術開発によってより豊かなものへと進化していくであろう．その動向をいくつか紹介する．3D フードプリンターで食を提供するプロジェクト「OPEN MEALS 計画」（2018 年 2 月発表）は，食を細かくデータ化・転送し，"出力"することで，食感や味，栄養素までの再現を目指しており，実際のデモ映像として，宇宙空間への寿司の転送が描かれている．

　また欧州では，宇宙で焼きたてのパンを食べようという「Bake in space プロジェクト」が立ち上がっている．2019 年に，ISS でドイツの宇宙飛行士がパン焼きを試みる計画である．確かに，宇宙で焼きたてのパンを旅行中に食べられることは価値あるサービスとなる．この計画は，原料の穀物を宇宙空間で育て，自給自足を目指すビジョンも掲げている．

　この宙産宙消の取り組みとして，日本でも月面農業のプロジェクトがスタートしている．東京理科大学は「スペース・コロニー研究センター」を，元宇宙飛行士である向井千秋特任副学長をセンター長として設立させた（2017 年）．月面での衣食住をテーマに 4 チームで構成されるが，その 1 つが「スペースアグリ」で，宇宙で育成することを想定した植物種の選定とその栽培

表 6.5　宇宙関連の仕事人気度（パソナ調査）

【やってみたい！未来の宇宙のお仕事ランキング】
受付期間：2016/9/20〜10/4　集計方法；Web アンケート（選択式）　回答数 483 件

順位	職　　種	内　　容
1	宇宙食開発	宇宙環境で必要な栄養素を摂取するための宇宙食や，宇宙環境下での調理方法の企画・開発
2	宇宙旅行	宇宙旅行及び宇宙結婚式などの関連商品の企画・販売，渡航手配，添乗などを行う
3	宇宙エンターテイナー	宇宙環境を利用した音楽，アート，演劇，ショー，アトラクションの企画・実行
4	宇宙メディア	宇宙関連のニュース・商品やイベントレポートなどの情報発信や，広告・宣伝を行う
5	宇宙農業	宇宙環境を利用し，植物工場などによる宇宙野菜・果物の生産を行う
6	宇宙資源探査	月や火星などで，新しい資源を探査する
7	宇宙関連グッズ企画・販売	宇宙に関連した商品の企画・販売を行う
8	宇宙天気予報	宇宙空間の風速・太陽エネルギーの影響・磁場強度などの情報を観測し，提供する
9	宇宙警察官	スペースデブリ（宇宙ゴミ）の監視や，宇宙空間のロケット・輸送機の交通規制・救助・復旧活動を行う
10	天文学者	更なる宇宙の謎を解明すべく，研究を行う
11	宇宙スポーツ	無重力あるいは，月の 6 分の 1 の重力環境を活かしたスポーツを開発し，コーチとして活躍する

方法を，宇宙環境を想定した植物工場を実験室に設けながら，研究を進める計画である．

宇宙日本食の食品メーカーが，単独ではなく，これまでの宇宙日本食開発の技術をベースに連携することで，新しい宇宙食開発を興すことも期待できる．さらに，世界中の人々が宇宙旅行・宇宙生活を楽しむ時代に，食品アレルギーも考慮し，宗教・民族を超えたこれまでにない「宙食文化」の創生が宇宙旅行の大きな楽しみの 1 つとなるに違いない．

宇宙旅行中の食事を開発すると同時に，地球上でも"宇宙食"をモチーフにしたムーブメントを興こすことが考えられる．人々は宇宙に対し，さまざまな夢や憧れをもっているが，そのなかでも「宇宙食」は「宇宙旅行」と併せ，多くの人の関心事である．「やってみたい宇宙の仕事」アンケート（表 6.5）で，「宇宙食開発」の仕事が 1 位，「宇宙旅行」の仕事が 2 位となっている．

弾道飛行が実現すると1時間近いフライトとなり，食事の時間もとれるようになる．ファーストクラスでさえ比べ物にならない高額な飛行費用に相応しく，驚きと歓喜をもって宇宙空間だからこそサーブできる食事が不可欠である．これは従前の宇宙食をベースに開発するメニューではなく，機内食のレシピや技術を無重力空間に合わせ進化させることによって実現していく．

　無重力空間だからこそ調理できる食品や料理（例：無重力でしか混ざらないムースやカクテル），宇宙空間の匂い（ラズベリーを焦がしたよう）に合った香りを意識した開発，無重力だから可能になる面白い食べ方や飲み方（コーヒーとミルクを空中で混ぜ，丸いかたちで飲む：大西卓哉飛行士がデモ），宇宙旅行前に買ってロケット内に持ち込む「宙弁」などなど，好奇心と創造力が湧き出てくる．さらに，文化としての「宙」を活かしたグルメ展開（例：七夕メニュー開発）や，「宇宙食をつくってみよう！」といった「食育」としての意義など，多彩な展開が考えられる．このように，宇宙食品質の特性を活かした食材や調理法で，ユニークな宇宙食の開発が期待できる．しかしその名称は，ネガティブイメージの強い「宇宙食」は使用せず，たとえば「宙（そら）グルメ」としてデビューさせることも面白い．全国の宙に関わる施設（天文台，プラネタリウム，科学館）などのレストランメニューとして企画し，地域の食材を活かし「宙」をモチーフに食品・メニューを開発する（例：天の川クレープ）．参考となる事例として，「ダム」をモチーフにした「ダムカレー」は，全国130超のダムで展開され人気を博しており，日本ダムカレー協会が設立されるほどである．

　このように，月や星や天体をモチーフにして"グルメ"を楽しむことは，将来の宇宙旅行での"グルメ"の楽しみにつながることは間違いない．宇宙旅行に行く前に，さまざまなかたちで宙グルメを楽しみ，気分を盛り上げていくのである．

6.4.3　エンターテイメント

　スポーツとグルメも含まれるが，音楽，演劇，ファッションなどのカルチャー領域で，宇宙空間ならではのエンターテイメントコンテンツも，宇宙旅行の「こと」のテーマとしてポテンシャルが高い．「宇宙エンターテイナー」は，先の「やってみたいお仕事」の3位に入っている．

現在すでに計画されているユニークな取り組みとしては，衛星を利用して流れ星を演出しようという試み（人工流れ星事業「Sky Canvas」）や，Google Lunar X プライズによる月面レースのような参加型企画，宇宙空間で散骨する宇宙葬などが登場しているが，さらにクリエイティブな発想で，宇宙旅行とのコラボなどの新たな価値創出が期待できる．

2017 年，モデルプロダクションのオスカープロモーションが「宇宙開発事業本部」を発足させ，エンタメ業界として，来る宇宙旅行の時代に向け，オスカーの得意分野であるエンタメ領域で，宇宙をみんなの遊び場にするというコンセプトのプロジェクトを立ち上げた．宇宙ファッションショーや楽しく身体を動かす宇宙エクササイズ，さらには宇宙でのライブイベントとその中継などなど，宇宙旅行に参加できない人々も参加し楽しめるコンテンツも期待できる．そもそも宇宙は人類の憧れであり，夢であり，古くから親しまれ，小説，映画，アニメ，ゲームなどのコンテンツ産業の主役としての絶対的価値をもっている．今後も発展・拡大する宇宙エンタメのポテンシャルは無限ではないだろうか．

6.5　宇宙旅行普及のための戦略広報とプロモーション

"人類がまだ火星に行っていないのは，科学の敗北ではなくマーケティングの失敗である"という帯の書籍が，2014 年，書店に並んだ．米国の 2 人のマーケティング専門家が共著した『Marketing the MOON』（Scott and Jurek, 2014）である．『月をマーケティングする』とは一体，どういうことだろうか．「アポロ計画以降「マーケティング活動」を行わなかったため，月に続く火星への人類着陸計画ができず，実現されていない」と彼らは説く．この著書では「マーケティング」を「戦略 PR」の意味で使っており，人類がまだ火星に立っていない理由を，「アポロ計画の成功以降，大衆が宇宙に無関心になってしまった状態を，打開することができなかったため」と説いている．宇宙旅行事業の振興のためにも，国としての法整備・規制緩和などによる，官民一体となったオールジャパン態勢や，関係する省庁を取りまとめる求心力のある組織づくりによって推進される戦略広報が必要である．

さらに，プロモーションとして宇宙旅行を世に打ち出していく施策も不可

図 6.9 3層の宙（そら）観光資源
Ⓒ宙ツーリズム推進議会

欠である．宇宙旅行黎明期ではあるが「宇宙」をモチーフにした新しい観光市場創出への動きが出ている．空や星・宇宙の多岐にわたる魅力の総称を「宙（そら）」と捉え，この「宙」のもつリソースをさらに際立たせ，より多くの人が幸／癒しを得られる機会を創出することを「宙ツーリズム」としてムーブメントを起こす取り組みである．2017年11月に「宙ツーリズム推進協議会」が設立され，2018年5月には，観光庁が推進する「テーマ別観光による地方誘客事業」[3]の1つに選定された．

人は，夜空に輝く星の美しさに心惹かれる．月や星，太陽はわれわれにさまざまな色模様を届けてくれる．荘厳な日の出"ご来光"や哀愁のある夕焼け，神秘的な雲海やオーロラ，これらも空／宙を彩り，われわれに癒しを与えてくれる．また，はやぶさなどの衛星による宇宙の謎の解明や，生命体の発見などの探査や探求にも，わくわくする夢がある．図6.9で示すように，これらの観光資源を，3つの見上げる空間として整理し，その総称を「宙（そら）」と同協議会が規定している．①100 kmまで：空（オーロラ，雲海，ご来光等）②100 km超から火星まで：スペース（人類の到達ゾーン）③火星以遠：ユニバース（天文の世界）．

前述の「宙グルメ」に加え，「宙百景」といった絶景を取りまとめ発信することも有効であろう．和歌山大学観光学部による，宇宙飛行士を中心にした調査・研究で「宇宙からの絶景」として30景余りを挙げている．NASA

---

3) 観光庁が2016年度より取り組んでいる．特定の観光資源を活用して地方誘客を図ることを目的とした支援活動．

による宇宙からの写真ベスト26景や，宇宙から見たアルファベットのように見える画像紹介などもある．地上から美しい星を見上げられたり，雲海が広く見渡せたり，ロケット打ち上げの際の見学ベストポジションであったりという「宙スポット」を選定し，まとめて紹介することもツーリズムとして有効であろう．

また，VR技術の進化により，バーチャルな宇宙旅行体験が可能になっている．NASAではすでにVR機器をシミュレーション訓練に使用しているが，2017年中に，米国でスペースVR社（Space VR Inc.）が宇宙空間を360°撮影するカメラを打ち上げる計画が発表されている．日本で話題のVRシアターもますます増え，さらにVRの宇宙旅行は進化していくであろう．このバーチャル宇宙旅行の人気は本物の宇宙空間への期待を高めていく．これもマーケティング．好奇心は膨らむばかりである．

6.6 まとめ

本章で紹介した宇宙旅行想定顧客の志向を把握するマーケティング考察は，宇宙旅行黎明期である今から着手し，顧客にとって魅力あるツアー商品をつくり上げるべきであるが，より重要なことは，将来にわたり，このようなマーケティング考察を継続していくことである．マーケット拡大のためには，新規顧客開拓と併せ，リピーターの獲得も不可欠である．顧客の志向や価値観は，世の中のさまざまな変化によって新しいものになっていく．その傾向を踏まえ，時代に合った，新しく楽しい宇宙旅行の価値提供が求められる．

同時に，宇宙旅行のつくり手である企業においても，科学技術面での画期的なイノベーションが起こるであろう．それによって，顧客が想像もできない旅行の企画や演出が実現できるようになるのである．このように，需要（顧客）と供給（企業）の双方からの切磋琢磨により，より高価値で素敵な宇宙旅行がわれわれに提供されるのである．

参考文献

上原征彦・大友　純（2014）『価値づくりマーケティング——需要創造のための実践知』

丸善出版社，pp. 158-160
クラブツーリズム・スペースツアーズ＆宇宙航空研究開発機構（2014）「宇宙旅行市場調査」，p. 6
コトラー，フィリップ（2000）『コトラーの戦略的マーケティング』ダイヤモンド社，pp. 2-81
コトラー，フィリップ（2004）『市場戦略論』ダイヤモンド社，pp. 153-161
コトラー，フィリップ（2010）『コトラーのマーケティング 3.0』朝日新聞出版，pp. 48-50
コトラー，フィリップ，・ボーエン，ジョン・マーキンズ，ジェームズ（2003）『コトラーのホスピタリティ＆ツーリズム・マーケティング』ピアソン・エデュケーション，pp. 1-24
コトラー，フィリップ・ケラー，ケビン レーン（2008）『コトラー＆ケラーのマーケティング・マネジメント 第 12 版』ピアソン・エデュケーション，p. 65
スコット，デイヴィッド ミーアマン，ジュレック，リチャード（2014）『Marketing the MOON（月をマーケティングする）』日経 BP 社
田村正紀（2010）『マーケティング・メイトリックス――市場創造のための生きた指標ガイド』日本経済新聞出版社，pp. 4-5
出川 通（2004）『技術経営の考え方――MOT と開発ベンチャーの現場から』光文社，2004
日本マーケティング協会 監修（2010）『ベーシック・マーケティング――理論から実践まで』同文館，pp. 16-18
ムーア，ジェフリー（2002）『キャズム――ハイテクをブレイクさせる「超」マーケティング理論』翔泳社
ライズ，アル・トラウト，ジャック（2008）『ポジショニング戦略』海と月社，pp. 254-267

Scott, D. M. and Jurek, R. (2014) Marketing the Moon: The Setting of the Apollo Lunar Program, MIT Press（関根光宏・波多野理彩子 訳（2014）『月をマーケティングする』日経 BP 社）
http://hbol.jp/98844

第7章

宇宙旅行の経済効果

「宇宙旅行」という提案が，金持ちだけの遊びだと考えている人は少なくないだろう．しかし，再使用型宇宙船が開発されたら，航空産業とまったく同じように，宇宙旅行のサービスの費用と値段はずっと安くなるのではないかと推測される．近年設立された LCC のお陰で，航空会社のサービスは 100 年の進歩を経て 30〜50% 以上も安くなっている．そして世界中の乗客の人数は今後 10 年で 30 億人から 60 億人に増えるだろう．

これからロケット推進はジェット推進と同じように大規模に利用されながら，宇宙旅行は 20 世紀中に広がってきた航空旅行産業と同じように 21 世紀の重要な存在になる．そうすると，これは世界の新しい基幹産業になるので，長い経済低迷に対する重要な対策になるとも考えられる．これを理解するためにまず，世界経済の近年の行き詰まりについて考える．

7.1 世界経済の長い低迷および対策

7.1.1 新産業の必要性

今日の OECD 諸国で継続している失業率の高さや雇用不足は何十年ぶりに厳しいものである．この基本的な原因は「新産業の不足」ではないだろうか？　自動化の進展や低コスト諸国への生産機能の移転により失われた雇用を埋め合わせるには，新産業の開拓が必要とされる．OECD 諸国（先進国）が経済の健全性を取り戻すためには，合計約 5000 万人分の新規の正規雇用が必要とされる．

IT 関連業界を中心とする技術革新は現在も継続しているが，現在の新産業への投資は，伝統産業での急速な雇用喪失を補える規模には程遠い水準となっている．インターネットによる新しいサービスは，雇用を増やすのではに

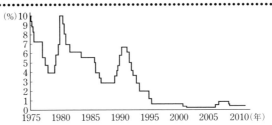

図 **7.1** 日本銀行の公定歩合の 40 年のトレンド

なく急減させる面ももっている．インターネットの利用による小売サービス価格の低下は，もちろん理論上は消費者によるその他のサービスへの支出を増加させるが，それには新たなビジネスアイディアのタイムリーな発展が必要とされる．たとえば最近では，タクシー代替サービス Uber（ウーバー）が物議を醸しているが，こうしたサービスには，何百万人ものタクシー運転手の収入や雇用を脅かすだけでなく，顧客のプライバシーを侵害するという問題点がある．そのうえ，運転手として働く人にとっては，ロボット車両の急速な開発も大きな脅威となる．使用していない個人の住居を自宅民泊（B & B）として貸し出し，パート収入を得られるウェブサイト「Airbnb」（エアビーアンドビー）も，宿泊施設への需要を着実に減少させると見られている．こうした技術革新は，理論上は資源利用の効率化をもたらす一方で，さらなる技術革新がなければ，雇用喪失の影響が補われることはないのである．

　非正規社員の割合が，国内就労者の約 40% に及ぶ実態は，日本国内に存在する「隠された失業者」の規模を示唆している．また，国内の若年就労者を対象に最近実施された意識調査では，「現在の仕事を通して自分の夢を実現できると思う」と答えた回答者の割合が過去最低を記録し，社会が若者の期待に応えられない現状が明らかにされた．

　デフレの脅威がますます拡大していることもある．中国やインドをはじめとする発展途上国における生産能力の急速な発展が，あらゆる物品やサービスの価格を押し下げる圧力となっていることは明らかである．1995 年の日本銀行による公定歩合の史上最低水準（0.5%）への引き下げは，米国や欧州の評論家から幅広い批判を受けた．しかし近年，米国と欧州では，共に日本と同水準の「ゼロ金利政策」が導入された（最近少し上がってきているが

まだ異常に低い（2018年2月現在）．

この悪化しているトレンドは既に40年続いているので（図7.1），すみやかに修正するのは簡単ではないだろう．こうした歴史上類をみない一連の施策は，世界的な新産業不足の深刻さを裏付けている．デフレのさらなる進行を防ぐには，新製品や新サービスの開発にとどまらない，大規模な新産業を早急に開拓する必要がある．

最近，世界中の年金システムが破産しないために，より速い経済成長が必要であることが明らかになった．現状に基づいて，貯金不足は2京円（20,000兆円）だといわれている！　既存の産業の活動だけで，この金額を補うことはまったく不可能である．これらは，新産業の必要性を示唆している．

7.1.2　新産業の事例

経済成長を刺激するには，成長の可能性がある新産業が，基礎的な科学研究からエンジニアリングに至るまでのさまざまな分野への大規模な投資を通し，歴代政権により長期的に支援される必要がある．一方で，世界中5000万人の新規正規雇用の創出は，歴史上類をみない挑戦であり，政府による取り組みの成果が限られるのは仕方がないことでもある．

政府による「勝ち組の選定」も簡単ではない．たとえば日本政府は最近，バイオマス発電をメインとするバイオマス事業化推進に，6年間にわたり約6兆5000億円を投じたにもかかわらず，その効果は「ゼロ」だったと政府自らが評価した．これと似た例に，ドイツの「エネルギーウェンデ」がある．環境保護に役立つエネルギー産業の構築を通した新規雇用の創出を目指し，ドイツ政府が4000億ユーロを投じた本施策だったが，効果がほとんど得られなかったうえにエネルギー価格が2倍に上昇し，現在では失敗だったと理解されている（そのためドイツ政府は現在，石炭を燃料とする火力発電所への投資を増大している）．

要約すると，OECD諸国（先進国）であらゆる年齢層にみられる失業率の高さや雇用不足は，新規雇用の十分な創出を刺激できない政府の実情を裏付けており，今後数十年間にわたり継続的な成長を見込める大規模な新産業を早急に創出する必要性を示唆している．

今までの大規模な新産業とは，馬車，帆船，印刷，楽器，鉄道，汽船，自動車，航空機など，多数の付随産業や関連産業を生み出し，世界中に何千万人の雇用を創出してきたような産業のことである．現在 IT, AI, IoT, ロボットなどの展開は「第 4 次産業革命」と呼ばれているが，これ以外には雇用を大いに増やす新基幹産業は提案されていないではないか．

7.1.3 航空産業にみる成長の前例

航空産業は，新しい活動が世界の重要産業の 1 つに発展した良い例である．当初，軍事用として開発された航空技術は，今日では年間約 1 兆ドルを生み出す航空機メーカーと付随品および航空会社を含んだ一大産業へと発展した．1 世紀にわたる本産業の発展では，軍用機と旅客機の両方の開発に多額の政府資金が投入された．いずれも 21 世紀以降も急速な発展を続け，今日航空業界に雇用されている労働者の数は，直接・間接雇用を含め世界中で 1 億人に及ぶ．すなわち飛行機メーカー，窓や車輪や座席やトイレやアンテナなどの部品メーカー，航空会社，空港会社，燃料供給会社，旅行会社，ツアーガイド，保険，マーケティングやこのサービスにより観光化された地区のホテル，旅館，レストラン等，無数の会社に働く人である．

航空機の利用者数に目を向けると，20 世紀末に年間 10 億人強，近年に年間 30 億人に到達する（図 7.2）．これを，100 年前に誰が想像できただろうか．

このように，航空旅行産業は，数えきれないほどの波及効果と事業機会を

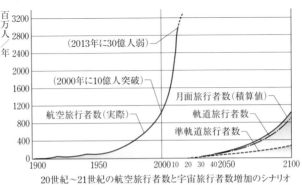

図 **7.2** 航空産業の乗客の人数の歴史

世界中にもたらし，20世紀の主要新産業の1つに成長したのである．

7.2 技術の発展と宇宙旅行産業への取り組み

7.2.1 航空宇宙技術の発展

　1940年代前半に，ドイツ人は宇宙まで飛べる大型ロケットの開発に成功した．A4ロケット・プロジェクトの指導者は，戦争が終わったら宇宙旅行を実現する計画をつくった．しかし，第二次世界大戦の後，さまざまな国で非軍事的な政府系宇宙機関が設立され，ドイツの長距離ミサイル技術を用いた衛星や有人宇宙船の打ち上げが行われてきた．こうした打ち上げ目的の使い捨て型ロケットの使用は，現在も継続している．その結果，一般市民の宇宙旅行は75周年を迎えてもなおも実現していない．新技術の商用実用化がこれほど遅れたことによる経済的な損失は大きいと考えられる．宇宙旅行をしてみたい人が一般市民の大多数に及ぶことからも，潜在的な需要の大きさは裏付けられているからである．しかも，非軍事宇宙機関によるサブオービタル宇宙飛行（乗客は宇宙に数分間滞在）の開始に必要なコストは，予算の数％にすぎないのにである．

　1950～60年代には，完全再使用型有人ロケットプレーンの軍用試作機が数ヶ国で開発されたが，いずれも実用化には至らなかった．しかし，ロケット補助推進隔離（RATO）技術は，軍用機と民間機の両方で用いられていた．特に，デ・ハビランド社（de Havilland Aircraft Company）のジェット旅客機「コメット（comet）」は，ロケット駆動のスペースプレーンとして1952年に安全認定を受けている．当時の最先端ロケット飛行機として知られるノースアメリカン（North American）社のX-15は，徐々に高度と速度を上げ，最終的にサブオービタル宇宙飛行を達成した．しかし，これで世界初スペースプレーンになった本試験事業は1968年に中断された．欧州や米国の大手航空宇宙企業は，ロケット航空機の試作機の開発に加え，再使用型軌道用スペースプレーンに関する詳細な研究も行い，いずれも当時の技術を用いた軌道までの宇宙飛行の実現可能性を結論づけた（Ashford, 2013）にもかかわらず，いずれの研究事業でも，試作機の作成段階までは資金が確保されなかった．

近年ロケット推進技術の成熟度を示す例に,「スペースシップワン」がある.米国の民間企業により開発された本機は2004年,総事業費わずか2000万ドルで,1968年のX-15飛行試験以来初めてとなる再使用型スペースプレーンによる宇宙飛行を実現した.総事業費2000万ドルは,NASAの年間予算の1000分の1,つまりNASAの支出のわずか半日分に相当する額である.スペースシップワンによる宇宙飛行の成功により,年間約300億ドルに及ぶ各国の宇宙機関の年次支出額のわずか0.07%で,一般市民へのサブオービタル宇宙旅行の提供を開始できることが明らかにされたが,政府の宇宙政策決定者は,13年の月日と4000億ドルを費やしてもなお,こうした開発活動を開始していない.

こうしたことを鑑み,また20世紀の航空旅行産業の前例を踏まえれば,宇宙旅行産業を20世紀の航空旅行産業に相当する21世紀を代表する新産業にさせられるかは,図7.2の右側のように今後数十年間にわたる発展次第といえる.実現すれば,OECD諸国(先進国)が先導する航空宇宙業界を中心に,何千万人もの雇用を創出することが期待される.

7.2.2 各国政府の取り組み

各国の宇宙機関は,これまで宇宙旅行産業の開拓に関心を示してこなかったが,現在,米国連邦航空局(FAA)とイギリス民間航空局(CAA)の両方が,財源はまだ不十分ながら,宇宙旅行の実現に向けた取り組みを進めている.イタリア民間航空局(ENAC)も,この分野でのFAAとの提携に向けた覚書を締結しており,その他諸国もこの流れに従うと思われる.CAAによる報告書のエグゼクティブ・サマリーからは,次のように本取り組みの趣旨がうかがえる.

「スペースプレーンは,民間宇宙飛行もしくは,いわゆる『宇宙観光』を,近い将来実現させられる可能性が最も高い手段として広く認められている.スペースプレーンは,衛星打ち上げや貨物・観測機器の運搬にかかるコストや事業の柔軟性を一変させられる可能性も秘めている…イギリスが宇宙事業に関するヨーロッパの中核拠点となれる機会は明らかに存在しており,実現すれば,企業や科学の発展にさまざまな利益がもたらされるだろう.」(CAA, 2014)

各国政府による宇宙旅行産業の開拓支援が，非常に低予算（年間数百万ドルもしくは宇宙機関の年間予算の1000分の1）とはいえ開始されたことで，問題はもはや宇宙旅行・観光産業が実現するか否かではなく，いつ実現するかという点に移行している．つまり，新産業開拓にはどれくらいの時間がかかり，新産業はどれくらいの規模まで成長するのか，という点である．すでに3つの先進国政府が何らかの取り組みを開始していることを踏まえれば，日本を含むその他の政府が，商業的な可能性が非常に高い宇宙旅行産業という新産業に投資する意義をようやくではあるが，認識し始めるのは，おそらく時間の問題だろう．その上，2016年に，ロシアと中国でサブオービタル用スペースプレーンを開発している会社は，テストフライトが2020年に始まると発表した．70年前，有人ロケットプレーンの開発・試験飛行にドイツに次いで成功した日本が，これら5ヵ国による取り組みに遅れを取るべきではないと考える．

7.2.3　宇宙政策と経済政策

　「宇宙政策」の経済的側面に関していえば，当初宇宙機関には，経済的な目標は与えられていなかった点を踏まえる必要がある．「宇宙の商業的活用を最大限に図る」ことがNASAの任務に加えられたのは，1980年半ばのことで，その他の諸国は，NASAに追従する形で，それぞれの宇宙機関の任務に同様の要件を加えた．一方で，そうした追加任務は，NASAのみならずESAやJAXAなどのその他の宇宙機関のいずれでも遂行されていない．つまり，一般市民が望むサービスを特定・供給したり，企業による利益を伴うサービス供給を支援するなどの通常の企業活動は一切行われていない．宇宙機関による商業活動はむしろ，使い捨て型ロケットや，より正確な天気予報・津波予測・監視（主に行政目的）を行うための遠隔測定機器が搭載された衛星など，開発済み技術の活用にほぼ限られてきた．

　民間航空を担当する政府機関は，航空旅行産業の発展支援を当初から任務として課されている点で，宇宙機関とは大きく異なっている．FAAが，宇宙旅行産業の発展支援に向けた規制の策定により適している理由はこの点にあり，同局は本規制の策定を2005年に開始している．民間航空局には1世紀以上にわたり蓄積された宇宙産業の発展に役立つ経験がある．たとえば，

機体メーカー・航空会社・安全規制機関の分離独立が，惨事の原因となる利害の衝突を防ぐうえで欠かせない要素であることは，航空業界では常識でも，宇宙旅行業界（または原子力業界）ではまだ教訓として学ばれていないことが多い．宇宙機関が，宇宙旅行産業の開拓を数十年間にわたり拒否してきたことを踏まえれば，民間航空機関による先導は，宇宙機関内における利害の衝突を回避するうえでもなくてはならない．

そのためには，宇宙旅行を，宇宙機関の活動ではなく，航空旅行の延長として認識する必要がある．一方で，経済的な視点から述べれば，宇宙旅行産業を開拓するために，宇宙機関の予算を切り崩せない理由はない．世界の宇宙機関は，過去半世紀にわたり総額2兆ドルもの大金を費やしながら，その対価に見合う商業活動を創出できずにきた．たとえば近年，宇宙業界の雇用は，米国，欧州，日本のいずれでも縮小している．そうした実情は，宇宙開発予算の一部を，一般市民が望むサービスの開拓に充てることの必要性を物語っている．

7.3 宇宙旅行産業の成長と可能性

7.3.1 関連する産業の潜在的な成長

航空旅行産業の世界を変える巨大産業への成長について述べた上記7.1.3項の議論は，宇宙旅行産業の今後の成長の可能性を示す興味深い前例である．特に新規雇用が絶望的に不足している現在では，その重要性は非常に高い．主に先進国に蓄積されている航空宇宙業界のノウハウと，幅広いサービス関連業界との融合を通した数千万人の雇用の創出が，先進国における経済成長の回復に最も適した施策となりうるだろう．さらに，宇宙旅行が航空旅行と同一のビジネスモデルであることを踏まえれば，今後の発展をかなり詳細に予見することも可能である．

民間航空産業と同様に，宇宙旅行産業の発展には，多数のさまざまな専門分野に関する高度な科学的知識が必要とされ，その多くは，科学的研究を通したハイテク新産業の誕生で長年の実績を持つ先進国が先導している（先進国は，日本メーカーの専売特許である高信頼性エンジニアリングでも主要な役割を果たすことになる）．原油やその他エネルギーの価格が30年前の水準

に戻ったことで，数年前までのエネルギー不足の心配ももはや問題ではないだろう．以下は，1940 年以降の航空宇宙エンジニアリングの進歩により，革新的な変化がもたらされた分野の一覧である．近い将来急速な進歩が実現する可能性はこれらからもわかる．

- 液体推進剤の製造・処理・輸送・燃焼工学
- ロケットエンジンの設計・製造（注：一方で今日使用されているロケットエンジンの大多数が使い捨て型のため，再使用型ロケットエンジンの運行・保守・修理の進展には遅れが見られる）
- 材料科学，材料エンジニアリング，ナノ技術，非常に信頼性の高いアルミニウム，リチウム，チタニウム，鋼鉄およびその他金属，プラスティック，陶磁器，複合材料の実現
- 機械や機械系統の構造分析，3 次元グラフィックス，詳細シミュレーション
- 機械やシステムの保守・修理・分解整備・更新，およびデータベースを用いた機械やシステムの稼働状況や部品の追跡
- マーケティングでの IT の活用…インターネットやその他メディアの活用を含む

これらやその他の技術分野の進歩は，民間航空産業にも幅広く活用され，継続的な成長・業績改善・コスト低下の原動力となっている．宇宙旅行サービスの開始が半世紀遅れたことは，逆にいえば急速な巻き返しの可能性があるということでもあり，これらの技術の宇宙旅行産業への適用が，数十年前に実現できたかもしれないレベルへの到達につながる可能性がある．新たなビジネスの誕生につながる可能性のある革新的なアイディアは多く存在するが，グローバル・レベルで 1 世紀にわたる成長が見込めるアイディアは他に多くはないだろう．

7.3.2　成長のシナリオ

宇宙旅行サービスの開始が半世紀遅れ，その間に上記の技術的進歩が達成されたことを踏まえれば，今後の急成長は十分に期待できるであろう．たと

第7章 宇宙旅行の経済効果

表 7.1 宇宙旅行産業の成長の最初からの3段階

段階	年	サービス	準備時間	開発費	1人当たりの値段
1	2020年代	サブオービタル	5～10年間	数百億円	数十万円
2	2030年代	軌道上滞在	15～20年間	数千億円	数百万円
3	2040年代	月面旅行	25～30年間	数兆円	数千万円

えば，サブオービタル宇宙旅行は，2020年代にも大規模産業に成長する可能性がある．これが実現すれば，2030年代には軌道宇宙旅行が大規模産業に成長し，2040年代には（1970年代に技術的な実現可能性が示された）月面旅行が主要成長産業となる可能性は十分ある（図7.3）．そうしたシナリオが実現すれば，宇宙関連のビジネスチャンスが多数創出される．たとえば，軌道上での宇宙ホテルの開発がその1つだ．ビゲロー・エアロスペース社は，軌道上ホテルの開発を既に開始し，最初のモジュールは現在国際宇宙ステーション（ISS）に接続されている．しかし軌道への低コスト飛行の実現なしに本産業を大幅に成長させることは不可能である．軌道宇宙旅行の定期的な運航が実現すれば，軌道上ホテルの大規模な開発がもたらされ，地球外物質の活用を含むさらに多くのビジネスチャンスが生み出されることになる（米国やカナダでは，月物質や小惑星物質の活用を目的とする小企業が，すでにいくつか設立されている）．

これから宇宙旅行産業は3つの段階で成長すると思われている．厳密な予測ではないが，もし必要な開発費が提供されたら，このシナリオが可能ではないかと推測される．いわゆる，必要技術は既によく知られているし，このサービスに対する需要も十分あるだろうと考えられている．

第1段階　サブオービタル　1950年代に始まるはずだったので，現在技術的な問題は何もない．田舎の小規模の空港からでも運航することができて，多くの日本人に支持されるだろう．サブオービタル宇宙旅行が一般化し，1人数十万円まで安くなるとすると「21世紀のプラネタリウム」のような当たり前の経験になる．

第2段階　軌道上滞在　軌道まで飛べる旅客機の実現には，サブオービタル用スペースプレーンより大きく進歩した技術が必要である．また，必要な

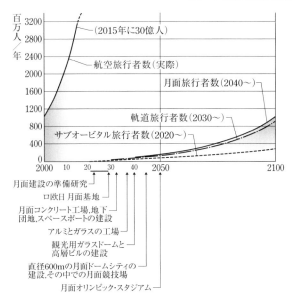

図 7.3 航空旅行者数の事実と宇宙旅行者数の増加のシナリオ

推進剤はサブオービタル機より約 50 倍多い．NASA の見積もり（表 7.2）によると，その開発費用は数千億円前後である．すなわち，その開発が数年かかるとすれば，毎年の予算は世界の宇宙局の予算の数 % を超えないので，簡単に実現できるとわかる．「軌道上に滞在する」というと，遠い未来を想起するが，上記のように，宇宙ホテルは既に開発されている．

第 3 段階　月面旅行　1970 年代のアポロ計画の産物として，月面基地や暮らし方などについての研究は既に 40 年続いている．したがって，月面の建物の建設や必要なインフラストラクチャーなどはよく理解されている．軌道まで飛べる旅客機が運航することができたら，月面旅行はすぐ実現できる．確かに，月面旅行サービスを開始する前に，複数のインフラをつくる必要がある．たとえば地球軌道から月軌道までの 3 日間の旅のための専用フェリー，月軌道上ホテル，月軌道から月面までの垂直離着陸機型シャトル，月面スペースポートおよび観光施設などの必要がある．しかし，このインフラの開発が特に難しいわけではない．そして，月面の低重力環境の魅力のために，とても人気のある観光地になると思われる．

168　第 7 章　宇宙旅行の経済効果

　ロシアと米国の宇宙局の最近の発表によると，2022年から月軌道上「スペースポート」をつくり始める．再使用型軌道用スペースプレーンをつくる計画がまだ発表されていないので，そのための技術開発が進めば，上記の観光シナリオの実現に大いに貢献するだろう．

　宇宙旅行産業の成長の3段階の準備には上記のテーブルのように時間が必要なので，その準備研究はすぐ始められるべきである．すなわち，サブオービタル宇宙旅行が数年以内に開始されるので，そのためのスペースポートの建設は今から設計すべきなのである．軌道上サービスの準備が十数年かかるので，今からすぐ始める方がよいだろう．同じことは月面スペースポートと観光施設の建築にもいえる．その準備はさらに長くかかるので，今から開始をすれば，経済成長にも寄与する．

7.3.3　軌道への旅行の可能性

　本項では，特に前項で紹介したうち，第2段階について取り上げる．NASAの先端プロジェクト事務所に18年勤めていたベッキー（Bekey）博士は，軌道まで飛べるロケット旅客機の可能性，開発費および運航費用などを見積もって，表7.2の見積もりを1998年に出版した．飛行機のような再使用型輸送機の運航費用は活動規模によって減ると計算すると，1人当たり7万～2万ドル以下のサービスになると仮定した．それを実現するための輸送機の開発費は，下記の「合計費用」に示されている．それによると，20

表7.2　NASA先端プロジェクト部のBekey博士1998年見積もり（Bekey）

輸送機の種類	2段式	単段式	単段式	単段式
乗客数／便	20人	20人	60人	180人
毎年の乗客数	2000	12万	36万	100万
宇宙港の数	2	18	18	18
便数／宇宙港／年	50	355	355	355
便数／輸送機	250	500	500	500
便数／ロケットエンジン	50	100	100	100
開発費用（$）	15億	30億	39億	46億
インフラの費用（$）	4億	20億	22億	30億
合計費用（$）	19億	50億	61億	76億
便当たりの費用（$）	138万	125万	97万	330万
乗客当たりの費用（$）	69000	62500	16167	18333

年前の1998年に，輸送機のサイズによって，開発費が20億ドルから80億ドル（約3000億円〜1兆円）までかかると見積もった（Bekey, 1998）．これは大型飛行機の開発費と同じぐらいとなる．数回の米国と日本の市場調査によると，このぐらいの値段を払う乗客がたくさんいる．したがって，このスペースプレーンの軌道までのサービスは，航空産業のように好循環で成長しながら安くなると考えられる．今まで20年間進んで来た技術能力を使えば，もっと実現しやすくなったはずである．

7.3.4　世界経済への貢献

　当初から，宇宙局の活動が経済成長に貢献するとは予定されていなかった．1980年代以後，商用宇宙活動も支援する責任が付け加えられたが，経済学の観点からまだうまく整理されていない．

　米国科学アカデミー（NAS）と英国科学研究評議会（SRC）の両方が，科学研究のコスト効率性を確保できないという理由から，それぞれの政府に国際宇宙ステーション事業に投資しないよう本事業発足当初（1980年代）から助言していた事実は，宇宙機関への財政投資の驚くべき非効率性を物語っている．その後，本事業のコストが当初発表されていた80億ドルを1000%上回る1000億ドルに跳ね上がったことで，コスト効率はさらに低下した．政策立案者がこのような高額な事業の独占機関による運営に警戒感を覚えず，評価に政治的な影響が及ぼされたことは，誠に残念なことである．

　宇宙活動への公共投資計画は，その他の分野と同様，一般市民が望むサービス提供を中心とする経済成長への貢献度を主体に策定されるべきという当然の主張を，経済政策立案者はこの長きにわたり行ってこなかったのである．確信が持てない場合は，宇宙機関の予算とは無関係の専門家に「セカンド・オピニオン」を求めるのが筋である．経済政策立案者によりそうした選択がより早く行われていれば，大金を支払ってでも宇宙に行きたいと思っている一般市民が世界中で多く存在することを示す（JAXA, 2014）調査結果，そして筆者が1993年に開始した市場調査（Collins et al., 1994）や類似したその後の複数の調査結果の存在に，より早く気づいていたはずである．

　国内消費者へのサービスの供給を通じた内需拡大は，宇宙旅行産業の発展がもたらしめるもう1つの重要な利点である．政府による取り組みの多くが

既存製品・サービスの輸出拡大に偏っている今日では，「内需拡大」という方向性が特に重要となる．国際取引が「ゼロ・サム」であることを踏まえれば，すべての国が同時に成功することは不可能である．国内の売上収益に大幅な拡大をもたせるかもしれない宇宙旅行産業の誕生には，こうした意味でも戦略的利点がある．

ロシアの経済学者のコンドラチェフ博士の理論によると，経済成長に貢献する発明の数は波のように，約70年ごとに増えたり減ったりするので，現在の不況がさらに厳しくなった後，世界経済は長期的好景気を迎えることになる．1930年代の恐慌と同時に，航空産業は長い間「リンドバーグ・ブーム」で成長した．しかし，恐慌の終わりに第二次世界大戦は始まった．その悲劇の繰り返しを避けるために，これから速い経済成長の実現は非常に望ましいだろう．

これから中国が進めている「一帯一路」（OBOR）プロジェクトおよびAIIBというアジア・インフラ開発銀行は，アジアの経済成長に大いに貢献する．また中国とロシアの発表したサブオービタル用スペースプレーンの開発プロジェクトおよび月面基地の計画も新産業不足対策としてとても有望だろう．

これと対照的に，欧州はまだ金融引き締めを続けている．これでギリシャはますます貧困に向いているし，イギリスはEUから離脱する．宇宙旅行の技術を開拓した欧州にサブオービタル・プロジェクトの提案があるが，予算はまだ足りない．欧州の経済が復興するために，第2のルネサンスの必要があるといわれている．しかしイタリアの「スペース・ルネサンス・インターナショナル」（SRI）という団体によると，今回の「スペース・ルネサンス」がなければ，欧州の経済は十分活性化できないだろう（Autino, 2008）．これから日本はどうするのだろうか？

7.3.5 若年世代にとっての利益

このシナリオの実現可能性が認められれば，本新産業の開拓を通した経済成長が，先進国のみならず他の国でも望ましいのは明らかである．また既に述べたように，本産業の開拓には，当初必要とされる資金の規模が，その他の成長が見込める新技術に比べ小さいという利点もある（産業が軌道に乗れ

ば，今日の航空・空港・ホテル業界と同様，大半が民間により賄われる）．こうした若者の人気を取り込めるサービスは，無数の新規雇用を創出し，将来への楽観的な見通しをもたらすことで，若者の情熱の復活や，若者の間に広がる悲観的なムードの払拭にも役立つ．現在多くの先進国で補充水準を下回っている出生率の健全な水準への回復に役立つ点はいうまでもない．出生率を左右する要因は多岐にわたるが，経済成長の見通しは特に重要な要素と考えられている．

日本経済の長きにわたる停滞は，非常に大きな経済的コストをもたらしてきただけでなく，経済の先行きの暗さや絶望感・倦怠感に苦しむ若者世代の意欲をますます低下させる要因となってきた．宇宙旅行への憧れが，他に例をみない若者世代の現象であることも，同様に広く知られている．若者の活気ややる気は，日本の継続的な繁栄や生き残りに絶対に欠くことのできない要素である．

筆者が所属する大学・附属高校の校歌には，日本国内のその他の多くの教育機関の校歌がそうであるように，「山より高く」「偉大な未来を開く」「輝ける未来への扉を開ける」「青空に羽ばたく」など，若者の気持ちを鼓舞する歌詞が多く含まれている．宇宙旅行開拓への財源割り当てを過去20年間にわたり毎年拒否してきた人々は，若者の憧れを顧みてはいないのだろう．今日の若者が暗い先行きにさらされている原因が，若者世代が生まれ育った「現代」社会を創り出した高齢世代にあり，今日の若者が親の時代より厳しい経済状況に直面していることは明らかである．高齢世代は，自分たちが生まれ育った社会の水準を維持できなかったことを認め，自らの目的を身勝手に追求し国家を衰退に導くのではなく，若者世代による，宇宙旅行をはじめとする「自らの夢の実現」を促すべきである．

経済性の低い高価な宇宙活動の反復に毎年多大な財源を投じ続けながら，若者世代に人気のあるサービスの開発にはわずかな公的補助も行わない理由が説明されるべきである．これらのサービスが最初に提案されてから70年以上の年月が過ぎ，日本初の有人ロケットプレーンの開発が，当時の日本人エンジニアにより既に取り組まれていたことを踏まえればなおさらである．数十年以上にわたる不況の原因に新産業不足があることを踏まえれば，こういったアイディアを放置しておくことが，不況のさらなる延長をもたらして

きたとも考えられる．

　若者世代の失望感は，日本だけでなく，若者の失業率が過去最高水準に達しているその他の先進国でも広がっている．倒幕運動を導き，19世紀のルネッサンス「明治維新」の実現に貢献した長州藩の若きリーダー高杉晋作の辞世の句，

　　　　　「おもしろき，こともなき世を，おもしろく」

は，倒幕運動の動機が，愛国心だけでなく世代間の対立にもあることを示唆する．若者世代のより良い世界への切望を後世に向けて表現した句なのである．

　すなわち，高杉の俳句には，現代にも通じる意味が込められていることがわかる．つまり，高杉の不満は，国家の展望を力強く示すことができない日本政府に対する若者の失望に共通するものがある．経済評論家・堺屋太一氏は，日本の現状を明治維新になぞらえた発言を繰り返し行ってきた．日本のエリートにはびこる停滞を好む伝統（「幕末シンドローム」）こそ，21世紀の主要産業になりうる新産業の国内での誕生が阻まれ，若者世代の希望が公然と無視されてきた根本的な原因ではないだろうか．

7.4　宇宙旅行産業における日本の役割

　宇宙旅行産業の展開の歴史の中で，日本の会社の可能な役割を考えると，1945年に秋水というロケットプレーンは世界 No.2 だったことに触れておく必要がある．確かに戦後日本の航空機メーカーの活動は米政府に禁止されたが，現在の能力は最高水準に達成している．ただし，欧米に比べて，日本の航空宇宙産業は大きくない．しかし，サブオービタル用スペースプレーンは，ボーイング 777 やエアバス 350 等に比べて安価なので，宇宙活動の予算の1割ぐらいでつくることができる．

　現在，宇宙科学研究所（ISAS）で開発されている無人の VTOL（垂直離着陸機）は 100 kg を高度数 km まで運ぶ予定である．前例はないが，この輸送機の有人化は難しくない．理想的には，これから2年間で無事に1000回以上テストフライトし，それから 2020 年の東京オリンピックのオープニ

ング・セレモニーに，リオデジャネイロ・オリンピックに出たコンピュータ・ゲームで有名な「マリオ」がロケットでスタジアムの屋根から入って，観客の前に着陸する可能性もある．そうすれば，世界に対し日本の航空宇宙能力の最高の宣伝効果になり，2020年代の宇宙旅行時代の扉を開くだろう．

日本宇宙旅行協会は，HTOL（水平離着陸機）の開発を推奨しており，毎年約100億円の予算が早々に準備されるべきと考える．この金額は，日本経済の中では大きなものではない．大手企業だけも78兆円の現金をもつといわれているので，民間プロジェクトとしても数十の大手企業が支持すれば，負担が大きいものではない．これで日本が宇宙旅行産業に大きい役割を果たせば経済成長につながるが，残念ながら経済政策としての重要性はまだ十分認識されていない．

7.4.1 政策立案者の必要な役割

近年，政府は，経済成長のためには，日本人の仕事の生産性を上げることが重要だと主張している．しかし，経済成長を阻む真の要因はそこではない．アベノミクスが今日まで決定的な成功を収められずにきた最大の要因は，新産業創出に向けたアイディア不足を始めとするイノベーション不足にある．新基幹産業の創出はもちろん，数年間で解決できるような簡単な課題ではない．しかし，経済政策の最終的な成功・失敗が，今後数年間で新産業を創出できるか否かに左右される現実を認識さえすれば，宇宙旅行産業への投資は金融政策より効果的とも考えられる．現在非正規社員として働く何百万人もの日本人に正規雇用を提供するには，それなりの規模の新産業が必要とされる．

図7.1に見るように，1970年代以降，周期的に不況が訪れるたびに金利の引き下げが必要とされ，再生までに必要とされる金利引き下げ期間も長期化する一方の日本経済は，数十年間にわたり弱体化を続けてきた．1973年は4.25%が最低だった日銀の公定歩合は，1978年に3.5%に引き下げられた．その後公定歩合は，1987～1989年まで2.5%で据え置かれたのち，1995年末には歴史上類をみない0.5%に突入，現在に至る20年間にわたりこの水準が維持されてきた．こうした40年間にわたる下降傾向は，生産性の限りなき向上や旧産業の「オフショアリング」により失われた雇用を新産業で

補えないことに象徴される，日本経済全体に及ぶイノベーション不足を裏付けている．

こうしたイノベーション不足は，日本人研究者の能力不足ではなく，むしろ将来性のあるイノベーションを十分に支援できなかった日本政府にも起因する．官僚が措置を講じない理由に使うお得意の言い訳「前例がないからできない」は，無数のイノベーションの発展を繰り返し妨げてきた，日本の行政組織の体制的な弱さを象徴する台詞である．国内で育ったイノベーションを無視し，海外の利益となるイノベーションには屈する日本政府の姿勢が広く知られるようになった（Collins, 2015）．

7.4.2 イノベーションの強化

日本ロケット協会（JRS）についての一件は，行政組織内におけるイノベーションへの根強い抵抗を裏付ける特筆すべき例だ．日本政府は，本協会の先駆的な取り組みを，1990年代から2000年代に及ぶ十数年間にわたり無視し続けてきた．1990年代当時，世界の宇宙旅行研究が，日本人研究者により先導されていたことはあまり知られていない．JRS の研究チームにより1993年に開始された「宇宙旅行研究企画」は，2002年まで継続された．NASA は JRS によるこうした活動に刺激され，「一般市民による宇宙旅行と宇宙観光（General Public Space Travel and Tourism）」と呼ばれる，主に JRS による取り組み（JRS, 1993; JRS, 1994）について書いた好意的な報告書を1998年に発行している（宇宙旅行の発展を促す目的で NASA により作成された本報告書だったが，本報告書に含まれるいずれの提言も導入には至らなかった）．また1998年には，日本の一般社団法人・日本経済団体連合会が，自らが発行する小冊子『スペース・イン・ジャパン』に掲載した JRS の事業に関する短い記事で，「宇宙旅行は，宇宙活動の商業化に対する強い動機づけになることが期待されている」（経団連），と結論づけている（日本国内で育まれたさまざまな宇宙用技術を紹介した本冊子の中で，『商業化』という言葉が使われているのはこの部分だけで，全体的には経済的視点に欠ける内容となっている）．

日本航空協会（JAA）と JRS は2005年以降，宇宙旅行に関する6回の共同シンポジウムを開催してきた（国の宇宙研究機関による同様のシンポジウ

ム等の開催は皆無となっている）．こうした状況にもかかわらず，JRS による世界トップクラスの研究の開始から 20 年近くが経っても，21 世紀の新規雇用の創出源としての可能性がますます期待される本産業に，日本政府は今だに資金を投じていないのである．さらに，宇宙旅行サービスの実現に向けた取り組みが，米国と欧州の数社に加え，米 FAA（2005 年以降）や英 CAA（2014 年以降）でも進められている現状も，日本政府は無視し続けてきた．2013 年，「サブオービタル機の安全規制・設計・運行に関するガイドライン（Guideline for the Safe Regulation, Design and Operation of Suborbital Vehicles）」が国際宇宙安全推進協会（IAASS, 2013）により発行されたが，日本の歴代政府はこれらに注目せず，20 年以上にわたり，JRS による先駆的研究の支援に関する協議をしてこなかった．

　一般市民が希望するサービスの開拓には予算の 1% さえも費やさない一方で，自分たちが好む高価な活動を繰り返すためには数兆円を費やすことを惜しまない宇宙研究機関の姿勢には，一般市民が好むサービスの開発なしには生き残れない民間企業の現実からはかけ離れた，独占事業に典型的な傾向が反映されている．

　2017 年の春に発行された内閣府の「宇宙産業ビジョン 2030 年」には，「宇宙旅行」という言葉は使われていた．これは，現在の政権の中で，宇宙活動について新しいパラダイムは考慮されているという意味であろう．政府では，国内雇用と若年層の活性化のために新産業として宇宙旅行に本当に取り組もうとしているのだろうか．そして他の先進国の「パラダイム・シフト」に倣おうとしているだろうか？

　また若者の希望を重視することは，景気回復につながるだろう．経済政策の責任者は，宇宙旅行の夢を単なる娯楽と考えているかもしれないが，それは大きな間違いである．経済発展の長い歴史には，新しい輸送システムは何回も重要な役割を果たしてきた．中心技術はロケット推進なので，宇宙旅行は航空産業と同じように，日本経済の再生を実現できる重要な手段なのである．

7.5 国内での促進刺激策

宇宙旅行サービスの実現を促進する公的投資は，以上に述べたように，経済政策面にとどまらないあらゆる面で，多大な利益をもたらす可能性がある．これらの利益獲得の効率的な実現に向けた経済政策の立案では，主に以下が指針とされるべきだろう．

7.5.1 「短期主義」の問題

1点目として，長期的な視点の経済政策が挙げられる．次の選挙までの政治的な期限が短い民主主義国家には，非常に短期間で大規模な経済活動を創出できる戦略が政府により好まれるという弱点がある．歴代政権が，数十年間にわたる成長が見込める主要新産業の創出に向けた戦略的投資より，公共建設事業を好んできたのはそのためである．こうした問題は，イノベーションを阻害し現状維持を擁護する既得権の影響力によりさらに悪化する．

したがって政府は，主要新産業の創出には最低数年間を要するのは避けられず，初期段階における適切かつ低水準の公的投資なしには新産業は創出されない，という認識に立つ必要がある．宇宙旅行産業の開拓当初は，年間で最低100億円の投資が必要とされるが，これは公共事業予算の1%にも満たない額のため，新規雇用策としての短期的な効果は，政治的にいえばごくわずかである．しかし新産業の誕生が実現すれば，公共事業をはるかに上回る長期的な効果を，そうしたわずかな投資で生み出せるのである．さらに若者にとっては，公共建設事業より宇宙旅行産業の方がはるかに魅力的であり，教育的価値の高い分野でもある．

歴代政権は，過去20年間にわたり，短期雇用の創出を目的とする100兆円もの公共建設事業投資を行ってきた一方で，宇宙旅行の新産業としての開拓には，一切の投資を拒否してきた．そうした極端な「短期主義」は，経済的には自滅行為である．経済復興を目標としているなら，こうした偏った公共支出から脱し，将来性のある新産業の開拓に，たとえ初期段階での雇用効果が低くても公的資金を活かす必要がある．

7.5.2 航空行政の重要性

2点目として，米国および英国で既に開始されているように，既存の「宇宙産業」ではなく，民間航空業界を主体とする政策の実現が取り組まれるべきである．民間航空業界の規制を担う各国の政府機関には，継続的な業績の向上や航空産業の1兆ドル規模への成長を確保し，1世紀近くにわたり成功を収めてきた実績がある．対照的に，世界で総計2兆ドルもの公的資金が投じられてきた各国の宇宙機関は，それに匹敵する民間宇宙産業の創出に物の見事に失敗してきた．

すでに述べたように，「宇宙の商業的活用を最大限に図る」ことが航空宇宙法で定められているにもかかわらず，こうした取り組みは，NASAだけでなく各国のほとんどの宇宙機関によっても行われてこなかった．特に，市場調査を通じて一般市民が宇宙産業に期待するサービスを開発するなどの，民間企業にとっては「常識」的な手順を踏んでいる宇宙機関が存在しない点は注目に値する．筆者およびその他の研究者（Collins et al., 1994; JAXA, 2014）により実施されてきた市場調査では，宇宙旅行サービスを利用したい一般市民がかなりの割合に及ぶことが明らかにされている．民間航空業界への適切な資金投入が行われていれば，遅くとも1960年代にはサブオービタル宇宙旅行サービスが実現していた可能性が高いことは，最初の宇宙ロケットA4やMe163有人ロケット航空機（戦闘機）からX-15有人宇宙航空機を頂点とするさまざまな有人ロケット試作機に至る航空宇宙技術の発展の歴史を見れば明らかであろう．

7.5.3 資金提供の必要性

3点目は，宇宙旅行サービスの発展に広範囲の専門に取り組む技術研究への資金提供の必要性である．各国の民間航空機関は，エンジン効率や航空機の空気力安定性の強化，飛行中の航空機着氷防止，より正確な気象予報，空港の建設や運営など，航空機産業のさまざまな側面を何十年にもわたり支援してきた．

英CAAは，同局最初の宇宙旅行関連事業として，宇宙港の開発に向けた計画づくりを既に開始している．本事業では，宇宙旅行産業の創出に向けたサポートが行われ，活用が十分ではない多数の地方空港におけるサブオービ

タル宇宙旅行の事業の創出という重要な副次効果の実現につながる見通しとなっている．実現すれば，宇宙旅行に出かける大都市の富裕層は，まず地方空港に行かなければならないため，地域経済の復興や成長に大きく貢献する可能性がある．また，空港への交通機関や周辺宿泊・外食施設，土産店など，さまざまな関連サービスへの追加的な需要も創出される．

日本の場合，年間数十億円，つまり，宇宙開発予算のわずか数％あれば，サブオービタル宇宙旅行を5年以内に開始できる見込みがある．こうした若者に人気の高い事業は，経済効果に加え，さまざまな間接的な効果をもたらすだろう．そうした効果を，政府予算の概算要求総額100兆円に比べれば文字通り取るに足らない金額で実現できるのである．イタリア・英国がFAAの先導に追従する一方，日本ではその実現を怠り続けている．

すでに半世紀以上が失われてきたことも忘れてはならない．この間に，馬車，帆船，運河，蒸気機関車，蒸気船，自動車，バス，航空機など，一般市民が望んできたあらゆる主要交通・輸送手段が発明され，世界的な発展を遂げてきた．そして，これらの発明により得られた巨額の収益により，終わりなきイノベーションが実現されてきたのである．しかし，ロケット工学の分野では，通常の技術発展が妨げられてきた．ロケットエンジンによる宇宙飛行が，先駆者らの計画通り1940年代に開始されていれば，最初の月面都市は，すでに建設されていたはずである．自然な技術発展を促せない体制こそ，経済成長が限られ，今日新産業不足が世界的に拡大している大きな原因なのである．技術先進国が，巨大な生産能力をフルに活かし，経済の活力を取り戻すためには，画期的な本技術が民間航空分野と同様に誕生当初から市場原理により推進されていた場合に到達していたであろう水準に追いつけるよう，十分な投資を行う必要がある．

7.5.4　リードタイムの長い研究の重要性

4点目は，リードタイムの長い研究開発事業への資金投入を開始する必要性である．多くの研究主題がこうした事業の対象となりうるが，中でも耐用年数が長い再使用型ロケットエンジンの開発や，航空機エンジンの整備に似た再使用型ロケットエンジンの保守・修理・分解整備が，重要分野として指定されるべきである．これらに続き重要となるのが，日本初の軌道用宇宙港

建設に向けた計画づくりである．わずかな投資での実現が可能なサブオービタルとは対照的に，軌道用宇宙港は，成田空港や羽田空港の重要性に匹敵する，大規模な国家インフラ事業となる．そのため，政府のその他の長期経済・地域開発計画との調整が必要とされる．

軌道用宇宙港の建設は，近年の首都機能の地方への移転と同様に，不況の影響が特に顕著な地域の発展の起爆剤となりうる．そうした議論は時期尚早との意見もあるかもしれないが，それは明らかに間違いである．そうした巨大施設が，国内・国際輸送，推進剤やエネルギー供給，関連産業が集まる拠点など，あらゆる経済・産業活動に幅広い影響を及ぼすのは明らかだからである．そうした戦略計画の策定が，道路や新幹線の路線同様，設計の数十年前から開始されるのは，決して珍しいことではない．すでに3つの先進国政府が，宇宙旅行産業支援を民間航空産業監督機関の所管とする方針を打ち出している事実は，問題が宇宙旅行・観光産業が実現するか否かではなく，いつ実現するかという点に移行していることを示唆している．数十年にわたる開始の遅れにもかかわらず，日本初の軌道用宇宙港が，アジア初の「ハブ宇宙港」となる可能性はまだ残されている．しかし，こうしている間にも時間は過ぎており，計画づくりがさらに遅れれば，イノベーションにより前向きなその他のアジア諸国に追い越される可能性は高い．それを避けるために，内閣府が早く指導しなければならないと認識する必要がある．

月軌道と月面の両方でのインフラの建設は，月旅行の実現になくてはならない（Collins, 2003; コリンズ, 2013）．月面ビジネスに対する規定類の策定が，すでにFAAにより開始されている（Klotz, 2015）ので，日本がロシアと米国の月軌道上基地の計画に参加すれば遅くはないだろう．それから，再使用型宇宙船の実現にも投資すれば，経済成長に貢献する上記の宇宙旅行シナリオを実現することができる．

7.5.5 政治家のリーダシップの必要性

5点目は政府のイノベーションについての問題である．宇宙旅行産業を実現するために，文部科学省，経済産業省および国土交通省の深い協力の必要がある．違う省庁の協力が難しいことはよく知られているので，政治家として各大臣の役割は極めて重要である．このような重要なイノベーションが成

功するために，政治家の上手なリーダーシップがなくてはならない．確かに宇宙旅行の展開の支援は，今までの宇宙政策とは違って「ニュー・スペース・パラダイム」である（コリンズ，2013）．しかし，内閣府がこの有望な可能性を理解し，文部科学省，経済産業省および国土交通省のやる気のある若い官僚が協力して事に当たれば，成功を収めることができるだろう．最初の目的として，他の国がまだはっきり狙っていないプロジェクトがよい．「1人50万円以下」でできるサブオービタル宇宙旅行サービスを設計すれば，国民特に若い世代は喜んで支持するに違いない．最初はもちろん，新しいサービスは高いが，一般化すると十分安くなる．これが実現したら，大勢の乗客が大きな売上げをもたらすだろう．また，来日している大勢の外国人の観光客も，このような最前線の人気サービスを買うので，宇宙旅行サービスはますます大規模なものに成長する．

7.6 まとめ

以上の研究分野に，世界で年間総計300億ドルに及ぶ宇宙機関の予算のわずか3%，つまり年間10億ドルが費やされれば，上記の宇宙旅行・宇宙観光のシナリオが，急速に実現に近づく．日本の場合，政府が迅速に対応できれば，本分野でアジアを先導できる可能性はまだ残されている．日本のハブ空港が国内ではなく仁川にある原因は，政府による先延ばしにあることは明らかである．そのため，本新産業の開拓で，その他のアジア諸国に日本が負ける可能性も残されているわけである．国民が誇りに思える活動を政府に望んでいる日本人が多数に上ることは，複数の国勢調査でも明らかにされてきた．宇宙旅行・宇宙観光産業の開拓でアジアを率いることは，特に若者世代のこうした希望を確実に満たすことだろう．本産業が21世紀を通して果たしうる戦略的役割を踏まえれば，政府が長年にわたる停滞を乗り越え，若い世代が熱狂するこのイノベーションを生み出すのを，興味深く見守っていきたい．

参考文献

コリンズ，パトリック（2013）『宇宙旅行学──新産業へのパラダイムシフト』東海大学出版会.
経団連（1998）「スペース・イン・ジャパン」経団連，宇宙開発利用推進会議.

Ashford, D.（2013）Space Exploration: All That Matters. Hodder & Staughton.
Autino, A.（2008）The Earth is Not Sick: She is Pregnant. *Arduino Sacco Editore*（in Italian）.
Bekey, I.（1998）Economically Viable Public Space Travel. Proceedings of 49th IAF Congress./Also at http://www.spacefuture.com/archive/economically_viable_public_space_travel.shtml
CAA.（2014）www.gov.uk/government/publications/commercial-spaceplane-certification-and-operations-uk-government-review
Collins, P. *et al.*（1994）Commercial Implications of Market Research on Space Tourism, *Journal of Space Technology and Science: Special Issue on Space Tourism*, part 2, Vol. 10, No. 2. Also at www.spacefuture.com/archive/commercial_implications_of_market_research_on_space_tourism.html
Collins, P. & Funatsu, Y.（1999）Collaboration with Aviation—The Key to Commercialisation of Space Activities. *IAF Congress paper No. IAA-99-IAA.1.3.03*. Also at www.spacefuture.com/archive/collaboration_with_aviation_the_key_to_commercialisation_of_space_activities.shtml
Collins, P.（2003）The Future of Lunar Tourism. *Invited Speech, International Lunar Conference, Hawaii*. Also at www.spacefuture.com/archive/the_future_of_lunar_tourism.shtml
Collins, P.（2015）Economic Policy-Makers Have Failed Young Generations by Not Developing the New Industry of Space Tourism. *Japan Economic Policy Association Annual Conference*.
FAA.（2015）www.faa.gov/about/office_org/headquarters_offices/ast/
IAASS.（2013）Guidelines for the safe regulation, design and operation of Suborbital Vehicles. *International Association for the Advancement of Space Safety*.
JAXA.（2014）www.club-tourism/co.jp/press/pdf/2014/0603.pdf
JRS.（1993）Journal of Space Technology and Science, Special Issue on Space Tourism. Vol 9, No 1. www.jstage.jst.go.jp/browse/jsts/9/1/_contents
JRS.（1994）Journal of Space Technology and Science, Special Issue on Space Tourism Part 2. Vol. 10, No. 2. www.jstage.jst.go.jp/browse/jsts/10/0/_contents
Klotz, I.（2015）Exclusive-The FAA: Regulating Business on the Moon. *Reuters*. February 3.
O'Neil, D.（1998）General Public Space Travel and Tourism. http://spacefuture.com/archive/general_public_space_travel_and_tourism.shtml
SRI. www.spacerenaissance.space

第 **8** 章

日本から宇宙に行けないのはなぜ
―― 法整備の現状と展望

　宇宙旅行のための機体が完成しても，それだけで宇宙旅行が可能となるわけではない．宇宙旅行は，搭乗する乗客自身やパイロットはもちろん，宇宙港周辺の住民の安全や環境の保護などに関するさまざまな法律上の条件を満たした後に，許可されるのである．宇宙旅行に関する法制度にはどのようなものがあり，どこでどのように定められるのかについて，紹介する．

8.1　国際法と国内法

　宇宙活動の多くは宇宙空間を舞台とするグローバルな活動であり，一国が統制できる範囲を超える．そのため，宇宙活動のルールは，国家の合意を基本とする国際法のレベルから考える必要がある（国際宇宙法）．宇宙活動に関する国際的な基本原則は，「宇宙条約」を中心とした宇宙関連条約に基づいている．この宇宙関連条約は，国連宇宙空間平和利用委員会（The Committee on the Peaceful Uses of Outer Space: COPUOS）が起草し，すべての国が加入することができる．宇宙関連条約で定められたグローバルな基本原則のもとで，国際宇宙基地などのように，特定事業に参加する国が話し合ってさらに具体的な条件について合意を基に定めていく．

　各国は自らの判断で宇宙関連条約や個別の合意文書に加入し，これらの国際宇宙法に基づく国際責任を果たすため，国内法（国内宇宙法）で具体的な方策を定めることになる．ただし，国内法を作成するかどうか，また，どのような方策を採用するかは各国の判断となる．

　新しい活動である宇宙旅行への宇宙法の適用は，いまだ不明確である．たとえば，火星に向けた宇宙旅行は宇宙活動として扱われて宇宙法の適用を受けるであろうが，数分間高度 100 km を超えるサブオービタル宇宙旅行を宇

宙活動として扱うかは，国家により判断が分かれるだろう．

ところで，宇宙旅行のために地上と宇宙空間を往復する際には，空域を通過することになる．その際，頻繁に往来する航空機の安全の確保が必須となる．宇宙条約第1条は宇宙活動の自由を定めている．しかしロケットの打上げは航空の安全に対する脅威ともなるため，空の交通ルールを定めている空法（国際法および国内法）にも配慮が必要となる．

8.2 国際宇宙法の歴史と現状

8.2.1 宇宙空間平和利用委員会の誕生

冷戦期には，スプートニク・ショックとそれに続くアポロ計画に象徴される国家の威信をかけた米ソ宇宙レースが展開された．宇宙活動の急速な展開に，ともすれば宇宙空間での戦争につながるのではないかとの国際社会の危機感が高まった．

そのような国際社会の問題意識を受けて，1959年にCOPUOSが設置された．宇宙活動に付随する課題に関する国際社会の調整やルールづくりの舞台の誕生である．COPUOSは設立当初は米国ニューヨークで開催されていたが，その後オーストリアのウィーンに拠点が移った．宇宙活動の広がりとともに，COPUOSの構成国は増加して70ヵ国を超え，途上国も多く参加している．COPUOSは本委員会および2つの小委員会（科学技術小委員会：STSC，法律小委員会：LSC）で構成されており，それぞれの委員会が毎年1回開催されている．

近年，COPUOS議長をJAXAの技術専門家堀川康が，STSC議長を向井千秋宇宙飛行士が務め，また，COPUOSの事務局である国連宇宙部で土井隆雄宇宙飛行士が宇宙応用課長として活躍するなど日本人の活躍が目立っている．国連宇宙部では研修生（インターン）も積極的に受け入れており，今後も日本人が宇宙活動に関する国際社会の調整の場である国連を舞台に活躍していくことを期待したい．

8.2.2 宇宙関連条約の概要

COPUOSの3つの委員会はそれぞれ毎年開催されており，LSCでは宇宙

活動に付随するさまざまな法的課題について各国を代表する政府関係者や学識有識者が話し合う，宇宙活動に関する国際ルールづくりの最前線である．

宇宙活動に関する基本事項を定める宇宙関連条約は，冷戦時代の米ソ宇宙競争の過熱に対する国際社会の対応として，1960年代から1970年代にかけてCOPUOSで作成されている．最初に作成された「宇宙条約」（以下，「OST」．正式名称は，「月その他の天体を含む宇宙空間の探査及び利用における国家活動を律する原則に関する条約」）は基本事項を定めており，その下で「宇宙救助返還協定」（「宇宙飛行士の救助及び送還並びに宇宙空間に打ち上げられた物体の返還に関する協定」），「宇宙損害責任条約」（「宇宙物体により引き起こされる損害についての国際的責任に関する条約」），「宇宙物体登録条約」（「宇宙空間に打ち上げられた物体の登録に関する条約」）の3つの条約が細目を定めている．なお，「月協定」（「月その他の天体における国家活動を律する協定」）は，発効はしているものの，宇宙活動国の大半が批准しておらず，一般に実効性がないものとみられている．

8.2.3 ソフトローの意義と種類

宇宙関連条約は，冷戦下の米ソの急速な宇宙活動の展開を危惧した国際社会の対応として，COPUOSが作成したものである．作成から半世紀が経過し，現在の宇宙活動の状況と乖離している部分も見られる．たとえば，宇宙関連条約では，宇宙活動は主として国家が行うことを想定している．非政府主体による宇宙活動についても許容されているが，国家が直接的に国際社会に対して責任を有するものとされ，国家に対し非政府主体の宇宙活動に対する継続的な監督と許可を行う義務を定めている（OST第6条）．近年，民間主体による多様な宇宙活動が増加しており，たとえばシカゴ条約に基づく国際民間航空機関（ICAO）体制のように，民間の活動を対象とした国際条約の検討も求められる．

しかし，COPUOSは1962年以降コンセンサス（全会一致）方式を採用しており，1ヵ国でも反対を表明すれば合意を形成することができない．特に近年は途上国の加盟も増え，参加国が増加・多様化しているため，宇宙関連条約の改正や新たな国際宇宙法の起草は困難な状況となっている．そこで近年では，国連総会決議などの形式で，法的拘束力を伴わないものの，紳士協

▶宇宙条約を基本とする「宇宙関連条約」は米ソ宇宙競争を背景に国連宇宙空間平和利用委員会（COPUOS）が作成
▶月協定は発効しているが締約国が少なく有効性が疑問視されている
▶COPUOSはコンセンサス方式を採用したため，近年の参加国の増加・多様化のために新規条約の創出は困難
▶COPUOSは近年，法的拘束力はないが国家に一定の行動を促す効果のある「ソフトロー」（国連原則宣言等）を多数創出

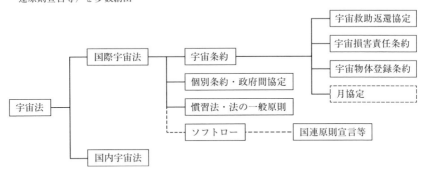

図 8.1 宇宙法の全体像

定やガイドラインのように，国際社会の共通認識を示して国家に特定の行動を促し，一定の事実上の効力を有する「ソフトロー」がCOPUOSで複数起草されている．

たとえば，1996年に国連総会決議として採択された「スペース・ベネフィット宣言」は，宇宙条約前文や第1条で謳われている「全人類の利益のための宇宙の探査・利用」と「すべての国の権利として宇宙の探査・利用の自由」という2つの異なる概念について，バランスをとりながら実現するための指針を提示している．宇宙活動の自由はすべての国の権利とはいえ，実行できるのは一定の技術を保有する先進国に事実上限定される．そして先進国は，多大な予算を投下して宇宙活動を推進しているため，国民への還元責任がある．そのため，先進国の先行者利益と途上国の将来利益のバランスが課題となるのである．

スペース・ベネフィット宣言においては，宇宙活動の協力の精神はあくまで衡平かつ相互に容認可能であることが原則であること（equitable and mutually acceptable basis）を示している．そのうえで，開発途上国の必要への配慮として，相互に受入れ可能な範囲での専門知識や技術の交換等を例示している．これは，月協定が何ら具体的な貢献をしていない加盟国でも平等

の立場で天然資源などの成果の分配を受けられることを原則としたことと大きく異なっている．この原則の相違が，月協定が多くの国から支持を得られず加盟が少ない要因であろう．

8.3 宇宙旅行と国際宇宙法

8.3.1 宇宙の定義の不在

　地球をどのぐらい離れれば宇宙に旅したといえるのだろうか．宇宙旅行のように宇宙空間と空域の両方に広がる活動に対して，宇宙法と空法をどのように適用すべきか．宇宙空間の法的な定義は，COPUOSで未だに解決されていない難題である．

　一般に，宇宙空間の物理的な定義として，大気の科学的な組成などから地球の重力の影響が相当程度低いことが確認できる高度 100 km 以上を用いることが多い．しかし，宇宙空間の法的な定義には，物理的な現象に加え，各国の政治的な意図も影響する．物理的な特性に基づき高度 100 km 以上を宇宙空間として定義づけ，宇宙活動が行われる場所に応じて宇宙法と空法の適用を整理する国もある（「空間説」）．しかし，宇宙活動国の多くは，法律の適用関係は宇宙活動が行われる物理的な場所ではなく，その活動自体の目的や機能で判断されるべきと主張している（「機能説」）．そのため，未だに宇宙空間の定義について国際的な合意は実現していないのである．

　機能説が支持される背景として，宇宙活動への制約に対する懸念が考えられる．宇宙条約第1条は，宇宙活動の自由を謳っている．しかし，たとえば 100 km で空域と宇宙空間の境界を設定すると，宇宙物体が 100 km 未満の高度で他国上空を通過する際，当該国から干渉を受ける恐れがある．たとえばスペースシャトルのような有翼宇宙往還機を例に考えてみよう．スペースシャトルは垂直に打ち上げられるが，地球への帰還時は，飛行機のように水平な状態で滑空しながら高度を下げて着地点付近まで飛行し，最後にパラシュートを広げて減速し着陸する．仮に，類似の宇宙往還機を日本が運用して日本国内に着陸させる場合，物理的には日本の西側上空，具体的には朝鮮半島付近などユーラシア大陸の北東沿岸上空を 100 km 未満で飛行することになる．もし上空 100 km 未満の高度では宇宙条約第1条に定められている宇

宙活動の自由が保障されないとすれば，このような活動の自由度は狭まるだろう．

宇宙空間の定義に関する国際的な合意が存在しないため，サブオービタル宇宙旅行のように100 kmを超えるが軌道周回未満の宇宙活動の宇宙法上の扱いは，国によりばらつきがある．ちなみに，多くの宇宙飛行士が加盟しているASE（宇宙探検家協会）に入会するためには「1回以上の軌道周回経験」が必要となっている．

わが国で2016年に制定された「人工衛星等の打上げ及び人工衛星の管理に関する法律」（以下，「宇宙活動法」）は，その適用対象について，登録条約における登録対象の定義に準拠し「軌道周回またはそれ以遠の宇宙活動」としている．宇宙活動法が有人宇宙活動にも適用されるかは不明確であるが，少なくともサブオービタルの宇宙活動であれば，宇宙活動法の適用対象外となる．法的流動性の高い米国では，サブオービタル宇宙旅行を直接の対象とし，周囲の安全を確保しつつ促進するための国内法を独自に制定している．

8.3.2 「宇宙旅行者」と「宇宙飛行士」

宇宙条約第5条は宇宙飛行士を「人類の使節」と位置付け，救助返還協定は不時着時には母国への安全な送還のためにすべての可能な措置と援助を求めるなど，特別な対応を求めている．ここでの宇宙飛行士の定義は明確でなく，救助返還協定でも「宇宙船の乗員」と記述されているのみである．そのため文言上は，サブオービタルを含む宇宙旅行者もこの宇宙飛行士に該当する可能性がある．いかなる事故においても万一の事故の際に関係者が人命救助に最善を尽くすことが必要である．しかし，1960年代の宇宙関連条約作成時の宇宙活動は，米ソをはじめとした国家事業が大半であったが，近年は民間事業者が企画遂行するサブオービタル宇宙旅行に多くの市民が参加する時代を迎えている．そのため万一の事故の際には，国家が直接保護活動を行うよりも，海外旅行のように事業者による対応が中心となるのではないか．すなわち宇宙旅行者は宇宙条約上の宇宙飛行士とは異なる位置付けとなっていく可能性があるだろう．米国商業宇宙法では近年，有人機の搭乗者を，「乗員（crew）」，「国家の宇宙飛行士（government astronauts）」，「宇宙飛行参加者（space flight participants）」の3種類に定義し直している．

> **―― コラム　宇宙旅行にパスポートは必要？ ――**
>
> 　宇宙は「国外」ではあるが「外国」ではない．たとえば関税法第2条は，「輸出」の定義として，内国貨物を「外国」に向けて送り出すこととしている．そのため，宇宙への物の輸送は，日本の法律上「輸出」に当たらないのである．旅券（パスポート）は，外国へ渡航する者の国籍や身分を証明し，相手国に対して便宜や保護を依頼する公文書である．そのため，宇宙旅行が日本の一地点と宇宙を単純往復するだけであれば，外国に行くわけではないので，パスポートは不要となろう．しかし，外国に着陸する場合は外国への渡航に該当するため，事前にパスポートを持っていく必要があるだろう．

8.3.3　国内法の適用関係（管轄権）

　条約などの国際法は，国家が話し合って共通の国際ルールを定めるものである．一方で，各国の主権に深く関わる事項や国家間で主張が対立する場合は，共通のルールを定めることが困難なので，各国の国内法適用の優先関係（管轄権の整理）について合意することがしばしば行われる．

　宇宙物体に対する管轄権の基本原則として，宇宙条約第8条は，宇宙物体およびその乗員への管轄権は，当該物体を登録した国が有する旨を定めている．すなわち，登録という作業をもって，当該宇宙物体・乗員への管轄権を他の国に対して正当に主張することができるのである．法の執行（特に刑法）は，国家権力と深く関わるため，一般に領域国の法律が優先的に適用され，同様の考えに立ったものである（属地主義）．

　しかし，宇宙基地協力協定では，宇宙基地の上で起きた刑事事件について，加害者の国籍国の法が優先的に適用されることを関係国間で合意している．西側諸国のみで構成した当初（1988年）のIGAでは，各参加国が提供・登録し宇宙条約第8条により管轄権を有するセグメント（要素）を基準として刑法の適用関係を定めていた（属地主義）．しかし，冷戦後にロシアが参加して新たに1998年に締結し直した宇宙基地協定では，宇宙飛行士（被疑者）の国籍を基にした基準（国籍主義）に変更した．これは，各国の管轄権が錯綜する単一空間で活動する乗員に対して，国籍を基準に法を適用する合理的な解決策である．同時に，自国の栄誉ある宇宙飛行士が未知の法律により裁かれることに対する懸念の表れであり，冷戦終焉後まもない東西陣営の溝の

8.3.4　事業免許

　宇宙条約第 6 条は締約国に対し，非政府主体の宇宙活動に対して政府が国際責任を負うこと，政府はこのような非政府主体の宇宙活動に対して許可および継続的監督を行う義務があることを定めている．宇宙活動国では，この国家責任を果たすため，国内法において民間宇宙活動に対する許可制度を定めることが通例である．その許可条件として，宇宙条約第 7 条による第三者への無過失損害賠償責任に対応するための保険や，宇宙条約第 8 条による宇宙物体の登録および国連事務総長への通報に対応した情報提供の義務を課すことが多い．さらに近年では，スペースデブリ対策を義務付ける例も増えている．

8.3.5　天体の土地の所有

　宇宙条約第 2 条は，「月その他の天体を含む宇宙空間は，主権の主張，使用若しくは占拠又はその他のいかなる手段によっても国家による取得（national appropriation）の対象とはならない」旨規定する．宇宙条約における土地所有禁止の対象として国家のみが規定され，非政府団体や自然人を明示していないことを逆手にとって，月などの天体の土地を販売する業者が存在する．国際宇宙法学会（International Institute of Space Law: IISL）が声明文を出しているように，国家が所有できない土地等についてその管轄下にある個人による所有を正当化できる法的根拠は存在しない．しかしながら，事業者にお金を払って月の土地を購入した市民は少なからず存在しており，将来，月基地の建設が本格化した際に何らかの紛争が生じることも懸念される．このような国際法に違反する民間宇宙活動を黙認していること自体が，宇宙条約第 6 条の非政府団体への許可および継続的監督義務に反するとの批判も多い．

　宇宙基地での経験を活かして，いよいよ月や火星に基地を建設するための国際的な話し合いが行われている．将来宇宙旅行が本格化すれば，民間企業が月や火星にホテルを建設することもあるだろう．天体への基地やホテルなどの建造物の建築は宇宙条約上禁止されていないが，実際の建設においては，

紛争を防ぐための国際的なルールが必要となるだろう．

8.3.6　宇宙資源の取得

　不動産としての天体そのものおよびその一部の領有は禁止されているが，動産である天然資源への所有は宇宙条約上否定されていない．宇宙条約第1条は科学探査の自由を規定しており，その範囲で月の資源等を持ち帰って科学的研究を行うことは許容される．アポロ時代に持ち帰った月の石を見たことがある人も多いだろう．

　しかし近年，宇宙資源の商業目的での獲得・活用を目指した活動が活発化しており，プラネタリー・リソーシズ（Planetary Resources）社をはじめ，宇宙資源の獲得をターゲットとしたベンチャーが米国を中心に世界中で次々と立ち上がっている．レアメタルに加えて，ロケットのエネルギー源として宇宙空間で活用できる水資源をめぐって，今後激しい争奪戦が予想される．

　宇宙資源ベンチャーの誕生を契機に，米国は宇宙資源の獲得と販売等を目論む米国市民の宇宙資源に対する所有権を保護しビジネスを促進する法律を早くも2015年に制定し，新たな宇宙ベンチャーを歓迎して積極的に保護育成する姿勢を明らかにしている．宇宙ベンチャーの誘致に積極的なルクセンブルクもそれに続いている．

　国際宇宙法学会（IISL）は，米国の立法直後に声明を出し，「宇宙条約は宇宙資源の獲得を禁止していないことから，宇宙資源の利用は許容される」との見解を示すとともに，国際的なルール策定の必要性を訴えている．宇宙資源の獲得利用は，多大な資金投入を行って事業を行う国・事業者にとって重要なインセンティブとなるので，肯定的に捉えたうえで，乱開発を防ぐ一定の国際ルールを定めることが望ましい．本件に関心を有する有志（各国の有識者や産業界関係者）が「ハーグ宇宙資源ガバナンスワーキンググループ」を構成し，課題の整理・検討や普及啓発を行っている．

8.3.7　地球環境の保全

　米ソの宇宙競争・アポロ時代を背景に作成された宇宙条約においては，月をはじめ宇宙空間から持ち込まれた物質による汚染から地球の環境を守る必要性について規定されている（宇宙条約第9条）．このための具体的な方法

に関する国際約束は定められていないが，実務上は，国際的な宇宙科学分野の学術団体「国際宇宙空間研究委員会（COSPAR）」が定めたガイドラインに準拠した対応がとられている．COSPARは天体をその含有物に基づく危険度でいくつかのカテゴリーに分類し，それぞれの天体から持ち帰った物質に対する対応手順（ガイドライン）を定めている．

現時点では，宇宙活動は主として宇宙機関などの専門家による活動であるため，学術団体であるCOSPARのガイドラインは実務上有効に機能している．しかし，一般市民による宇宙旅行や，宇宙資源の獲得そのものを事業とする民間事業者も現れているため，近い将来何らかのより一般的な国際ルールとして改めて定める必要があるだろう．

8.4 スペースデブリの問題

8.4.1 スペースデブリの状況と対応

宇宙環境の汚染，いわゆる宇宙ごみ（space debris：スペースデブリ）の問題が近年深刻さを増している．スペースデブリは使用済みの宇宙物体やその部品等，活動していない宇宙物体の総称である．高速で周回しているため，小さな破片の衝突でも人工衛星に致命的なダメージとなり，宇宙旅行においても脅威となる（図8.2）．

中国が自国の軍事力誇示を目的に2007年に断行した衛星破壊実験を契機にスペースデブリが爆発的に増加したが，COPUOSはコンセンサス方式であるため，意図的な衛星破壊の禁止すら合意できない．しかし，スペースデブリ問題の深刻さに鑑み，(1) 状況監視，(2) さらなる発生の防止，(3) 除去，の3段階で国際社会の対応が進められている．

8.4.2 スペースデブリの状況監視

スペースデブリの数，大きさ，軌道情報などの状況把握により，衝突を予測し打上げ延期や運用中の衛星の軌道・姿勢変更などの回避措置が可能となる．スペースデブリに関する情報は，軍当局が国防目的で収集・管理していることが多い（宇宙状況監視：Space Situation Awareness: SSA）．たとえば世界随一のSSA情報網を誇る米国戦略軍（USSTRATCOM）の宇宙監視

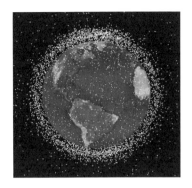

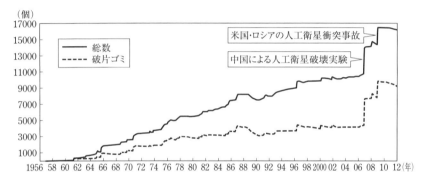

図 8.2 スペースデブリの増加状況
（上）提供 NASA（https://orbitaldebris.jsc.nasa.gov/photo-gallery.html）．
（下）NASA デブリプログラムオフィスの資料をもとに外務省が作成
（http://www.mofa.go.jp/mofaj/press/pr/wakaru/topics/vol85/）．

網（Space Surveillance Network）では，防空のため 10 cm 以上のスペースデブリに識別番号を付して常時動きを監視している．SSA は国家安全保障と密接に関わるため，その情報を国際的に共有できるかが課題となる．国家安全保障システムが宇宙インフラに大きく依存している米国は，スペースデブリ問題に危機感を持ち，SSA によりスペースデブリの衝突可能性を感知した場合，衛星運用者に自発的に通報を行っている．

8.4.3 スペースデブリの発生防止

宇宙関連条約上，スペースデブリの発生を禁止する明確な規定は存在しない．宇宙条約第 9 条は宇宙環境の汚染防止を定めるが，「汚染（contamination)」は化学的汚染を意味する用語であることから，スペースデブリは含まれないとの解釈がある．また，コスト増を危惧する産業界の反対も大きく，スペースデブリ対策を義務化する国際コンセンサス形成には困難が伴う．そのため，内部規則（自主規制）として，NASAがスペースデブリ発生防止基準を世界に先駆けて1995年に制定し，翌年にはNASDA（JAXAの前身）が策定．現在では主要な宇宙機関が策定している．

宇宙機関が規制すれば納入企業に対策を義務付けることができる．しかし，宇宙機関の規制レベルに差があれば，産業界の国際競争力に影響する．そのため，主要な宇宙機関が集まってそれぞれのスペースデブリ対策について情報を共有・共通化するIADC（Inter-Agency Space Debris Coordination Committee）が形成され，2002年にIADCとしてのスペースデブリ発生防止標準を策定するに至った．

しかし近年，宇宙機関以外の民間宇宙活動が増加しているため，COPUOSでの議論を経て，国連スペースデブリ・低減ガイドラインが2007年に国連総会決議（ソフトロー）として策定された．国連のガイドラインでは，対策の詳細および最新情報はIADCの最新ガイドラインを参照しており，技術の進歩や状況変化に対応できる柔軟な内容となっている．

8.4.4 スペースデブリの除去

究極的なスペースデブリ対策は除去であり，各国宇宙機関・民間事業者がその実現に向けてしのぎを削っている．しかし，除去技術が実現しても，その実施にはさまざまな法的課題が存在する．

スペースデブリを除去する際，誰の許可が必要だろうか．宇宙条約第8条は，宇宙物体登録国の管轄権とともに，宇宙空間での所有権不変を定める．そのため，除去に先立ち登録国および所有者本人の承諾が必要となるが，所有者の識別には困難が伴うだろう．また，宇宙技術は軍事技術に転用される恐れもあるため，スペースデブリに含まれる技術情報の管理も課題となるだろう．さらに，除去にかかる多大なコストを誰が負担するかという点が課題となる．宇宙関連条約ではスペースデブリの禁止が明確に定められていないため，スペースデブリ排出国に除去費用を請求する法的根拠はない．

2009年に運用終了後のロシアの軍事衛星と米国の運用中の民間通信衛星

が衝突し，多くのスペースデブリが発生した．衝突前に民間事業者側は衝突可能性を認識していたが，衛星寿命の縮減等を懸念して回避措置を取らなかった．この場合，回避できたのに怠った民間事業者（および宇宙条約第6条により当該民間事業者に許可および継続的な監督を負うべき国）と，スペースデブリを排出した国のいずれに非があり，除去費用を負担すべきだろうか．スペースデブリに関する責任や費用負担が不明確なまま，スペースデブリは増え続け，宇宙活動全体の脅威となっている．

8.5 国内宇宙法

宇宙条約第6条は非政府団体の宇宙活動に対する国家の許可および継続的責任を定めており，主要な宇宙活動国は民間事業者への許可制度を含む国内宇宙法を制定している．日本の宇宙活動は戦後まもなく開始されたが，宇宙活動の実施主体は政府自身またはJAXA（NASDA）等政府の直接的な監督下にある団体が担っているとの認識の下，長く国内法は定められなかった．組織法としては，宇宙航空研究開発機構（JAXA）法（およびその前身である宇宙開発事業団（NASDA）法）が存在し，その下でJAXAの自主打上げに加えてJAXAの射場を用いる民間事業者の打上げへの間接的な監督が行われていた．

2008年に，宇宙の開発利用の目的を従来の研究開発から広げて，外交・安全保障や産業振興などの新しい目的を明確化した基本的事項を定めた宇宙基本法が制定された．宇宙基本法は，民間宇宙活動に関する国際約束に対応するための法制度を2年以内に整備するものとしていたが，有識者を含む政府部内での検討を経て，ようやく2016年に「人工衛星等の打上げ及び人工衛星の管理に関する法律」（以下「宇宙活動法」と呼称）が制定された．

宇宙活動法は，ロケットによる人工衛星の打上げや人工衛星の運用管理など法の対象となる行為について，内閣総理大臣による事前の許可を条件としている．本法は非政府団体の活動を対象としており，民間事業者はもちろん，政府とは別の法人格を有するJAXAや，大学などが広く対象となる．

宇宙活動法による許可が必要となる「人工衛星」は，「地球を回る軌道若しくはその外に投入し，又は地球以外の天体上に配置して使用する人工の物

---- コラム　宇宙旅行産業を先導する戦略的な法政策（米国の例）----

　米国は，2004 年のアンサリ X プライズでのスペースシップワンによる有人サブオービタル飛行成功を契機とした宇宙旅行産業の急速な発展を背景に，商業宇宙法（Commercial Space Act）を抜本的に改正した．政府が安全性を完全に保証できない段階でも，搭乗者に対する安全性等の十分な説明を事業者に義務付ける「インフォームド・コンセント方式」による事業許可を導入し，技術的に発展途上の段階でも市場ニーズの高い宇宙旅行事業を可能とした．この戦略的な法政策により，宇宙港などの関連産業が急速に発展している．同法では技術の発展に対応して安全基準を制定することとしており，技術的発展が未だ不十分であるとの認識から，安全基準の制定は 2023 年とされている．

　サブオービタル宇宙旅行用の機体は，小型飛行機類似の機体が多い．また，空港での離発着となる場合が多く，米国では，サブオービタル宇宙旅行事業の許認可は，連邦航空局（Federal Aviation Administration: FAA）が管轄している．

　日本の宇宙活動法ではサブオービタル宇宙旅行は許可の対象外とされ，宇宙旅行事業の許可をどの省庁が行うのかも不明確である．日本でも先導的な法政策の発展に期待したい．

体」であり，「人工衛星等」は「人工衛星及びその打上げ用ロケット」と定義されている．そのため，サブオービタルの宇宙旅行およびそのための宇宙港の運用は，本法の許可の対象外である．また，有人宇宙活動の扱いも明確でなく，有人宇宙活動の許可には追加的な立法が必要となる可能性がある．なお，人工衛星の運用事業への国の監督は，従来は周波数管理（電波干渉の防止）等の観点が中心であったが，宇宙活動法により衛星管理事業者に対する許可制度が導入された．また，宇宙活動法が許可条件にスペースデブリへの対策を明記したことは，注目に値する．

　日本では従来，ロケットの打上げは，航空法第 99 条の 2 により，国土交通大臣が「航空機の飛行に影響を及ぼすおそれがないものであると認め，又は公益上必要やむを得ず，かつ，一時的なものである」と認めて許可をした場合を除き禁止されている．また他省庁の管轄の下で火薬取締法などのさま

ざまな法律による規制が存在する．宇宙活動法施行後もこれらの規制は維持されている．宇宙ビジネスの振興のためにはワンストップ化などの手続面の工夫が望ましいだろう．

8.6 航空法レジームの概要から考察する宇宙旅行の具体的制度

8.6.1 航空機製造に関する法と宇宙旅行

　サブオービタル宇宙旅行用の機体は小型の航空機に似た形状であることが多いため，その製造において航空法による事業許可の対象となるかも論点となる．航空法第2条は航空機の定義として「人が乗って航空の用に供することができる航空機，滑空機，飛行船その他政令で定める航空の用に供することができる機器」としている．航空法上の航空機として位置づけられる場合は，政府の耐空証明を受けないと飛行を行うことはできず（航空法10条，11条），事業許可を得るためには相当の期間が必要となろう．日本では宇宙旅行用機体の製造に関する航空法上の取り扱いが不明確であるため，米国の宇宙旅行用機体の取り扱いについて，航空機製造に関する航空法の概要も含めて紹介する．

　宇宙旅行を実現する宇宙旅行機製造に関し，航空機製造に関わる認証制度を概観し，現状の宇宙旅行機製造に関する制度と比較することでその成熟度や今後の方向性について考える．

　たとえば，航空機製造の領域において，大別して国による認証制度と業界団体による認証制度とが存在する．航空機製造のバリューチェーンの設計・試験，製造，納入の各々の段階において認証が必要になる．

　主な国による認証制度として，設計・製造が同一の航空機の型式について安全性を証明する型式証明（Type Certificate および Production Certificate）に加えて，個別の航空機について安全性を証明する耐空証明（Airworthiness Certificate）がある（図8.3）．型式証明のうち，Type Certificate は設計段階で理論・数値上の安全確認のために，Production Certificate は，航空機が承認された設計どおりに製造されうることを確認するために行われている．Airworthiness Certificate は，設計ならびに製造の安全性が確保された状態で製造された航空機が最終的に安全に飛行できるか確認するために

198　第 8 章　日本から宇宙に行けないのはなぜ

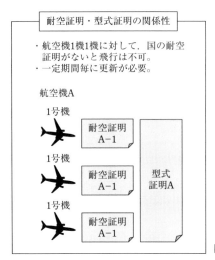

図 8.3　耐空証明・型式証明の関係性

行われている．

　他方，業界団体の認証では，航空宇宙・防衛産業における顧客および規制要求事項を一貫して満たす製品・サービスを提供するためのマネジメントシステムについての認証制度として IAQG9100 が，また，航空宇宙・防衛産業における特殊工程についての認証制度として NADCAP がある．いずれも航空機生産における設計・試験・製造の各段階それぞれで安全と品質の担保を図るための制度である（図 8.4）．

　また，航空機の運航を支えるシステムとして，エアライン・機体メーカー・装備品サプライヤー間の協業に関わる企業間協業のための標準ワークフローはすべて，ATA（Air Transportation Association of America）発行のATASpec および保守・整備事業関連の刊行物の中で詳細に定義をされている．

　国による認証制度は，各国でそれぞれ定められているものの，米国・欧州における認証制度がその他の国々においても標準として受容されている．米国における認証制度とは，連邦法 Federal Aviation Regulations Title 14 Chapter I, Subchapter C-Aircraft，いわゆる 14CFR（14 Codes of Federal Regulations）であり，欧州では EU 規則 No748/2012 に準拠する形で法体系が形成されている．この 2 つの体系が世界の主な制度といえるが，各国は，

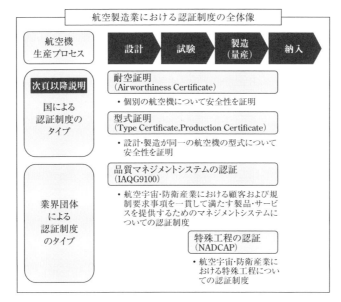

図 8.4　航空製造業における認証制度の全体像

米国あるいは欧州の認証水準を維持している限りにおいて，相手国の審査結果を相互に認める枠組みが存在する．なぜなら航空機の調達では，ほぼ米国・欧州からの輸出入を，航空機の運用では全世界規模になることが認証にかかわる法体系の設計当初から前提とされていたからである．このため，耐空性については相互協定が，耐空性に関わる検査業務重複を避けるために行われている．いわゆるBAA（Bilateral Airworthiness Agreement：耐空性相互認協定）である．さらに，1996年から米国を中心に，保守・整備までも相互承認の対象とすべく航空の安全に関する相互承認協定（BASA: Bilateral Aviation Safety Agreement）が締結される動きがみられるようになってきた．こうした取り決めの拡大によって，米国・欧州の認証制度やその水準がグローバルで標準化してきている．これは，わが国における航空法も同様であり，実施するための規則として国土交通省において航空法施行規則が整備されているが，米国・欧州の認証制度を参照し形成されている．

加えて，米国・欧州の認証制度を相互に参照し，平仄(ひょうそく)を合わせる（整合をとる）ための取り組みがある．米国連邦航空局（FAA）はARAC（Aviation Rulemaking Advisory Committee）の下にワーキンググループを設置し，EASA（欧州航空安全庁）の基準を共通化するための取り組みを行っている．

しかしながら，依然，対米国のBASAにおいては，日本を含め，各国とも相互承認項目が限定的であり，多くの項目においては，米国承認項目のみが締結国にて受容されるという片務的な内容になっていることが散見される．いずれにしても，上述のような取り組みによって，航空分野においては設計，製造，運航，保守・整備などバリューチェーンごとに詳細に細かく要件が定義され，広く認証制度の標準化と遵守体制の確立が進んでいる．

8.6.2　商業宇宙輸送機規制の概要と考察

翻って宇宙旅行分野での安全基準の確立はどのように整備されているのだろうか．特に宇宙旅行に用いられる宇宙旅行機について，上述航空分野航空機製造関連規定と比較して議論をする．

商業宇宙輸送，いわゆる宇宙旅行に関する米国の法律は，「連邦法 Title 14 Chapter III, Subchapter C-Licensing」（14CFR）がそれに該当する．11のパートと独立した免許・許可・認証の3種類の承認から構成されている．この体系の中には，宇宙旅行に付随する宇宙輸送に関わる製品・システム・人に対する安全認証や宇宙旅行時の再利用ロケットの打ち上げや再突入に関わる免許の他，打上げ場の運営免許や宇宙輸送に関する実験許可などが包括的に規制されている（図8.5）．

これら14CFRを中心とする既存の商業宇宙輸送規制体系のうち，特に商業宇宙旅行に常時用いることを想定した宇宙旅行機の製造・運用を想定する体系として，具体的には，「ロケット打上げに係る免許制度」（Part 413/415/417），「有人宇宙旅行に関するシステム関連要求事項」（Part 460）および「宇宙輸送に係る製品・システム・人に対する安全承認」（Part 414）の3つが深く関係している．

打上げ免許に関しては，再突入を想定している場合と想定していない場合とに大別され，前者は打上げ免許，後者は「再突入ロケットによる打上げ及び再突入に係る免許」（Launch & Re-entry Licensee for Reusable Launch Vehicle）として区別されている．また，後者に関して，特定の再利用ロケットの1モデルを認証された地点から打ち上げる場合のミッションスペシフ

8.6 航空法レジームの概要から考察する宇宙旅行の具体的制度　201

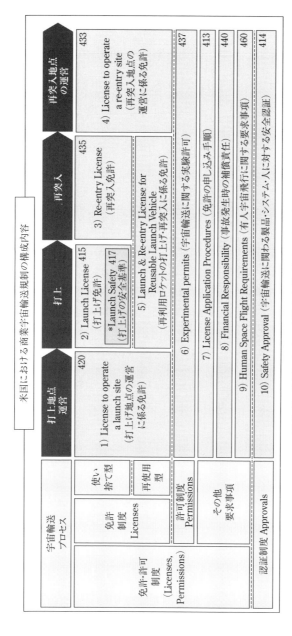

図 8.5　米国における商業宇宙輸送規制の構成内容

ィックというライセンスタイプと，特定の同じシリーズ（designated family）の再利用ロケットを許可されたパラメータで打ち上げる場合のオペレーターというライセンスタイプに分けられる．ちなみに，「モデル」と「シリーズ」の区別は，たとえば，H2A と H2B はそれぞれ別の 1 モデルであるが，H2 シリーズとして同じシリーズとの区別である．概念・基本設計を同一のものとしている場合はモデルと解釈され，ブースターが追加されたのみの機材などは同じシリーズに位置づけされる．宇宙旅行は，往還を前提とした打ち上げなので，オペレーターライセンスが準拠すべき規定である．このライセンスは，政策の承認（米国政策との矛盾の有無），安全の承認（ミッション遂行体制），ペイロードの決定（ペイロードと国策・安全確保の矛盾の有無），有人宇宙旅行の承認（Part 460 との矛盾の有無），環境影響評価から構成されている．

　有人宇宙旅行に関するシステム関連要求事項である Part 460 においても，基本的には，乗組員／乗客の資格・トレーニング，乗組員／乗客へのリスクの説明，乗組員／乗客による米国政府への賠償請求放棄等が主体であるものの，有人宇宙機が備えるべきシステムに関する要求事項に関する規定が存在する．具体的には，11〜17 項がそれに該当する．乗組員が意識を保ち，生命を維持できる環境システムを構築できているかどうかを規定する生命維持環境システム関連項目．煙探知・火災対策を要求する項目．ミッション計画やディスプレイ・制御装置の設計・配置などヒューマンファクターを考慮した予防策具備を要求する項目．宇宙飛行環境におけるハード・ソフトの性能検証実施を要求する項目などが存在する．

　「宇宙輸送に係る製品・システム・人に対する安全承認体系」である Part 414 においても，宇宙旅行機，システム設計者／開発者／製造者／運用者に対して安全承認を実施しており，上述ライセンスとは独立して発行されている．この認証は取得後 5 年間有効とされている．認証取得においては，製品の安全基準への適合報告書，製品の動作限界，設計データ，製造プロセス，試験・評価手順，試験結果，保守手順，操縦者に対するトレーニング手順などに関する書類提出を求めている．しかしながら，上述ライセンス項目と比べて，具体的な基準の内容は 14CFR 内に明記されておらず，認証手続きや方法についてのみ規定している．

以上のように，米国の現在整備されている商業宇宙旅行機製造に関する規定を航空機製造の場合と同様に，商業宇宙旅行機製造において，同じ型式のロケットを継続して打ち上げ，安全に乗組員（乗員・乗客）を地上と宇宙を往還する場合を想定した制度（免許と認証）は既に存在する．他方，大きく2点の相違点を観察できる．まず1点目は，商業宇宙旅行機製造の場合，航空機製造のような設計・試験・製造・運用と，航空運輸に関する上流から下流までの産業バリューチェーンを中心とした体系ではなく，打ち上げ～再突入とあくまで宇宙への往復オペレーションを中心とした体系になっていることである．2点目は，同じ商業宇宙旅行機を「量産」するための品質マネジメントや工程マネジメントのための仕組みが航空と比して欠けていることである．宇宙旅行の場合，確かに宇宙旅行機設計上，あるいは運用上のしくみ（システム）を担保するための制度が整備されている．しかし，同じ設計の宇宙旅行機をいくつも量産した場合に生じうる品質管理上の外乱や誤差をどのように一定以上許容し，システムとして公差の範囲内に収めればよいのか（いわゆる「ロバスト性」），というガイドラインが依然整備されてはいない．これらの相違を生んでいる背景として，航空機と比較して製造台数や打ち上げ件数も少ないため，ミッション単位など個別認証の要素が依然強いことが原因と推察される．今後はこれらの規定が，航空においてはATAなど業界団体が中心となって詳細を詰められていったように，宇宙においても安全認証を中心にさらに具体的な基準が整備されていくと思われる．

　以上が米国における商業宇宙旅行機製造を中心とした法規制の概観であるが，翻って日本の場合には，前述のように2016年の通常国会に提出された宇宙活動法案における有人宇宙活動の取り扱いは明確でないことから，同様に宇宙旅行機製造に関しても法的整備には至っていないといえる．確かに，安全な運用を図るために参照すべき法律は，たとえば打上げ場における高圧ガス保安法のように各法・各省令などに存在する．しかしながら，商業宇宙旅行に資するための宇宙旅行機を特別に想定した場合に具備すべき項目についての規定はない．その意味で，米国においては，量産におけるロバスト性までは想定が及んでいないものの，設計・運用までは想定し法整備があるのに対し，日本では運用について現行法の枠内で想定が可能であるともいえるが，明確に規定がなく，今後の整備が待たれる状況である．

参考文献

慶應義塾大学宇宙法センター（宇宙法研究所）編（2013）『宇宙法ハンドブック』一柳みどり編集室

小塚荘一郎・佐藤雅彦 編（2018）『宇宙ビジネスのための宇宙法入門　第2版』有斐閣

第 **9** 章

宇宙旅行服
──宇宙機から宇宙ホテルまで

　これまで長い間，宇宙服の需要は米国，ロシアを中心とした政府にしかなかったが，今後，サブオービタル宇宙旅行，宇宙ホテルを含む商業宇宙ステーション，中国の恒久宇宙ステーション，そして低地球軌道以遠の月や火星基地などの需要が創出される．既存の政府市場の拡大に加え，加速する商業宇宙開発，特にサブオービタルやオービタル宇宙旅行により商業宇宙服というまったく新しい市場が生まれつつある．宇宙服は宇宙旅行スタイルをつくる一端を担い，それは宇宙旅行文化形成へとつながるであろう．

　本章では，従来の宇宙服から商業宇宙服への変遷，宇宙服の需要，安全の考え方や保証法について説明する．そして，現在開発されつつある宇宙旅行服，さらに将来の宇宙服について分析する．

9.1　宇宙旅行と宇宙旅行服

9.1.1　宇宙旅行服は名脇役
　宇宙旅行は一世一代の晴れのイベント．だからこそ，自分が納得した宇宙服で行きたいと宇宙服への関心は高い．安全で信頼性があり，宇宙ならではの環境に対応できる機能があることはもちろんのこと，動きやすく軽くて着心地が良い，自分の好みのデザインの宇宙服は宇宙旅行の高揚感をかきたてる．宇宙服で思い浮かぶのは白，オレンジ，シルバー，ブルーの過去から現在にいたる宇宙飛行士の宇宙服である．宇宙旅行で着用する商業宇宙服はどのようなものになるのであろうか．

　米国では連邦航空局商業宇宙輸送部門が，宇宙輸送機，衛星や宇宙実験などの搭載物，宇宙港などすべての商業宇宙活動において監督・認可を行っている．連邦航空局商業宇宙輸送部門は，宇宙旅行の法規やガイドラインも策

定しているが，宇宙旅行で着用する宇宙服について特に決まった指定をしていない．宇宙旅行機の閉鎖系システムやシートの設計などの客室環境に合った安全なものであれば連邦航空局商業宇宙輸送部門の認可を得ることができる．

　サブオービタル宇宙旅行では気密性のある船内活動（IVA: Intra-Vehicular Activity）用の宇宙服またはフライトスーツを着用する．サブオービタル宇宙旅行に近い体験ができる高高度バルーンなど25〜35 kmの宇宙遊覧でも船内宇宙服またはフライトスーツが着用される予定である．オービタル宇宙旅行では往還のときには船内宇宙服，宇宙遊泳では船外活動（EVA: Extra-Vehicular Activity）用の宇宙服を着用する．低地球軌道の拠点である国際宇宙ステーションや宇宙ホテルを含む商業宇宙ステーションでは安全審査に通った「宇宙でのふだん着」を着用して滞在することができる．低地球軌道以遠の月や火星では，往還には船内宇宙服，宇宙遊泳には船外活動宇宙服を着用するが，周回ステーション内や天体上の基地内ではふだん着で過ごすことができる．また，天体上の基地外活動では天体宇宙服を着用する．これに宇宙飛行訓練が加わり，宇宙服が使われる場所，訓練を行う場所，宇宙旅行機の運行を行う場所，宇宙旅行機内，軌道上や天体上となる．

　連邦航空局商業宇宙輸送部門では訓練のガイドラインが定められており，宇宙旅行者は宇宙旅行服を着用した訓練を受ける．訓練のガイドライン Commercial Human Space Operations Training Standards は，2007年10月に設置された商業宇宙輸送顧問委員会で議論され，宇宙旅行者はもちろんのこと，商業宇宙パイロット，スペースポート従事者，管制室従事者，飛行管制官，コックピットや客室従事者，宇宙機システム保守点検修理従事者，訓練教官，米連邦航空局の宇宙管制官など宇宙旅行に関わるすべての人の訓練について，飛行経路，搭乗科学者や技術者の搭載実験遂行，医学などの多角的な視点から策定されている．宇宙旅行者の訓練では，高重力シミュレータ，高所チャンバーなど特殊環境への適応の確認，飛行シミュレータや緊急時の射出座席など事前に体験しておく訓練がある．

　宇宙旅行で着用する宇宙服にはデザイン性も求められる．これまでの宇宙開発にはファッションは無縁だったが，宇宙旅行では宇宙飛行士の宇宙服に求められていた信頼性，安全性に加えて，着心地や快適性から嗜好に至るま

図 **9.1** スペースシャトル最後のミッション STS-135 のクルーが着用している ACES 宇宙服　© NASA
https://www.nasa.gov/mission_pages/shuttle/shuttlemissions/sts133/multimedia/gallery/10-5-6-crewportrait.html

で宇宙旅行者が着用するための多彩な要素が必要とされ，ファッションの要素が入ってくる．どの輸送産業分野にも輸送本来の目的とともにファッション，スタイルといった文化があり，たとえば，船や航空の歴史を見ると，本来の輸送の目的とともに独自のファッション文化が形成されている．今後宇宙旅行の発展とともに，固有のファッション文化の創生が期待される．

　宇宙服の開発は，政府が設計した宇宙服を製造してきた米国のハミルトンスタンダード（Hamilton Standard）社，ILC ドーバー（ILC Dover）社，デイビッドクラーク（David Clark）社，ロシアの NPP ズベズタ（НПП Звезда）社の 4 社が独占，長い間，政府のみが宇宙服の顧客であった．近年，次世代宇宙服を開発している米国のオーシャニアリング（Oceaneering International）社やパラゴンスペースデベロップメント（Paragon Space Development）社，宇宙服ベンチャーのファイナルフロンティアデザイン（Final Frontier Design）社やオービタルアウトフィッターズ（Orbital Outfitters）社，MIT バイオスーツ（MIT BioSuit），スペース X の宇宙服部門などが政府の宇宙服や商業宇宙服を開発している．

　また，中国航天科技集団公司など，米国，ロシア以外の企業も参入している．日本の企業は入っていないが，スペースシャトルのオレンジ色の ACES 船内宇宙服には YKK 株式会社の水も空気も通さないことで有名な水密・気密ファスナーが胸から背中にかけて使われていた（図 9.1）．

9.1.2 準軌道宇宙服

　サブオービタル宇宙旅行で着用する宇宙服は，サブオービタル宇宙旅行機の客室環境に合わせて，運行会社が用意し，連邦航空局商業宇宙輸送部門の認可を得る．連邦航空局商業宇宙輸送部門の訓練のガイドラインには宇宙服訓練も含まれている．

　サブオービタル宇宙飛行は長くても約 2 時間であり，無重力時間約 5 分を含む大気圏外に滞在する時間は約 10 分と短時間なので，サブオービタル宇宙旅行機の船内宇宙服はオービタル宇宙旅行機の船内宇宙服や船外活動宇宙服ほどは複雑でない．宇宙旅行機の客室環境によっては与圧型の船内宇宙服の着用の必要がない機体もあり，気密性のないフライトスーツを船内宇宙服として着用する．ヘルメットやグローブを着用しなくてもよい場合は，ヘルメットで視界が狭くなることもグローブによる制約もなく，宇宙旅行客の好みを取り入れることも可能となるであろう．船内宇宙服は宇宙旅行費に含まれるレンタルとなるがフライトスーツの場合は宇宙旅行費に含まれ，各自に配給される．フライトスーツは宇宙飛行士が訓練や国際宇宙ステーション滞在中に着用している難燃性繊維のノメックスでつくられたオーバーオール（ツナギ）であり，宇宙旅行各社がユニフォームとしてオリジナルデザインのフライトスーツを開発している．客室の設計や閉鎖系生命維持装置の環境に合った商業宇宙服の開発を行うため，宇宙服を開発している各社はサブオービタル宇宙旅行機の実物大モックアップをつくり，開発を行っている．

　サブオービタル船内宇宙服は，何層にも重ねた布地を使用，機体に不具合が発生した際，20 分間は客室の空気がなくても呼吸用の空気とガスで身体に圧力をかけることで生存できるしくみになっている．腕，足，胴体部が基本構成要素の設計になっており，宇宙旅行客は自分のサイズの基本構成要素をそれぞれ組み合わせて自分にぴったりの宇宙服をつくり，ヘルメットとグローブも装着する．

　サブオービタル宇宙旅行の商業宇宙服は，軍やスペースシャトルの船内宇宙服で実績のあるデイビッドクラーク社，宇宙ベンチャーのオービタルアウトフィッターズ社やファイナルフロンティアデザイン社が開発を進めている（図 9.2〜9.4）．デイビッドクラーク社は軍に与圧服を開発した最初の企業であり，これまで 50 年以上にわたり軍の与圧服を開発，1989 年から 2011

9.1 宇宙旅行と宇宙旅行服　209

図 **9.2**　デイビッドクラーク社の船内宇宙服　© David Clark
http://www.davidclarkcompany.com/aerospace/chaps

図 **9.3**　オービタルアウトフィッターズ社の商業宇宙服
© Orbital Outfitters
http://thefutureofthings.com/3289-spacesuits-for-you-and-me/

図 **9.4**　ファイナルフロンティアデザイン社の船内宇宙服
© Final Frontier Design
https://www.popsci.com/article/technology/time-i-got-try-actual space-suit

210　第 9 章　宇宙旅行服

図 9.5　バイオスーツ　© MIT
https://challenges.openideo.com/
challenge/fightingebola/ideas/modified-
barrier-suit-based-on-nasa-space-suit

年までスペースシャトルの船内宇宙服を NASA に供給してきた．オービタルアウトフィッターズ社は，2014 年に米国で 9 番目の商業スペースポートとなったテキサス州ミッドランドスペースポートを拠点としている．ミッドランドスペースポートに建設された宇宙服開発施設には，宇宙服の試験をするための世界最大の有人安全基準のミッドランド高高度チャンバー設備を備えている．宇宙服チャンバーと客室チャンバー，機器チャンバーの 3 つのチャンバーは，宇宙服の開発に利用されるだけでなく，宇宙機の客室を丸ごと入れる環境試験や宇宙服を着用した搭乗者の訓練も行われる．ファイナルフロンティアデザイン社は，ロシアのソコール宇宙服の技術を導入，特に肘，膝，肩などの動きやすさが要求される部分に活用され，ヘルメットもソコール宇宙服と同じソフトヘルメットを採用している．

　マサチューセッツ工科大学が開発しているバイオスーツはもともと火星飛行向けであったが，現在は商業宇宙飛行向けの開発も行っている（図 9.5）．身体の状態を維持するために気体圧力ではなく，布地の機械的な圧力を利用する設計である．イタリアのデザイナーがチームに入っており，スタイリッシュなデザインが印象的である．

　ヴァージン・ギャラクティック社は，山本耀司とアディダスの合作ブランド Y-3 をスペースシップツーの宇宙服に採用した（図 9.6）．難燃性素材を 3D 設計したフライトスーツとフライトブーツは世界初の宇宙旅行服として紹介された．パイロット用フライトスーツとリーボックのブーツの試作品はヴァージン・ギャラクティック社のパイロットチームと試験を重ねて開発され，高度な技術とデザインで安全性，機能性，快適性を実現している．今後

図 9.6　ヴァージンギャラクティックのフライトスーツ　© Adidas/Y3/Virgin Galactic
https://www.cnet.com/news/high-fashion-flight-suits-for-astronautsvirgin-galactics-on-it

図 9.7　ニューシェパード試験機と宇宙服　© Blue Origin
http://www.parabolicarc.com/2017/12/13/blue-origin-shepard-flightincluded-mannequin-skywalker/

飛行試験において機内での着用を始め，宇宙旅行における運用を目指す．

　ブルー・オリジン社は 2017 年 3 月にサブオービタル宇宙旅行機ニューシェパードの内部とともにブルーの宇宙旅行服のイメージ画像を公開した（図 9.7）．ニューシェパードの大きな窓とそれぞれの窓のもとにゆったり座れる 6 席のシートが配置されている快適な乗り心地をオーバーオールの宇宙服とともに紹介した．

　サブオービタル宇宙旅行はヴァージン・ギャラクティック社，ブルー・オリジン社ともに乗客 6 人乗りであるが，ヴァージン・ギャラクティック社はパイロット 2 人であるのに対し，ブルー・オリジン社はパイロットの搭乗はなく，すべて自律制御による宇宙旅行機となっている．両社ともフライトスーツを船内で着用する．

9.1.3　軌道宇宙服

　オービタル宇宙旅行では，宇宙旅行客は自分に合うサイズにつくられた自

分専用の船内宇宙服を着用，宇宙服の費用は宇宙旅行代金に含まれ，自分の宇宙服を着用して訓練が行われる．宇宙服は宇宙輸送機に合うように開発されているので，ロシアのソユーズ宇宙船で国際宇宙ステーションを往還する場合は宇宙飛行士と同じ白いソコール宇宙服を着用する（図 9.8）．2001 年以降，1 人のリピーターを含む 8 回 7 人が国際宇宙ステーションに滞在する宇宙旅行を行ったが，国際宇宙ステーションへの往還時には，ズベズタ社のソコール宇宙服を着用した．ロシアのソユーズ宇宙船による国際宇宙ステーションに滞在するオービタル宇宙旅行が続く限り，ソコール宇宙服が宇宙旅行往還時の宇宙服であるが，今後デビューする米国の商業有人宇宙機向けには，ボーイング社のスターライナーとスペース X 社の有人ドラゴンそれぞれの機体の船内宇宙服が開発されている．

　ボーイング社は 2017 年 1 月に有人宇宙輸送機スターライナーの船内宇宙服を発表した．ボーイング社のスターライナーは NASA 宇宙飛行士の国際宇宙ステーションの往還を担うが，宇宙旅行客の宇宙飛行も行う．このためボーイング社は宇宙旅行代理店のスペースアドベンチャーズ社や宇宙ホテルのビゲロー・エアロスペース社と提携している．

　スターライナーの宇宙服「ボーイングブルー」は，デイビッドクラーク社によって開発された鮮やかな青色が印象的なスタイリッシュな宇宙服である（図 9.9）．ボーイングブルーはかなり軽量であることが特徴で，約 14 kg あったスペースシャトルの宇宙服から 40% も軽量化され，約 9 kg となった．タッチスクリーンに対応したグローブ，肘や膝など動きやすい関節部，小型化した遮光装置やヘルメットは宇宙服と一体化し，ポリカーボネート製のヘルメットはファスナーの開閉で容易に気密される構造で，視野が広く，通信装置はヘルメットの中に内蔵されている．スニーカー風の靴は滑りにくく，通気性に優れている．通気口は水蒸気が宇宙服内部に溜まらないながらも，内部の空気補給に問題のない設計となっており，宇宙服の内部の低気温状態は一定に保たれる内蔵換気システムであり，気圧の調整が容易で外部冷却装置も不要となっている．従来の NASA の宇宙服に求める要求事項である安全性，機能性に加え，快適に過ごせるように次世代材料や接合部など最先端の革新的な技術が施されている．さらに，宇宙服は緊急時における宇宙船の生命維持装置のバックアップとしても機能する冗長性となっている．

図 9.8 ソコール宇宙服を着用している宇宙旅行者
ⓒ Anousheh Ansari
http://www.chinadaily.com.cn/world/2006-09/18/content_691544.htm

図 9.9 スターライナーのシートとボーイングブルー　ⓒ Boeing
http://www.space.com/35518-boeing-blue-spacesuit-spaceflight-history.html

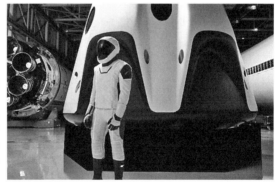

図 9.10 有人ドラゴンと宇宙服
ⓒ SpaceX
https://www.theverge.com/2017/9/8/16278404/spacex-nasa-space-suits-crew-dragon-elon-musk-commercial-cerw

　次期商業有人機を開発しているスペース X 社も有人ドラゴン向け商業宇宙服を開発している（図9.10）．バットマンやスパイダーマンなどのスーパーヒーローのコスチュームデザイナーを起用するとともに宇宙旅行服ベンチャー企業のオービタルアウトフィッターズ社の技術協力を得て船内宇宙服を

自社開発している．ボーイング社，スペースX社ともに宇宙服の安全性や機能性とともにファッション性も取り入れている．

次期商業有人宇宙機の商業宇宙服はNASAの有人宇宙機に求められる安全性基準とともに米連邦航空局商業宇宙輸送部門の商業有人基準の両方を満たしたものとなる．これまで船内宇宙服は宇宙飛行ごとにつくられており，複数回使われることはなかったが，次世代有人宇宙輸送機の船内宇宙服の運用においては明らかになっていない．国際宇宙ステーションを訪れた6番目の宇宙旅行者リチャード・ギャリオット（Richard Garriott）は，宇宙服は宇宙旅行費用総額の10%以下でありオービタル宇宙旅行にとっては大きな割合ではないという．

9.1.4 船外活動宇宙服

宇宙旅行では往還するときの船内宇宙服とともに宇宙遊泳では船外活動宇宙服も必要となる（図9.11，9.12）．国際宇宙ステーションの外に出る船外活動では船外活動宇宙服を着用しており，これまで，ロシアの宇宙ステーション・ミールや米国のスペースシャトルなどでも船外活動宇宙服は活用されてきた．船外活動宇宙服は，宇宙空間の過酷な環境から宇宙飛行士を守る生命維持装置を備えていて，これだけで宇宙空間にいることができる「自分サイズの小さな宇宙船」を着ているといえるほどである．

NASAは，1965年にジェミニ4号の宇宙船で船外活動を初めて実施，現在の宇宙服は1981年からのスペースシャトル計画で導入された．手袋の暖房器具や緊急時の推進装置を加えるなどの改良はあったが，最初の宇宙服を使い続けている．NASAは毎年，船外活動宇宙服の運用と保守点検に2億5000万～3億ドルを使っており，船外活動宇宙服の費用は将来，宇宙旅行で使われることを目指すうえでも大きな課題である．

NASAの監察官室は，2017年6月，新型船外活動宇宙服の技術開発が滞っており，船外活動宇宙服が足りなくなる可能性があると報告した．約40年前につくられたNASAの船外活動ユニットの主生命維持システムユニット18着のうち11着が使用可能であり，7着はスペースシャトルの事故や破損で失った．使用可能な11着も設計寿命の15年を大幅に超え，老朽化が激しい．NASAは，火星探査計画を含めたコンステレーション宇宙服システ

9.1 宇宙旅行と宇宙旅行服　215

図 9.11　船外活動宇宙服
　　　　 © NASA
　　　　 https://er.jsc.nasa.gov/
　　　　 seh/suitnasa.html

図 9.12　アポロ宇宙服　© NASA
　　　　 https://www.nasa.gov/
　　　　 audience/foreducators/
　　　　 spacesuits/historygallery/
　　　　 apollo-index.html

ム，次世代宇宙服，オリオン宇宙船搭乗員サバイバルシステムの3つのプロジェクトにおいて新型宇宙服の開発を進め，過去8年間で約2億ドルを投入したが，実用化にはまだ時間がかかりそうである．

　国際宇宙ステーションにはロシアの宇宙服もあるが，今後の月や火星などの重力天体で着用する宇宙服では軌道の船外活動用より軽く，関節部の機動性の良いものが求められている．

9.1.5　宇宙でのふだん着

　現在，宇宙飛行後，国際宇宙ステーションに到着したら，船内宇宙服から「宇宙でのふだん着」に着替えて宇宙に滞在している．宇宙でのふだん着は宇宙飛行士自らがミッションの期間や目的に応じてカタログから選んでおり，多くは綿素材のもので有毒ガスの発生や静電気が起きないものとなっている．

　日本では世界に先駆けて，東レ株式会社や株式会社ゴールドウインなどの

企業や日本女子大学がJAXAと共同で，科学的，医学的な見地から着心地を追及した宇宙でのふだん着を開発した．シャワーがない宇宙でも快適に過ごせるよう抗菌，防臭，防汚効果のある薬剤を繊維の表面に付着させ，汗の臭いをすばやく抑えることができる．さらにこれまでの，宇宙でのふだん着は綿素材という歴史的な事実を越えて，制電加工されたポリエステルも採用するとともに，無重力下で体液が上半身に移動することによる体型の変化や衣服と体の間にできる衣服空間，宇宙特有の前屈みの姿勢などに対応した衣服デザインを開発した．これらの宇宙でのふだん着は2008年3月の土井隆雄宇宙飛行士のミッションに初めて採用され，以降，若田光一宇宙飛行士，星出彰彦宇宙飛行士，山崎直子宇宙飛行士らの宇宙ミッションに着用されてきた．

宇宙でのふだん着で開発された技術は，事業化することによって地上での市場を獲得している．JAXAのコスモードプロジェクトは，日本の宇宙開発から生まれた最先端の商品やサービスを日常に役立てることを目的としており，そのなかには宇宙服開発技術が商品になった冷却ベスト，消臭下着，消臭シャツなどの消臭素材製品があり，コスモードブランドを冠している．これらは日常着，スポーツ衣料，介護服，旅行用品などや，猛暑対策商品として展開されている．

公益財団法人日本ユニフォームセンターは，2014年に帝国繊維株式会社などと協力し，冷水を循環させるチューブを内蔵した冷却下着ベストを開発して販売した．船外活動宇宙服には，宇宙空間の熱環境から宇宙飛行士を保護するために，高い断熱性能が求められるが，高い断熱性能は，宇宙飛行士自身が発する熱を宇宙服の外に逃がさないという側面がある．そのため，宇宙用冷却下着により，下着表面に張り巡らせたチューブに冷水を流すことで身体の隅々を冷却させ，船外活動を行う宇宙飛行士がより快適に船外活動を行うことが可能となる．日本ユニフォームセンターは，消防分野へ適した仕様の研究開発から始めて宇宙服用の冷却下着の開発に参加した．

株式会社ゴールドウインは，宇宙下着の技術を応用した素材で高い消臭機能を発揮するウェアを2010年から販売している．頻繁に着替えができず，シャワーもない宇宙空間で過ごす宇宙飛行士向けに開発され，一般市場向けにスピンオフした消臭素材「マキシフレッシュプラス」を使用し，スポーツ

ウェアの動きやすさや，吸汗速乾性，体のニオイの消臭機能などの特徴を備えている．マキシフレッシュプラスは，ユーカリの木を原料とした指定外繊維をもとに，ナノテクノロジーで加工されたカルボキシル基がアンモニア臭を中和して消臭する．この宇宙下着の技術により汗の臭いを99%減らすうえ，加齢臭の76%を消し去り，洗濯を繰り返しても機能が持続するという魔法の繊維が実現した．宇宙下着技術を応用した消臭素材採用のTシャツも販売している．

　東レ株式会社は2009年に，ポリエステル繊維に東レ独自のナノテク技術で薬剤を浸透させ，抗菌，消臭，防汚，吸湿性，難燃性の機能を持つ素材を開発した．東レの登録商品である「ムッシュオン」は，国際宇宙ステーションの宇宙船内服開発に用いたナノテクノロジーを，地球における衣料品に応用したアンモニア消臭機能加工の織・編物生地である．ハイブリッドセンサーの形態安定性，吸水速乾性，ストレッチ性に，ムッシュオン加工をすることにより，速効消臭性，抗菌・防臭性がプラスされ，従来のワイシャツでは実現できない，高いレベルの機能性を発揮する商品となった．この高い消臭効果を持つ繊維素材は，制服やワイシャツとして販売され，世界で初めて宇宙品質の一般向け衣服となっている．

　さらに東レでは，宇宙船内服の快適性や安全性の向上に寄与する高い吸汗・速乾性やストレッチ性，制電性などを持つ5つの繊維素材が，新たにJAXAコスモードブランドに認定されるなど，宇宙船内服の研究成果を活用した高機能繊維素材の展開を拡大している．宇宙でのふだん着プロジェクトで開発された技術は高機能性衣服，介護服や特殊服といった市場をとらえて広く社会に浸透しつつある．

　宇宙旅行や今後の宇宙開発の進展によって宇宙に多くの人が訪れ，滞在するようになれば宇宙でのふだん着の市場は宇宙用途で成立するであろう．しかしながら現状では，宇宙用途ではまだ十分な市場はないが，このように速乾や消臭などの機能性，介護や消防などの特殊服などの地上の需要に貢献している．

9.2 宇宙滞在と宇宙服

9.2.1 有人宇宙活動と宇宙服市場

　今後，有人宇宙活動はどのように進展していくのであろうか．有人宇宙活動は宇宙服の需要そのものである．加速する商業宇宙開発や，特にサブオービタル宇宙旅行機という新たな有人プラットフォームが開発され，定期運行により宇宙旅行で宇宙に行く人が増えることや，スターライナーや有人ドラゴンの商業有人宇宙機により，これまでになかった商業宇宙服の市場の創出や既存の政府市場の拡大が見込まれている．

　アマゾン社のジェフ・ベゾスは，宇宙企業のブルーオリジン社を設立して「100万人が宇宙に住み，宇宙で働く社会」をつくるために大型ロケットのニューグレンを開発している．スペースX社を設立したイーロン・マスクは「人類が複数の天体に住むことを」目指すために火星居住を実現し，100年後には100万人が火星で暮らす火星計画を2016年に発表した．また，2017年には，ジェフ・ベゾスは月面基地建設のための輸送を行う月着陸船ブルームーンを，イーロン・マスクは月周回旅行を発表した．さらにアラブ首長国連邦は100年後の2117年までに火星都市を建設する「マーズ2117」を打ち出すなど，人類の経済圏の拡大は低地球軌道から深宇宙に向かっている．

　2015年，国際宇宙ステーションで宇宙飛行士の1年間の長期滞在が始まった．国際宇宙ステーションでの宇宙飛行士の常駐は2000年11月に3ヵ月の滞在から始まり，2009年からは6ヵ月と拡大，宇宙での毎日の生活の状況がミッションの成果とともに伝えられてきた．今では，国際宇宙ステーションに滞在する宇宙飛行士のTwitterでも手軽に国際宇宙ステーションの今を知ることができるほど身近になった．国際宇宙ステーションの運用終了は当初の2015年から，現在では2024年となっており，2028年までの延長や，商業化する検討も始まっている．国際宇宙ステーションの往復便は現在ロシアのソユーズ宇宙船のみであるが，2010年代後半から米国商業宇宙輸送機の有人ドラゴンやスターライナー（Star Liner）が予定されており，ソユーズ宇宙船や米国の有人宇宙船で宇宙旅行が再開する日が待たれている．

一方，国際宇宙ステーション終了後の商業宇宙ステーション建設に向けた移行も進められている．ビゲロー・エアロスペース社は宇宙ホテルを含む商業宇宙ステーション建設に向け，2016年に小型の膨張式モジュールを国際宇宙ステーションに取り付けて展開，軌道実証試験を開始した．ビゲロー・エアロスペース社はロケット打ち上げ企業のULAと提携，2020年を目標に低地球軌道に商業宇宙ステーションを，さらに2022年には月低軌道ステーションの建設を目指している．また，国際宇宙ステーションに携わっていた元NASA高官が立ち上げた宇宙ステーションベンチャー企業のアクシオンスペース（Axiom Space）社や，国際宇宙ステーションでの宇宙実験や小型衛星の放出などの商業サービス企業であるナノラックス（NanoRacks Limited Libility Company）社が商業宇宙ステーション建設を計画するなど，国際宇宙ステーション後の取り組みが具体化している．NASAは2016年に民間企業による国際宇宙ステーション後に向けた取り組みを支援するため国際宇宙ステーションに接続する商業モジュールの提案募集を行い10社以上が応募した．

ロシアは，国際宇宙ステーション運用終了後，今後打ち上げ予定となっているロシアモジュールや接続部3つを切り離して独立した宇宙ステーションを建設する計画であり，その後に膨張型モジュールを接続する構想もある．国際宇宙ステーションは宇宙実験室や宇宙工場として，今後の10年へ向けてさまざまな利用がもたらすイノベーションが期待されるとともに，深宇宙に向けた実証実験を行う段階へと移行している．

中国は2019年から恒久宇宙ステーションの建設を始め，2022年ごろの完成を目指している．1年に3飛行が予定されている恒久宇宙ステーションでは2着の船外活動宇宙服を運用する．

低地球軌道を超えた有人宇宙活動では月周回ステーション，月面基地開発，火星周回ステーション，火星居住など政府のミッションや民間の事業が検討されている．NASAでは2020年代前半を目標に月軌道を周回する「月軌道プラットフォーム・ゲートウェイ」の建設を進めている．2028年が目標となっているロッキードマーティン（Lockheed Martin）社のマーズベースキャンプ，2020年代前半を目指したスペースX社の有翼機BFRによる火星飛行や火星居住（図9.13），2030年までに宇宙に1000人が居住して働く

図 9.13　火星飛行船 BFR と火星基地　© SpaceX
http://spacenews.com/musk-offers-more-technical-details-on-bfrsystem/

ULA 社の月近傍と月面居住計画など各企業から具体的な提案も行われている．

　欧州では既に官民一体かつ国際協力で 2030 年を目標に進める月面開発「ムーンビレッジ」を打ち出して，ロボットや 3D プリンターを使い月面の資源を有効活用する月面基地開発を推進している．中国は 2036 年ごろに有人月面基地の建設を目指している．

9.2.2　宇宙旅行時代の宇宙滞在

　国際宇宙ステーション後の商業宇宙ステーションの建設や月や火星への有人飛行が打ち出され，宇宙旅行の未来が拓ける一方，宇宙滞在そのものも変わってきた．

　2015 年は宇宙で初めて部品が製造された宇宙製造元年であった．米国の宇宙ベンチャー企業のメイドインスペース（Made in Space）社は無重力でも製造できる宇宙 3D プリンターを 2014 年末に国際宇宙ステーションに打ち上げ，試作を開始するとともに改良を進め，さらに生活家電大手のロウズ（Lowe's Companies, Inc.）と提携して 2016 年に改良型宇宙 3D プリンターで宇宙での商業製造を始めた．現在，複数の企業が宇宙 3D プリンティングの取り組みを行っているが，いろいろなものが宇宙でつくれれば，宇宙滞在は激変することが予想される．消耗品や急に必要となったものなど，地球から打ち上げを待たずに，宇宙で製造できることは，高額の打ち上げ費用削減

とともに宇宙での長期滞在に向けた技術となる．宇宙3Dプリンターで衛星をつくって放出したり，3Dプリンターで製造しながら大型宇宙構造物を組み立てる宇宙建設ロボットの開発を行い，宇宙製造で打ち上げ制約にとらわれない大型構造物の建設を目指している．メイドインスペース社では宇宙3Dプリンターで光ファイバーの製造を始めているが，宇宙ならではの画期的な材料製造は実益を兼ねた宇宙旅行のおみやげになりそうである．

2016年1月，宇宙で初めて花が咲いた．国際宇宙ステーションで育てられた百日草であったが，宇宙で花開いた生命に宇宙飛行士の心がどれだけ癒されたことか計り知れない．宇宙での滞在を快適にする「宇宙生活の質向上」もこれからの宇宙滞在には欠かせない．国際宇宙ステーションでは2014年に宇宙で野菜を栽培する機器である「宇宙ベジ」が打ち上げられ，野菜を栽培している．いつも新鮮な野菜を摂取することができると宇宙での食も進化しそうである．イタリアの企業が開発した無重力でもコーヒーの抽出が可能な宇宙エスプレッソマシンが2014年に打ち上げられ，宇宙飛行士は無重力でも液体がこぼれないデザインのエスプレッソカップでコーヒーを飲む憩いの時間を楽しむことが可能となった．ドイツの宇宙ベンチャー企業は宇宙でできたてのパンを食べるために宇宙ベーカリー機器を開発している．宇宙滞在の長期化や宇宙旅行が進むにつれて，宇宙における快適性はますます追及されるであろう．

9.2.3　宇宙ホテルでの衣食住遊

2012年は民間の貨物船であるスペースX社のドラゴンが初めて国際宇宙ステーションに接続した記念すべき年であった．2013年にはオービタルATK社の商業貨物船シグナスも国際宇宙ステーションに物資を届けるようになり，商業貨物便とともに商業搭載物資が急増して，さまざまな商業利用が行われ，国際化も進んでいる．今後，シエラネバダ社（Sierra Nevada Corporation）の有翼型ドリームチェイサー貨物船の国際宇宙ステーション往還も始まる．これら貨物船は国際宇宙ステーションのみならず，今後建設が予定されている商業宇宙ステーション，宇宙ホテルへの物資の輸送も市場としている．アクシオンスペース社が実施した市場調査によると2020～2030年に国際宇宙ステーションや商業宇宙ステーションにおける市場は約

222　第9章　宇宙旅行服

図 9.14　ビゲロー・エアロスペース社の商業宇宙ステーション　©Bigelow Aerospace http://geek-mag.com/posts/180021/

370億ドルになると予測されており，低地球軌道経済の拡大が期待されている．

　現在，初飛行が直近に迫っている商業有人宇宙輸送機も国際宇宙ステーションへ宇宙飛行士の往還とともに宇宙旅行をはじめとする商業活動を市場としている．宇宙ホテルを含む商業宇宙ステーションを計画しているビゲロー・エアロスペース社では，2020年代初頭から2030年にかけて商業宇宙ステーションの建設から運用に年平均20機，そのうちボーイング社のスターライナーやスペースX社の有人ドラゴン12機の有人機の打ち上げを想定している．船内宇宙服は宇宙ステーション運用と実験向けに5着が備えられ，政府や宇宙飛行士を送ることができない国々の需要も見込まれている．同様の需要をアクシオンスペース社でも取り込みたいとしており，2024年の国際宇宙ステーション運用終了以降の運用を目指している．いずれにしても1社で，現在の世界の毎年の商業打ち上げとほぼ同じ打ち上げ数に値するほどの需要である．

　ビゲロー・エアロスペース社の商業宇宙ステーションはNASAが1990年代に開発していたインフレータブル（膨張式）技術を購入して開発した膨張式のモジュールを複数接続して構成される（図9.14）．それぞれのモジュールは宇宙で膨らまされるため，ロケットで打ち上げるときよりも宇宙で大きな空間をつくることが可能であり，快適に過ごせるよう設計されている．

　これら有人・無人の宇宙往還の充実に伴い，宇宙ホテルでの衣食住も飛躍

的に進展するであろう．

　地球を見ること，無重力体験，宇宙から星を見る天体観測，宇宙遊泳といった宇宙に行く目的，宇宙に滞在する目的は，今後も変わらないと思われる．宇宙ホテルに滞在する宇宙旅行はサブオービタル宇宙旅行と違い，宇宙という究極の非日常環境で日常生活を送ることになる．宇宙食は国際化や健康志向などで種類が増え，有名宇宙食シェフの料理も選択できるようになるであろう．これまでも国際宇宙ステーションに行った宇宙旅行者は有名シェフが開発した宇宙食を持参して宇宙での食事を楽しんだ．宇宙で貴重な水は水再使用機で，おいしい水が飲めるうえ，洗顔やシャワーもできるようになるであろう．吸い込み式のトイレは使い方が難しく訓練を必要とするうえ，故障も起こりがちであるが，容易に使えるものに進化していることが望まれる．宇宙ホテルでは毎日2時間の運動が欠かせないが，無重力空間で行うスポーツやゲームも宇宙ならではの楽しみであり，無重力を考慮したルールのさまざまなスポーツが考案されるであろう．宇宙ホテルでも一番人気の場所は，国際宇宙ステーションと同じでクーポラの窓となるであろう．ドーム状の窓からは地球や宇宙空間を広く見渡すことができる．さらに将来，宇宙遊泳ができるようになれば，地球と宇宙を堪能し地球に生きるすべての命を感じる宇宙旅行のハイライトになるであろう．

9.3　宇宙服の未来

9.3.1　宇宙とファッション

　宇宙とファッションにおいて，1960年代のソ連と米国の宇宙競争時代のピエール・カルダンやクレージュの宇宙的なデザインの流行が想起される．ハイファッションの世界では定期的に，宇宙的なデザインやモチーフや色などがスペイシーファッションとしてショーウインドーを飾り，ファッション産業に結び付いてきた．2017年のパリやミラノのファッションショーでも未来を予感させる宇宙ファッションが人々を魅了した（図9.15）．

　一方，宇宙開発において長い間ファッション産業は最後のフロンティアといわれるほど縁がない業界であった．このような状況のなか，スペースシップワンが民間の宇宙旅行機として2004年に初めて宇宙に到達してXプライ

図 9.15 パリファッションウィークでのシャネルの 2017 年秋コレクションにおけるモックロケットの打ち上げ © Pascal Le Segretain/Getty Images https://www.forbes.com.sites/rachelarthur/2017/08/27/fashions-spacerace/#59d571e27dff

ズ賞を獲得し，宇宙旅行機運が高まっていた翌年，日本において世界で最初の宇宙旅行服コンテストが開催された．サブオービタル宇宙旅行服のデザインをコンテストで選び，宇宙旅行服を開発する目的で開催され，これまで宇宙開発に関心が高いとは言えなかった多くの 20 代前後の女性の応募を得ることができ，宇宙への興味を喚起することになった．また，ファッションショーの形式で実施された最終選考会は国内外の多くのメディアやこれまで宇宙開発を取り上げたことのなかったファッション誌や女性誌にも掲載された．この宇宙旅行服コンテスト以降，宇宙開発分野におけるファッションが注目され，各国で宇宙ファッションの研究が行われ，イベントが開催されるようになった．現在では，宇宙旅行機や商業有人宇宙機を開発しているヴァージン・ギャラクティック社，ブルー・オリジン社，ボーイング社，スペース X 社などがファッション性も取り入れた商業宇宙服を開発している．

　宇宙旅行の目的となる宇宙ウエディングや宇宙ハネムーンは波及効果が期待される宇宙旅行ビジネスといえる．結婚式や新婚旅行は人生の中でも最大のイベントの 1 つであるが，宇宙ウエディングは宇宙に夢を持つカップル，究極の結婚式や新婚旅行を志向するカップルなどの大きな需要が見込まれている．ファッションや美容から飲食や旅行にいたるまで，多岐にわたる関連産業で構成される結婚産業は裾野が広く市場が大きい．宇宙ウエディングや宇宙ハネムーンは宇宙旅行にファッションの要素を取り込む格好の機会になり相乗効果が期待される．

　ファッションは科学や技術のパワーで豊かになり，科学や技術はファッションのパワーでより理解しやすいものになる．ファッションの要素は人々に

宇宙開発の理解を促し，魅力を伝える．宇宙旅行では，安全性や信頼性はもちろんのこと，サービスやホスピタリティ，さらには楽しさ，おもしろさ，好みやスタイルなどの要素も必要となる．ファッションは宇宙旅行の魅力を伝える一端を担い宇宙旅行の発展に貢献する．

9.3.2 宇宙旅行の未来と宇宙服

現在，米連邦航空局宇宙輸送部門で定められた宇宙旅行に行ける年齢は18歳以上となっている．宇宙旅行は法制上，事前に十分な説明を受けたうえでの同意であるインフォームド・コンセントによる自己責任で行うこととなっており，インフォームド・コンセントによる自己責任がとれるのは米国の法律上18歳以上であるためである．宇宙旅行の法制は運用の実態を反映して見直されることになっており，今後宇宙旅行機の飛行実績が十分にでき，インフォームド・コンセントによる自己責任とは別の規定になれば，18歳未満も行けるようになる日が来るであろう．サブオービタル宇宙旅行や宇宙ホテルの低地球軌道を超えて月周回軌道や月面への旅行ができる時代，低地球軌道の年齢制限が下がり，これまで開発されてこなかった子ども用宇宙服の開発も進むであろう．

宇宙旅行は宇宙に行く人の夢をかなえるとともに，宇宙旅行に関わる多くの人の夢をかなえることになる．宇宙旅行の機体を開発する技術者，宇宙パイロット，宇宙港の運航者や訓練などの航空宇宙関連職，さらに今後，宇宙旅行ツアーコンダクター，宇宙ウエディングプランナー，宇宙旅行服デザイナー，宇宙旅行食シェフなど今までにない仕事も出てくるであろう．地上の観光産業が巨大であるように宇宙旅行産業は波及効果が大きく，宇宙旅行が定期的に実施されるようになり，費用が下がればさらに市場は広がる．そして，宇宙服はその市場の形成に大きく貢献することが見込まれる．

宇宙旅行の行先は低地球軌道から月へと拡大，アポロ11号月面着陸から60周年の2029年には月面旅行が実現されているかもしれない．低地球軌道から深宇宙へ商業宇宙開発の進展とともに宇宙経済圏は拡大してゆく．現在，宇宙旅行は実現されつつある段階でまだ黎明期であるが，宇宙へ行きたいという人間の本能にも刻まれた夢を実現できる現在という時代は，人類が地球に誕生して以来の大きな転換期である．

宇宙服は宇宙飛行士の宇宙飛行とともに発達してきた．そして現在，宇宙服は宇宙旅行という新たな使命を担い，人類の宇宙への夢を可能にする．有史以来，私たち人類は地を駆け，海に潜り，空を飛んできた．それらの人類の夢への挑戦や活動領域の拡大は特殊服技術によって可能になってきた．宇宙旅行の実現で，私たちみんなに宇宙の扉が開きつつある今，宇宙服は人類の宇宙活動とともにあり，もっと遠くへ，もっと高く，そして宇宙へと人類の可能性を広げる．

参考文献
大貫美鈴（2018）『宇宙ビジネスの衝撃』ダイヤモンド社
大貫美鈴（2009）『来週，宇宙に行ってきます』春日出版

Commercial Human Space Operations Training Standards
　https://www.faa.gov/about/office_org/headquarters_offices/ast/reports_studies/archives/media/Commercial_Human_Space_Operations_Training_Standards_November_7_2008.pdf
DRESSED FOR SUCCESS:PRIVATE LAUNCH COS.TEASE 2018'S SPACESUIT FASHIONS
　https://www.spaceangels.com/post/dressed-for-success-private-launch-companies-tease-2018s-spacesuit-fashions
Fashion's Space Race: Why The Spacesuit Is A Huge Future Branding Opportunity For Designers
　https://www.forbes.com/sites/rachelarthur/2017/08/27/fashions-space-race/#59d571e27dff
Onuki, M.（2011）Fashion in Space: A Driver for Space Popularization and Commercialization, First Issue of International Journal of Space Technology Management and Innovation（IJSTMI），pp. 44–57
Onuki, M.（2013）Next-Generation Commercial Space Suits, The 29th ISTS
Onuki, M.（2013）Commercial Space Suits For the New Space Age, The 64th IAC

第10章

宇宙酔いから精神負担まで
――宇宙旅行と健康，準備

　宇宙に行くための技術は格段に進歩してきているが，通常の旅行と同じ感覚で行けるわけではない．無重力，放射線の影響，精神的な負担など，宇宙旅行と健康に関しさまざまな懸念される点がある．ここでは，宇宙旅行の種類による懸念点の違いを述べ，特にサブオービタル飛行ではほとんど問題はないことを示す．それに対しオービタル飛行，宇宙ホテル滞在などの比較的長期間となった場合の懸念点とその準備対策について述べる．

　まず，10.1 節で宇宙飛行士と宇宙旅行者における安全の考え方について述べる．次に宇宙旅行での健康への影響について，「身体」への影響を 10.2 節，「精神」への影響を 10.3 節で述べる．最後に，宇宙旅行に出かける前の準備について 10.4 節で述べる．

10.1　宇宙飛行士と宇宙旅行者における安全の考え方

　宇宙飛行士の健康管理の分野では，宇宙飛行士を「宇宙に赴き宇宙で作業をする労働者」と捉える．その結果，労働条件に起因する健康障害を予防し，健康と労働能力の維持および促進，安全と健康が確保できるよう作業環境と業務を適切に管理すること等について研究が進んでいる．宇宙飛行士は特殊訓練に臨み，健康な身体を維持すべく医学検査や運動栄養指導等を受け，また緊急時における応急処置が互いに可能な体制を整えている．

　民間の宇宙旅行会社による宇宙旅行においても，一定の訓練は必要となる場合も多い．しかし，宇宙旅行の種類・内容に応じて，訓練や健康基準は労働者である宇宙飛行士のものとは異なってくる（水野，2016）．

　宇宙旅行の訓練は，オービタル，サブオービタルともに FAA/AST（連邦航空局商業宇宙輸送部門）が定めた医学的な基準が根拠となっており，ガ

イドラインに規定されている既往症状がないことが前提となり，宇宙旅行申し込み時の検査結果の状態が飛行時に変化していないかの確認を含め，出発の1～2週間前に，医学的な面談と身体検査を受ける．訓練は，特殊環境への対応を確認するために事前に体験しておくシミュレータなどのスクリーニングとあわせて設定されている．

宇宙旅行のための訓練には，特殊環境に適応できるかを確認するためのテストと，事前に体験しておくトレーニングの2種類がある．航空機による無重力体験や，戦闘機などによる高重力体験も，宇宙旅行前に体験しておくことが勧められる．

FAA/ASTでは2007年10月に商業宇宙輸送顧問委員会（COMSTAC: Commercial Space Transportation Advisory Committee）に宇宙旅行の訓練を検討する委員会を設置．宇宙旅行者はもちろんのこと，商業宇宙パイロット，スペースポート従事者，管制室従事者，フライトコントローラー，コックピットやキャビンクルー，宇宙機システム保守点検修理従事者，訓練教官，FAAの宇宙管制官など宇宙旅行に関わるすべての人の訓練について，飛行経路，搭乗科学者やエンジニアのペイロード実験遂行，医学などの多角的な視点から議論し，2008年11月にガイドラインCommercial Human Space Operations Training Standardsを策定している（広崎他，2016）．

10.2 宇宙旅行の健康への影響1——身体的負担

10.2.1 サブオービタルとオービタル宇宙旅行の健康への影響の違い

宇宙旅行の健康についての質問には医学の専門家でも簡単に答えることができない．宇宙飛行は，通常の航空機に搭乗する人が経験するよりも，はるかに多くの有害な環境に搭乗者を曝すことになる．ただし，その環境条件は，サブオービタル（準軌道飛行），オービタル（軌道飛行），月・火星飛行で大きく異なる．

サブオービタルのほとんどの医学的問題はオービタルのものよりも，小さいものである．FAAはサブオービタル飛行の乗客の健康のガイドラインをつくっているが，通常の飛行機の個人パイロットの免許のために使われる健康診断だけで十分であるとなっている．つまり，飛行機に乗れる人のほとん

どはサブオービタル宇宙旅行もできることになる．サブオービタルは短時間であるため，オービタルで問題になるような体調不良，体液シフト，無重力や地球帰還時の再加速への順応といった医学的懸念はほとんどない．また，現在ではオービタルに関する多くの経験や医学的データベースが蓄積されている．したがって，サブオービタルのリスクはよく知られており，オービタルより小さいものと結論付けられる．

オービタル宇宙旅行はこれとは異なり，複数の問題への対策が必要である．特に，以下に述べるリスクが存在する．

10.2.2　体液の移動と心臓への影響
(a) サブオービタル

30分以内のサブオービタル飛行では，体液の移動と心臓への影響はほとんどないので心配は無用である．ただし，10.2.6項で述べるリスクがあるので，若干の注意が必要である．

(b) オービタル

無重力状態の中で体に最初に起こる変化は，体の中の水分——つまり，血液を含めた「体液」の移動である．

私たちは日ごろ，長時間立ったままでいると，足のむくみを感じることがある．これは，地球の重力によって体液が下がるためである．人間の体は，およそ60%が水分であり，心臓のポンプ作用や静脈の弁の作用で，血液は全身を回るが，それでも長く立っていると，重力の影響で体液が下にたまることがある．

しかしながら宇宙に行き，その重力の影響がなくなると，地上で足に体液がたまるのとは逆に，足の血が引いて頭を含めた上半身に体液が移動する．その量は，およそ1〜2L，大きなペットボトル1本分となる．これだけの水分が上半身に移動するので，顔はむくんで腫れぼったくなる．これを"Moon face"と呼び，かなり人相が変わることになる．逆に足は"Bird legs"と表現されるほど細くなる．

体液が上方に移動することによって，顔がむくむだけでなく，頭の充血した感じや鼻がつまった感じ，首の腫れた感じなども起こるが，ごく普通に健康な人であれば，とくに問題になるような大きな害は発生しない．なぜなら

ば，宇宙に行ったばかりの時期には大幅な体液の移動が起こるが，間もなく体がその変化を感知し，体液が調節されてバランスがとれていくからである．

とはいえ，単に上半身に上った体液が下りるわけではない．地上にいるときは，下半身に多くの体液がたまっているが，宇宙では心臓に戻る体液が多くなるため，体は体液が増えたと錯覚して，ホルモンや自律神経の作用で尿を増やし，体液を減らす．それにより，足は細いままだが，顔のむくみや頭の充血感などは次第に取れていく．このように尿が増えることが予想されるため，宇宙飛行士は出発前には水分を控えるようにすることが多い．体液の移動による顔のむくみなどは，最初の2～3日から1週間くらいまでがピークとなるため，オービタル飛行時には注意が必要である．

また，いったん無重力の宇宙空間に慣れた状態から地上へ帰還すると，1～2Lの体液が，今度は上半身から下半身へ移動するため，体液が急激に下半身に向かって引っぱられると，一時的な頭部の血液不足によって，帰還後に起立性低血圧（脳貧血）を起こし，ふらついたり，立てなくなったりすることがあるので注意が必要である．

このように無重力では体中の血液の流れが変わるため，心臓病のある人にはリスクがある可能性があり，前もって医師に相談する必要がある．また，頭の薬の効果が変わるかもしれないので，前もって医師のアドバイスを受ける必要がある．

10.2.3　放射線・宇宙線の影響

東日本大震災の原発事故により日本において関心が高まっている放射線関係の影響について以下に述べる．

(a) サブオービタル

太陽と宇宙からの放射線は，高度20 kmを超えると，大気による放射線の保護効果はほとんどなくなる．ただし，放射線に対する安全性については，すでに世界中で使われているルールがある．

サブオービタル飛行においては，高度100 kmに30分以内の滞在となるが，図10.1に示すようにヴァン・アレン帯の内側になるため，銀河宇宙線や太陽風はかなり減少し，被曝放射線量は，15 μSv（マイクロシーベルト）程度である．これは一般の人の1年間の被曝限度量といわれる1 mSv（ミリ

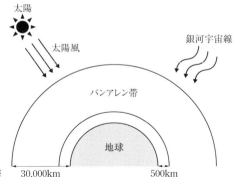

図 10.1　放射線の影響

シーベルト）の約 70 分の 1 となるので，宇宙飛行士の被曝量と比較しても，サブオービタル飛行の乗客に与える放射線のリスクは心配する必要のないレベルであるといえる．

たまに，太陽フレアにより放射線が大いに増えるが，太陽活動は予測ができるので，危ないときは運航を中止すればよい．

(b) オービタル

オービタル飛行，宇宙ホテルの乗客は，数日間宇宙に滞在するため，受ける放射線は比較的多い．しかし，数日間の放射線の量は地上に換算すると 1 年分程度で，健康を害するほど多いわけではない．ホテルの乗務員は約 2 ヵ月宇宙で働くことになり，受ける放射線はかなり多くなる．したがって，現在の病院でのレントゲン技師や原子力発電所の従業員のように，定期的に健康診断を受けることになる．

宇宙飛行士は放射線を 1 日当たり 1 mSv 浴び，6 ヵ月滞在すれば 180 mSv になるが，これは一般の人よりも発がんリスクが約 3% 上がる程度である．今まで，長期滞在した宇宙飛行士が放射線による病気になった例はまったくないので，リスクは少ないと思われている．乗客の場合，特に注意が必要なのは妊婦さんである．産まれる前の赤ちゃんは放射線に弱い．したがって女性は，妊娠前か，出産後に宇宙旅行をする必要がある（柴藤，2003）．

10.2.4　宇宙酔いの影響
(a) サブオービタル

30 分以内のサブオービタル飛行では，宇宙酔いは起こらないので心配は

(b) オービタル

　宇宙飛行士のおよそ半数が，地球を離れてはじめの数日間は，吐き気やめまいなどの不快感に悩まされる．この状態は宇宙酔いといい，唾液が多くなり，冷汗，蒼白，倦怠などの状態に陥り，ときどき突発的な嘔吐が起き，食欲不振となり，その間は仕事が手につかないことになる．宇宙飛行士は宇宙酔いに対する訓練を受けているが，現状はそれでも防ぐことができない．しかし，宇宙酔いは最初の2〜3日だけでたいてい治まってしまう．

　人が地上で，立ったり座ったり，動いたりすることができるのは，目や内耳の前庭の耳石や三半規管，また手足の接触や筋肉・関節の動きによる感覚などの情報と，過去の経験があるからである．海で釣りをしているとき，船が上下に動き，また左右・前後の揺れで加速度が変化する状況を，目からの情報として十分に取り入れられないと船酔いになる．特に，釣り針に餌をつけるときなど，目からの位置情報がほとんど入ってこないために，より船酔いがひどくなる．これらを克服するには，多くの経験を積むことである．宇宙酔いは，地上の船酔いと一致しない面が多く，それらの原因の違いが研究されている．

　宇宙旅行の乗客は，クルーズ船の乗客のように，前もって薬を飲むようにアドバイスされる．ただし，地上での乗り物酔いのかかりやすさと，宇宙酔いのかかりやすさは，必ずしも一致しないため，地上の乗り物には酔いやすいが宇宙酔いはしない人，逆に地上の乗り物には酔わないが宇宙酔いをする人がいて，乗り物酔いと同じ酔い止め薬が必ずしも万能ということではない．とはいえ，無重力環境には数日間で慣れ，だんだん薬も必要なくなることも事実である．

　また，前後左右に回転する装置での訓練があるが，過激な割にあまり効果がないこともわかってきた．宇宙と同じ無重力環境に慣れることが効果的であり，航空機による無重力状態で訓練することがあるが，これも大がかりな訓練となる．近い将来は，シミュレータによる訓練で宇宙酔いの克服ができるようになると考えられる．

10.2.5 骨の軟化の影響
(a) サブオービタル

30分以内のサブオービタル飛行では，骨の軟化の影響を受けることはないので心配は無用である．

(b) オービタル

長い間，無重力状態で生活すると骨の中のカルシウムが減少してくる．骨は地上では自分の重さを支えるために，硬い組織となっている．その硬さを保つための成分の1つがカルシウムである．無重量状態では，骨のカルシウムが血液中に溶け出し，尿とともに排泄する量が，腸から吸収する摂取量より多くなり，代謝作用のバランスが崩れる．骨の変化は，体重が加わることによる物理的な刺激によるものである．

地上でも病気などで長い間，床についていると骨のカルシウム成分が減るが，無重量状態で，しかも狭い宇宙船の中では，活動的でなくなり，骨に対する刺激がほとんどなく，脱カルシウム現象が進むことになる．人間の体にはおよそ1kgのカルシウムがあるが，試算によれば，宇宙に1年間滞在することにより，300gのカルシウムが骨から出ていくといわれている．このように多くのカルシウムがなくなると，骨はもろくなり，少しの衝撃でも折れてしまう．

これを避けるために，宇宙ステーションにエキスパンダーや自転車こぎなどの運動器具が持ち込まれ，かなりの運動やトレーニングがなされている．これまでのデータは，成長した人についてのものであるが，長期間の無重量状態が成長中の人体に及ぼす影響については簡単に実験できない．将来人類が宇宙に展開する時代になると，成長期の人の活動や育児の問題も出てくる．しかし，人を実験体にすることはできないから，これらのカルシウムの減少を止める方法を，宇宙ステーションを利用して時間をかけて動物実験などで究明していくことになる．

これまでの話は長期滞在の場合の影響であって，宇宙ホテルの乗客のほとんどの人は数日間しか泊まらないので悪影響はない．しかし，数ヵ月宇宙にいるホテルの従業員は，特別に筋肉を動かす運動が必要になる．長期的に無重力状態で暮らせば骨も弱くなるが，宇宙旅行産業で考えた場合にはそれほど長い時間宇宙に滞在する人はいないので，問題とはならない．

10.2.6 体力低下の影響
(a) サブオービタル
　30分以内のサブオービタル飛行では，体力低下の影響を受けることはないので心配は無用である．

(b) オービタル
　無重力下では，筋肉が細くなる問題もある．無重力状態では，特に下肢などの体重を支える筋肉の萎縮が大きい．一般的に人の体は，使用しない部分が委縮してくる．長期間療養生活を続けると，下肢の筋肉が少なくなるのと同じ現象である．筋肉は，筋繊維という細いゴムのような筋が束になってできている．筋肉を使えば使うほどこの筋が太くなって筋骨隆々とした体になる．逆に使わないとだんだん脂肪に変わってしまう．日常生活に支障がない程度ならいいが，宇宙ではほとんど筋肉を使っていないので，筋肉の脂肪化が進行してしまう．過去の長期宇宙滞在では，3ヵ月で約20%も筋肉が減ってしまった宇宙飛行士もいる．

　この予防法として，自転車こぎなどの運動を1日に2時間ぐらいする必要がある．このような運動は，心臓の弱りやカルシウムの減少を防ぐのにも効果がある．1年以上宇宙に滞在しているミールの宇宙飛行士たちは，滞在後半になると，ほとんどの時間をこの訓練に費やしたといわれている．これでは何のために宇宙に行っているのかわからないので，もっと効率的な防止策がないか研究されている．ただし，極度に委縮していなければ，宇宙から帰還後1～2週間で回復するといわれている．

　宇宙での生活は，人体にいろいろな影響を与えるが，今後の宇宙ステーションなどでの実験で，これらの問題も解決されるであろう．また，このような実験で人間の体への無重量の影響が研究されれば，私たちの病気の治療に利用されるし，将来，宇宙病院で地上ではできない治療が有効になる可能性もある．

　これまでの話は長期滞在の場合の影響であって，骨の軟化と同様に宇宙ホテルの乗客のほとんどの人は数日間しか泊まらないので悪影響はない．

10.2.7 無重力・ハイ G の影響
(a) サブオービタル

サブオービタルの重要な側面は大きな G（重力加速）から、ゼロ G への急速な変化であり、その直後に帰還時の減速による大きな G を受ける。無重力から大きな重力への移行は、循環器系（血液や心臓など）や前庭系（平衡をつかさどる機能など）への影響を引き起こす可能性があるが、まだ明確に定義できる段階にはなっていない。そのため、ジェット戦闘機のパイロットや宇宙飛行士が体験するグルグル回る「遠心分離器（セントリフュージ）」の訓練や、無重力体験ができる「パラボリックフライト」では「加速→無重力→減速のトータルの環境を模擬できない」ために、たくさんの人が実際にサブオービタルを体験してデータを集めないと、本当のところはわからないともいえる。

重力加速度の影響をなるべく受けないためには、胸から背中へ加速を受けるようにすること（専門用語では G_x と呼ばれる）が推奨される。この方向の加速に対して人体は寛容にできている。一方、頭から足にかかる加速（G_z と呼ばれる）は人体に最も悪い影響を与える可能性が高い。スペースシップツーの座席が大きな加速を受けるときはリクライニングされて、加速を胸から背中に受けるようになっている理由はここにあるといえる（大貫、2009）。

(b) オービタル

オービタルについての影響は 10.2.1, 10.2.3, 10.2.4, 10.2.5 項を参照されたい。

10.3 宇宙旅行の健康への影響 2 ── 精神的負担

10.3.1 プライバシーの確保

精神的負担はほとんどの場合、オービタル飛行において発生するものであるため、以降はオービタルについて記述する。

私たちは過密状態でストレスや緊張が高まると、どこか他に誰もいないところへ行って息抜きをする。しかし、宇宙船では 1 人になれるスペースはほんのわずかしかなく、秘密を守ることはできそうにない。現在、国際宇宙ス

テーションで1人の宇宙飛行士に割り当てられている個室スペースは，ガイドラインによると，大きめの電話ボックスに蓋が付いた寝棚のようなものとなっている．プライバシーやプライバシーを守る手段を必要とするかどうかはその人がどのような文化で育ったかによって決まるところがある．文化によっては，プライバシーとは，1人になることではなく，会話やアイコンタクトも控えることを指す．別な文化では，周りに人がいても1人になる手段として瞑想を行う．1人になりたがる人がいると反社会的な行為をしようとしているのではないかと疑いの目を向ける文化もある．ともに旅をしている人びとが何を求め，何を必要としているのかを理解すると，宇宙船の中という新しい閉じた環境に適応するだろう．

　狭い場所に閉じ込められた旅がどれくらいの期間にわたるかによってプライバシーの価値は違ってくる．これまでの経験や研究からわかっているところでは，短時間の旅ならばプライバシーを保てる方がストレスや気苦労をやわらげる．しかし，旅行期間が長くなるに従って，あまり1人になる時間を取っていると，かえってグループ内の緊張が高まる．長期にわたる旅でグループ内の関係をうまくやっていくには，頻繁に接することで，時間の経過とともに高まりやすい緊張をほぐす必要がある．1人になる時間が長いと，ほかのメンバーと話し合えばすぐに解決できる問題を1人で抱え込むことにもなる．

10.3.2　ストレス

　言うまでもないことだが，旅行中の活動やほかの人々との関わりはストレスを生む．楽しい経験や嬉しい経験もストレスのもとになる．

　やっかいなのはストレスが過剰になった場合だ．自分が望んでいることと矛盾した状況に置かれたり，命の危険に曝されたり，自分の能力では解決できない事態に直面したり，何かに適切に対処できなかったりすると，ストレスが過剰になる．宇宙では，原因は同じでも，そこから生じるストレスは地球にいるときよりも，ずっとマイナスに働く度合いが高いと考えられる．停電が起きても地球なら不便になるだけのことだが，宇宙船や宇宙基地では壊滅的な打撃になる可能性がある．

　極端なストレスは，私たちの脳に，闘争か逃走か凍結かという大昔からあ

る反応を引き起こす．ストレスの度合いが高いと，うつや不安障害，心的外傷後ストレス障害（PTSD）などの疾患を生むこともある．ストレス過剰は，慢性的な頭痛，血圧や心拍数の上昇，消化不良，発疹，不安感の増大，イライラ，強い敵意，疲労感，1人になりたいという強い欲求，精力・集中力・生産力・意欲の減退，グループのほかのメンバーからの孤立，倦怠感，不眠，衝動的行動，さらには心臓発作まで，さまざまな症状の原因となる．過剰なストレスに対してどのような反応をするかを事前に予測することは難しい．しかしながら，宇宙旅行産業で考えた場合にはそんなに長い時間宇宙に滞在する人はいないので，当面の間は問題とはならない．

10.3.3 不安症

誰でも不安症を経験したことがあるはずだ．気持ちが落ち着かず，すべてが疑わしく思える，あるいは緊張を伴う場面や状況で恐怖を感じたことはあるだろう．軽度の不安症なら，それに伴って起きる肉体的，精神的な特徴とともに，試練を乗り越える助けとなる．

しかし，それがいつまでも続いたり，あまり強いものだったりすると，極端な，あるいは持続的な精神的症状を引き起こす．

ときには，これといった明確な原因がなくても不安症が起こることもある．症状が重く，旅行中に正常な活動ができなくなるかもしれない．そうなると，不安障害に分類されることになる．不安障害には，パニック障害，全般性不安障害（はっきりとした理由がないのに度を超えた不安が続くもの），分離不安障害，さまざまな恐怖症（考えられる危険の大きさに比べて著しい恐怖を抱くもの），強迫性障害，急性ストレス障害（強いストレスを受けるような出来事から症状が4週間以内に治まるもの），心的外傷後ストレス障害（PTSD．4週間以上症状が続くもの）などがある．

不安症やストレスが続くと，それがきっかけとなってもっと深刻な状態に陥ることもある．これは慢性的無力症や神経衰弱，ダコスタ症候群，あるいは神経循環無力症など，さまざまな名前で呼ばれている．慢性的な無力症になると，それまではわくわくしたことがつまらなくなり，同じことを繰り返しているだけに思える．音楽や食べ物の好みが変わり，宇宙船で旅をする仲間同士，あるいは地上支援要員に対してとげとげしい態度を取るようになる．

これらは火星以遠への旅行など，かなりの長期間の旅においての懸念点であり，サブオービタル飛行やオービタル飛行，宇宙ホテル滞在程度では問題とはならない．また，PTSDをはじめとする不安障害に対してはさまざまな行動療法や薬物療法があり，その治療は宇宙でも行うことが可能である．

10.3.4 閉所恐怖症

宇宙船の中の空間はこれまで過ごしてきたどんな環境よりも狭い．個人空間も共有空間も限られたところで生活していると，さまざまな精神衛生上の問題を生じやすい．その1つが閉所恐怖症で，狭い閉じた空間に対して，理由もなく，継続的に激しい恐怖を感じる．

閉所恐怖症は不安障害やパニック障害につながる．衝動的な行動を取って自分や他人を，あるいは宇宙船を危険に曝すこともありうる．宇宙服を着ているときに閉所恐怖症の症状が現れたら，恐ろしい結果につながりかねない．真空の宇宙空間でヘルメットを脱ぎ捨てようとする，ということも考えられる．一方で宇宙を旅行している間は，窮屈な宇宙服を身に着けなければ一歩も外へ出ることはできないのである．

閉所恐怖症は短期間の旅行でも発症する恐れがあるため，サブオービタル飛行を含むすべての宇宙旅行において，健康診断における問診表の項目として申告が必要になると考えられる．

10.3.5 精神的負担への対策──宇宙旅行中のレクリエーション

長期にわたる宇宙滞在は，心理的問題を引き起こす多くの要因をかかえている．これらのうち，宇宙という特殊な環境から生じる「精神機能」の諸問題は日数を経るにつれて順応するかたちで好転するが，個人の内部に発生する「精神状態」の諸問題は，長期間の宇宙滞在で深刻な問題となる可能性がある．

心理的問題をなくすには，余暇の過ごし方を豊かにする必要がある．現在も音楽鑑賞，読書などがあるが，長期滞在が続くともっと積極的に余暇を楽しむ工夫がいる．宇宙船が大型化できれば，地上とは違った宇宙シアター，無重力を活かした新しいスポーツ，3次元空間を使ったゲームなどこれからいろいろなアイディアが出てくるであろう．それが進むと宇宙でのスポーツ

は地上よりも楽しめるものも考えられ，宇宙でのスポーツ大会なども開かれるであろう．

宇宙ホテルとなれば，このようなレクリエーション施設の他に，レストランの充実も必要となり，現在は禁止されている飲酒の解禁もすることになるであろう．レストンランで宇宙カクテルなどを飲みながら，地球や月や他の天体を鑑賞し，ゆったりとくつろぐことが精神を安定させるには一番良いのであろう（柴藤，2003）．

10.4 宇宙旅行に出かける前の準備

10.4.1 宇宙に行ける健康基準と診断
(a) 健康基準

宇宙開発の先進国の米国でも医学データがないのが実態で，サブオービタル宇宙旅行についての健康基準ははっきりとまだ定まっていない．

健康上どこにも異常がない人ならばもちろん問題はないが，人間はどこかに異常がある人の方が多い．日本の一般の医師は医学の専門家であっても，サブオービタル宇宙旅行のことや，それがどの程度身体に影響を与えるか，どのような人は参加を諦めるべきなのか，どのような人なら飛べるのか，などなどについては情報も事例もない．だから現時点ではほとんどの医師にとって宇宙行きの健康基準の判断は難しいかもしれない．

このような状況では，健康状態に少しでも問題があれば，「搭乗はノー」にしておいた方が無難という結論になりそうだが，本人が健康に自信を持ち，参加への強い意思もあると，納得がいかない人も出てくる．

この検診に最も適任なのは，宇宙飛行士や航空パイロットの健康診断などをしている航空医学の専門の医師である．

ヴァージン・ギャラクティック社は日本も含めて世界各国の航空医学の専門医のネットワークをつくりつつある．健康基準について明文化されたものは公表されていないが，サブオービタル宇宙旅行の環境で，身体の中で最も影響を受けそうなのが脳神経系と循環器系（心臓や血管など）で，これらの部分に問題がある人は要注意である．さらに具体的な内容として，次に挙げる病気の場合はリスクが高いと判断される可能性があるが，1人ずつ状態が

違うので，検査をして最新の数値も確認して専門医が本人を直接診察して判断をしていくことになる．元 JAXA の主任医長で現在東京慈恵医科大学・宇宙航空医学研究室の関口千春教授が挙げた要注意の疾患は次の通りである．

（ⅰ）呼吸器疾患：特に喘息，急性の呼吸器炎症，結核，COPD（慢性閉塞性肺疾患）
（ⅱ）感染症：肺炎，胆のう炎，肝炎，尿路感染症
（ⅲ）耳鼻科的疾患：眩暈（めまい）
（ⅳ）神経系疾患：麻痺や意識障害などの脳卒中後遺症，癲癇，痙攣を伴う疾患
（ⅴ）循環器系疾患：狭心症，心筋梗塞の既往，重篤な不整脈，ペースメーカー移植など
（ⅵ）悪性腫瘍：癌など
（ⅶ）薬物中毒：アルコール中毒も含む
（ⅷ）精神疾患：精神病，閉所恐怖症，不安神経症，過呼吸症候群など
（ⅸ）最近の妊娠
（ⅹ）緊急脱出を妨げる身体的な欠陥

（浅川（2014）より引用）

(b) 健康診断と問診表

　宇宙旅行が決まり，宇宙旅行代理店とコンタクトを取ったら，申込書と健康診断書の提出が求められる．申込書は宇宙旅行を提供する会社と宇宙旅行参加者との，いわば"契約"である．

　宇宙旅行参加の大前提は宇宙旅行と宇宙旅行をする宇宙旅行機がどういうものであるのかのインフォームド・コンセント（事前説明）を受けたうえで，自己責任で参加することになる．この基本的事項を十分理解したうえで申込用紙を記入する必要がある．申込書と同時に必要になるのが健康診断書で，現在の健康状態やこれまでの病歴の申告を行う．健康診断書に記載されている項目はすべて米国連邦航空局商業宇宙飛行医学センター（FAA-CAMI）で決められており，サブオービタル，オービタル，月旅行といった宇宙旅行の種類によって異なってくるが，どこの宇宙旅行代理店に申し込んでも基本

的な内容は同じである．申し込み時の健康診断書は自己申告であるが，後日，航空宇宙医学の専門医に診断してもらったものを提出する必要がある．

「一般的に健康な方であれば参加できる」宇宙旅行だが，この「一般的に健康」をどのように決めるかが難しい．ヴァージン・ギャラクティック社では宇宙旅行用の問診表に答えてもらい，医療責任者が「一般的に健康かどうか」を判断する．内容はかなり広範囲にわたっている．医療責任者はこの回答を見て，健康に疑いがあれば各国にいる航空医学の専門医に診察を委ねる流れになっている．これらのステップを経た後に，出発前3日間の準備訓練の中の最終的な健康診断で最終チェックを受けて宇宙に行くことになる．したがって，米国に行って出発直前に，「あなたの健康では宇宙に行けません」といわれて戻ってくるような可能性は極力ないように考えられている．

ただし，申し込み時に宇宙旅行の健康基準をクリアしても，実際に宇宙旅行をするまでの年月の間に健康状態が変わる可能性があるため，自身の健康管理には十分注意する必要がある．

前項の健康基準に高血圧かどうかは含まれていないが，問診表には高血圧かどうかという質問がある．高血圧かどうかは，国によっても基準が違うが，現在，日本では日本高血圧学会の基準（2009年改定）で，上が140 mmHg，下が90 mmHg以上を高血圧としている．ヴァージン・ギャラクティック社の医療責任者によると，この基準をオーバーしている人でも降圧剤を飲んで，正常な数値にできる人であれば問題ないとのことである．

いずれにしても，健康基準の問題は今後の宇宙旅行事業の展開において非常に重要なファクターであり，特に事業の開始直後はすべての面において安全第一が優先されるため，健康面の判断も最初はより慎重に行われる可能性が高い．ただし，宇宙旅行者が増え事例が増えていけば，徐々に緩和されていくものと期待される（大貫，2009）．

10.4.2　ナスターセンターでの訓練

米フィラデルフィアに所在するナスター（NASTAR）は，2007年秋以降，FAAとの協力のもと商業有人宇宙飛行の訓練プログラムを整備している．ハイG（高重力）シミュレータ（セントリフュージ），乗り物酔いへの過敏性などを試験するシミュレータ，高度チャンバー，フライトシミュレータ，

242　第10章　宇宙酔いから精神負担まで

図 10.2　高度チャンバーの訓練
ⒸNASTAR

緊急時の射出座席などが設置されており，サブオービタル飛行の訓練用に組み立てられたプログラムを受けることができる．

ナスターではヴァージン・ギャラクティックの最初の100人の宇宙旅行申込者であるファウンダーを含み既に訓練を実施しているが，宇宙旅行客だけでなく商業宇宙パイロットや搭乗科学者向けの訓練なども行っており，さらには宇宙旅行に申し込んでいない人も宇宙旅行訓練を体験することができる．もともと，軍事飛行や民間飛行向けに訓練サービスを提供しており，米国だけでなく海外からの受け入れ訓練を実施している．ナスターはFAA/ASTの中核的研究拠点（Center of Excellence）として重力が身体に及ぼす作用などのGフォース研究で実績を上げている（広崎他，2016）．

10.4.3　ゼロGとハイG訓練

宇宙旅行の最大の目的の1つにゼロG体験があるが，ゼロGを航空機によるパラボリックフライトであらかじめ体験しておくことは宇宙旅行を存分に楽しむためにも有効な訓練である．サブオービタル機は垂直型，水平型，

図 10.3　スターファイター F-104 によるサブオービタル飛行シミュレーション訓練　ⒸStarfighter

空中発射型などタイプは違っても，弾道飛行の無重力時間は約5分間であり，どの機体でも同じである．パラボリックフライトによるゼロGに並んで重要な訓練にハイG体験がある．ハイGは遠心力機のセントリフュージで訓練することができるが，軍用機を使った訓練も行われている．オービタル宇宙旅行もサブオービタル宇宙旅行も往還と帰還のときには機体の加速により高重力がかかり，上昇時よりも帰還時の重力負荷が大きい．軍用機によるアクロバット飛行によるハイG体験では高度25kmあたりまで上昇するため，丸い地球を感じることもできる．

また，ゼロG訓練には海底で行うものもある．宇宙飛行士のプログラムの海底訓練は，海底に設置された閉鎖環境施設での極限環境ミッション運用訓練であるが，一方サブオービタル向けの海底訓練はスキューバダイビングによる無重力模擬訓練である．イタリアに設立されたスペースランドでは，サブオービタル訓練として航空機による無重力飛行や座学とともにスキューバダイビングを行っている（広崎他，2016）．

10.4.4　スペースチャンバー訓練

2014年に米国で9番目のスペースポートとなったミッドランドスペースポートはスペースXなどに商業宇宙服を開発するオービタルアウトフィッターズ社を誘致している．オービタルアウトフィッターズ社はミッドランドのインセンティブで宇宙服の開発や宇宙旅行の訓練のための世界最大級の有人レイティングのスペースチャンバーを設置した．ミッドランド高高度チャンバー設備（MACC: Midland Altitude Chamber Complex）は，スーツチャンバーとキャビンチャンバー，機器チャンバーの3つのチャンバーがあり，宇宙服の開発に利用されるだけでなく，宇宙機のキャビンを丸ごと入れた環

図 10.4　MACCスーツチャンバー（左）とキャビンチャンバー
© Midland Development Corporation

境試験や宇宙服を着用した搭乗者の訓練にも役立てられる．

10.4.5　日本企業とJAXAの取り組み
(a) 日本企業のサブオービタル訓練プログラム

　サブオービタル宇宙旅行の訓練は各社数日間の訓練プログラムを整備している．日本では高度100 kmへ到達可能な完全再使用型サブオービタル宇宙飛行機の開発を目指しているPDエアロスペース株式会社では宇宙旅行事前訓練プログラムを提供している．この訓練プログラムを体験すれば，宇宙旅行の飛行環境を擬似的に再現し，負荷を体感することで身体学習するとともに，メディカルチェックにより自己の状態を知り，併せて宇宙旅行の正しい知識を身に付けることができる．

　メディカルチェックは，国際宇宙ステーションに滞在する宇宙飛行士のメディカルチェック項目をベースに，サブオービタル宇宙旅行に関連する項目を抽出し，訓練実施中に計測を行い，身体の変化を確認するものとなっている．

　座学は宇宙旅行の基礎知識からサブオービタルフライトの飛行プロファイル（離陸／発射から着陸までの工程）などを，技術的，物理的，また医学的な側面から説明するものとなっている．

　実地（訓練）は航空機を高高度から自由落下させ，約20秒間の無重量（0 G）環境と，放物飛行の前後で，0～2 Gの急激な環境変化をつくり（パラボリックフライト），体感と身体学習，メディカルデータの取得を行うものとなっている．7回程度放物飛行を行い，飛行時間は，約1～1.5時間となっている．

　遠心加速器を用いて，宇宙旅行の飛行行程を想定したGを再現（最大6 G）しG変化環境をつくり出し，実施前後，実施中に，メディカルチェック／計測を行う，＋Gプログラムも準備中である[1]．

(b) オービタル訓練プログラム

　国際宇宙ステーションに滞在する宇宙旅行ではロシアのスターシティで実施される約6ヵ月の訓練が必要となり宇宙飛行士の訓練とほとんど同じであ

---

1) 『宇宙旅行 事前訓練プログラム』，PDエアロスペース株式会社，https://wp024.wappy.ne.jp/pdas.co.jp/pp/

る．6ヵ月の訓練期間が宇宙旅行参加者にとっては大変な負荷になっていることから宇宙ホテルの滞在では訓練を短縮する方向で検討されている．

　参考までに JAXA での宇宙飛行に関する訓練を以降に紹介する．JAXAにて宇宙飛行士候補者に選定されるとまず，基礎訓練を受ける．宇宙飛行士として必要な基本的知識修得をはじめとして，宇宙科学や宇宙医学の講義，ISS をはじめとする宇宙機システムに関する講義と基本操作訓練，英語やロシア語の語学訓練，飛行機操縦訓練，体力訓練といった内容となっている．それを修了してはじめて，宇宙飛行士として認定されることになる．

　認定後は引き続き，宇宙機システム・実験装置の操作や宇宙での作業訓練の他，語学訓練，飛行機操縦訓練，体力訓練を行う．そして ISS への搭乗が決まると，打ち上げと帰還・軌道上滞在中に行う作業の訓練や，一緒のチームになる宇宙飛行士たちや地上管制要員たちと共同でのシミュレーション訓練を行う[2]．

参考文献
秋山太郎『「宇宙医学」入門』
浅川恵司（2014）『集合．成田．行き先，宇宙．』双葉社
大貫美鈴（2009）『来週，宇宙に行ってきます』春日出版
カミンズ，ニール・F・（2008）『もしも宇宙を旅したら——地球に無事帰還するための手引き』ソフトバンク クリエイティブ
コリンズ，パトリック（2013）『宇宙旅行学——新産業へのパラダイム・シフト』東海大学出版会
柴藤羊二（2003）『図解雑学 宇宙旅行』ナツメ社
スタイン，G・G・ハリー・／村川恭介訳（2011）『宇宙で暮らす！』築地書館
広崎朋史・大貫美鈴・諸島玲治（2016）「宇宙旅行機の閉鎖系環境（宇宙旅行のキャビン環境）と宇宙飛行訓練」第60回宇宙科学技術連合講演会
水野紀男（2006）『宇宙観光旅行時代の到来』文芸社
水野光規・河野史倫（2016）「宇宙旅行——私も宇宙に行けますか？」宇宙航空環境医学 Vol. 53, No. 4

---

[2] 宇宙飛行士の訓練，http://www.jaxa.jp/projects/iss_human/astro/index_j.html

終　章

宇宙旅行を日本で実現するための課題と克服

　これまでの各章では，結論の節を特に設けていない．そこで本章では，各章の結論を代弁する形でまとめる．各章を振り返って，宇宙旅行が産業として成立・発展しうるか，課題は何か，宇宙旅行を日本で実現できるか，という視点でまとめてみる．各章執筆者はそれぞれの分野で研究や実践を積み重ねてきた宇宙旅行の専門家であるが，一般人の視点から各章の位置づけを行う．

　なお以下は，各章番号に対応して進めていく．

1　宇宙旅行とは何か（第 1 章）

　大衆向けの宇宙旅行の実現時期について，筆者は次のように予想している．

2020 年までに	複数社のサブオービタル（準軌道）宇宙旅行実現
2030 年代	オービタル（軌道）宇宙旅行実現
2040 年代	月旅行の実現
2050 年以降	火星や他の惑星への宇宙旅行実現

　サブオービタル宇宙旅行は世界中で多くの一般人に圧倒的感動をもたらす宇宙体験となる．「青い地球をこの目で見たい」というニーズは巨大で，大きなビジネスとして花開くことになる．しかし，これはゴールではなく通過点で，将来は地球 2 地点間の移動手段になっていく．さらにその後，オービタル宇宙旅行の時代が花開き，たくさんの観光客が軌道を回ることが大きな産業にもなっていく．このような流れを経て宇宙旅行の次のゴールは月旅行に向かっていく．

月旅行の最大の目玉の1つは，月のダークサイド観光といえる．月の夜にダークサイドを訪れると，地球の光も遮断され，遮る雲もない暗黒の中からかつて人類が見たこともない満天の星空を楽しむことができる．その他，「地球の出」の観賞，月でのスポーツ体験や月墓地への墓参もブームになる．月は，観光面で大きな魅力と可能性を秘めている．

一方，これからの宇宙船の運航は航空会社が担い手の中心となる．サブオービタルだけでなく，将来的にはオービタル，そして月までは「航空産業」のテリトリーになることが運命づけられている．

宇宙船運航業だけでなく，「宇宙港」そのものが多くの観光客を集める観光拠点ともなり，地域経済を活性化していく．この流れは米国から始まり，世界中に広まっていき，宇宙船オペレーターの誘致合戦につながっていくだろう．

それが宇宙観光時代だ．

2 これまでと，これからの宇宙旅行（第2章）

宇宙旅行の歴史は，多くの技術革新とさまざまの政治状況等の偶然により今日の状況となっている．その道のりは決して順調で平坦ではなく，進歩と停滞，熱狂とニヒリズムの時代を繰り返してきた．

しかし，これまでの歴史を俯瞰して見ると，人類の夢である宇宙旅行の実現には社会基盤と技術基盤が成熟して初めて成立した面がある．有人ロケットが成立するためには，材料，誘導，生命維持システム，支援システムを含むハードウエア，ソフトウエア，そしてそれらの開発を支える資本が揃って初めて成立する．また，その開発チームを維持するリーダーシップの存在と，社会的に宇宙旅行を支持するグループの存在が重要である．

それらの条件を考えると，これまで米国が宇宙旅行のリーダーシップを取ってきた歴史も必然といえる．しかし富と技術が世界的な広がりを見せている現代では宇宙旅行を含む宇宙産業へ多くの民間企業やグループが参入してくると同時に，ルクセンブルク大公国のように積極的に宇宙活動を支援して自国に誘致しようという動きも出てくるであろう．また既存の宇宙機関も地球周辺の低軌道への輸送は民間に任せ，月や火星それ以遠の活動に集約しよ

うとする動きがある．宇宙旅行が地球周辺の低軌道への輸送の一翼を担う存在になれば，輸送コストの低減に寄与し，より多くの人々が宇宙に行くことができる．

人類の活動領域を拡大することが人間の理性と倫理性を高め，次なる世代の未来の土台となる．宇宙旅行はその大きな土台となりうる．「人間の想像できることは，必ず実現できる」とのフランスの有名なSF作家ジュール・ベルヌの有名な一節で筆者はこの章を終えている．

3 ロケットや宇宙船——宇宙旅行の技術と安全性 (第3章)

宇宙旅行に必須な乗り物として宇宙船がある．宇宙船は，強加速で宇宙に飛び出していくロケットと，ほとんど加速度を感じないで宇宙を巡航する宇宙ホテル等とに，分類できる．その特徴をよく理解し，宇宙旅行を企画し，あるいは旅行者として楽しむことが重要である．

ロケットの条件はまず，燃料と共に酸化剤も自前で用意する必要がある．第2の条件は速度であり，このロケットが旅行者をどの軌道に乗せるかで異なってくる．ひいてはロケットに必要な推進力に関係する．地球を周回しない準軌道（サブオービタル）宇宙旅行なら，低速でよい．しかし地球を周回する軌道まで行く場合，7.9 km/sの第1宇宙速度までの加速性能が必要である．さらに火星など他の惑星に行くためには，第2宇宙速度の11.2 km/secとなる．ロケットとして低推力でよい場合，ハイブリッドロケットが使える．高推力では，液体燃料ロケットが使われる．いずれにしてもコスト低減のためには，機体を何度も使いまわす再使用型ロケットが不可欠である．

もう1つの宇宙船である巡航機（宇宙ホテル等）では，ロケットで軌道に運ばれるので，強い加速や振動に耐えるだけの機械条件は満たさねばならない．そして宇宙空間に長く滞在するために，熱や放射線，地磁気，（微小）重力条件を満たす必要がある．巡航機としては，カプセルから宇宙基地，宇宙ホテルまである．またスペースシャトルのように，ロケットと巡航機の機能を併せ持つものもある．巡航機の種類によって，宇宙旅行者の旅行環境も大きく変わってくる．

宇宙旅行の安全性は，何物にもまして確保する必要がある．サブオービタ

ル宇宙旅行は，低推力ロケットでよく，旅行形態も飛行機と類似しており，安全性が高い．オービタル宇宙旅行では，帰還時にリスクが高いが，これまでの宇宙飛行士の飛行経験から改良が加えられている．米国では商業宇宙輸送に対し，連邦航空局（Federal Aviation Administration: FAA）の商業宇宙輸送局（AST）が管理して，市民の安全確保と商業宇宙輸送の支援・促進を図っている．

宇宙旅行のためには，宇宙船運用設備と宇宙港も必要である．米国では宇宙港について，前記 FAA の AST が積極的な基準づくりと審査・認可を行っている．その他，旅客用通信や宇宙旅行服なども開発する必要がある．

日本は今こそ，宇宙旅行に対し準備をすべきである．その場合，どこまでやるかは，重要で困難な判断を要する．次のように分けることができるが，航空事情と対応づけてみよう．

① ロケットの開発………………航空機ではボーイングやエアバスが対応
② 宇宙港とロケットの運用……羽田空港と全日本空輸や日本航空．
③ 宇宙旅行の仲介………………近畿日本ツーリストや HIS
④ 宇宙旅行付帯技術の開発（旅客用通信や宇宙旅行服など）……対応するものが少ない

できれば，①から④まですべてを，わが国で手中に収めたい．しかし有人ロケットの開発が難しい場合，少なくとも②と③は実行することが重要である．政府はそのために，技術開発や法整備を強力に支援すべきである．④は日本の得意分野なので，今着手すれば最先端を走れて有望である．

4 多様なツーリズムと宇宙旅行（第4章）

わが国において観光は重要な産業であるが，近年は特に重要さを増している訪日外国人旅行（インバウンド）の振興策の一環として，日本発着の宇宙旅行を第4章では取り上げている．

宇宙開発の重要性について著者は，宇宙産業の基幹である宇宙機器産業のみならず他産業への広汎な波及効果があり，わが国の科学技術創造立国を目

指す視線で取り上げる必要があると指摘している．

　たとえば，2015年度の訪日外国人の国内消費総額は3.5兆円で，これによる経済効果は生産誘発効果が6.8兆円，付加価値誘発効果が3.8兆円，雇用創出効果は63万人と試算されている．これから見ても，日本発着の宇宙旅行ともなればさらに宇宙機器産業をはじめとして宇宙利用サービス産業やユーザー産業群への生産誘発効果と雇用創出効果を期待できる．

　宇宙旅行取り扱いの独自システムを構築しなければ，その旅行需要は米国やロシア，さらに中国等の宇宙旅行関連産業に吸収され，国際旅行収支のうえでも厖大な赤字構造が懸念される．日本発着の宇宙観光旅行に外国から旅客を誘致することで国際社会に貢献することができる．

　日本発着宇宙旅行ビジネスの早期スタートは，今後のインバウンド政策上不可欠である．宇宙機器産業への波及，技術力向上を狙い，最終的に宇宙機の独自開発を目指すが，当面は宇宙旅行等の関連ビジネスの創出においては，海外機の導入によるサービス供用を開始することが近道である．

　サブオービタルで始めて次にオービタル宇宙旅行と，日本人のみならず外国人旅行者に日本発着の宇宙旅行を定着させていけば，宇宙産業全体の底上げに寄与できる．高度に発達した宇宙技術はその関連産業を中心にあらゆる民生産業に波及し日本経済の活性化に貢献するであろう．まさに宇宙旅行を梃に科学技術創造立国と観光立国の実現が可能となる．

　人口減少時代に突入している日本にとって，インバウンドの拡大に伴う交流人口の増大は，人口減少による国内消費額の減退を補完できる．さらに，宇宙旅行の実施により，1人当たりの消費額についてもより拡大できる可能性がある．特に，インバウンド市場の80%を占めるアジア諸国の富裕層を対象に市場確保の競争に勝つことが重要である．既存の観光資源に頼らずインバウンドを振興する手段が，日本の技術力に裏打ちされた宇宙観光旅行に求められる所以である．

5　宇宙旅行の需要を探る（第5章）

　1990年代から2010年代までの30年間，宇宙旅行の需要についてのさまざまな予測や調査が世界各国の機関，企業などにより行われてきた．第5章

で紹介しているようにその需要予測は，「世界全体で300億円程度」というものから，「日本国内だけで1兆円を超える可能性がある」というものまで非常に幅広い．

社会の注目度が非常に高いことは世界中で実証されている事実だが，この事業が「お金がある一部愛好者だけのお楽しみ」で終わらないという保証は今のところない．一方，最新の調査では，サブオービタル宇宙旅行は，1人600万円が目標価格となるという具体的な予測も出ている．

しかし，民間宇宙旅行は開発中で，事業としてまだ始まっていないので正確な需要を予測することは困難であり，それはやむをえないことだ．ちょうど1980年代のインターネットの黎明期のように，将来世界でどのような役回りを演じることになるか，今は誰にもわからないのが本当のところだ．

ただし，われわれはアポロ11号の宇宙飛行士，マイケル・コリンズの次の言葉に出会う．

「私には未来がどうなるかわからない．しかし，ノースカロライナのキティホークでライト兄弟がはじめて空を飛んでから，私たちが"静かの基地"に着陸するまでわずか66年しかたっていない，ということは知っている．いまから66年後，そのころのきみたちはまだ生きている．それまでいったいどれだけのことができるか，考えてみたまえ！」

人類の果たした大きな進歩を考えるとき，大きな需要が生まれてくると予想することは，やはり自然なことだろう．

6　宇宙旅行をマーケティングする（第6章）

「宇宙旅行」を，どのような顧客に，どのような価値づけをし，どのようにプロモーションしていくか，これらの考察によって，将来の宇宙旅行想定顧客ニーズに応えるツアー商品の開発を進めることが，宇宙旅行市場創出のためには重要である．

マーケティングの基本分析（STP, 4P/4C, SWOT）では，宇宙旅行の魅力は「青い地球」「無重力」にとどまっている．高額な旅行費用に見合う，またリピーターを獲得すべく，宇宙旅行の魅力づけの高価値化が不可欠である．この宇宙旅行の高価値化に向けた課題を，マーケティング知見から考察した．

まず，宇宙旅行の商品づくりのために，宇宙船開発からの視点だけでなく顧客志向を踏まえた，複眼の開発視点が肝要である．航空業界の運航やオペレーション面の知見やノウハウも，宇宙船のキャビン設計や，お客様へのホスピタリティにおいて欠かせない．さらに，宇宙船の研究・開発や製造，宇宙旅行の企画・販売・プロモーションにおいて，各部門が，「宇宙旅行会社」という1つの企業体としての経営意識のもと戦略を立てることが，ダーウィンの海に溺れることなく，キャズムの溝に落ちることなく，市場の獲得へつながっていくのである．

　顧客志向を踏まえた宇宙旅行の高価値化のテーマとして，「こと体験型旅行」に着目する．単に観光地を観て回るのではなく，その土地ならではの，体験を通した楽しみ方に人気が集まっているが，宇宙旅行も，青い地球と無重力だけでなく，宇宙に行って何を体験するか，どう楽しむか，という「こと体験」を新たな価値として創造することが，宇宙観光のブレイクにつながる．そのポテンシャルテーマとして，スポーツ，グルメ，エンターテイメントが考えられる．

　宇宙飛行士は無重力を利用したスポーツが大好きである．このスポーツの魅力に着目し，宇宙でしか体験できない面白い動きの新しいスポーツは，「こと体験」のキラーコンテンツになる．将来「月面オリンピック」という，6分の1の重力を活かした月面での新しいスポーツイベントが実現すれば，地球への生中継により世界中の人々が注目し，「行ってみたい！」は必至であろう．

　旅行に美味しい食事は欠かせない．宇宙関連の仕事についてのアンケートでは，圧倒的に「宇宙食開発」がトップである．地上では混ざらないものが混ざるカクテルのような，宇宙空間だからこそ楽しめるものや，宙に浮く丸くなったコーヒーを飲むことなど，さまざまなメニューや演出が考えられる．宇宙食開発領域で大きく世界を先行している日本企業が，そのアドバンテージを活かし，世界中の人々が宇宙旅行・宇宙生活を楽しむ時代に，宗教・民族を超えた「宙食文化」を日本が創り出すことも，宇宙旅行の普及促進に寄与する．さらに，音楽，演劇，ファッションなどのカルチャー領域で，宇宙空間ならではのエンターテイメントコンテンツも人気を博すであろう．

7 宇宙旅行の経済効果 (第7章)

　日本で宇宙旅行を産業化するためには，その経済へのインパクトの大きさを認識し，その活動を誘引する必要がある．

　一般の人たちにとって，「宇宙旅行」とは遠い将来の可能性だけだと思っているであろう．しかし，ロケット推進の開拓者が，75年前に初めてロケットを宇宙まで飛ばしたとき，ロケット推進の開発の主な目的は宇宙旅行を実現するための技術だと考えていた．当時の地球上の重要な輸送システムとして，馬車，帆船，汽車，汽船，車および飛行機は，その後にそれぞれ世界中の基幹産業となり，何億人もの仕事を生み出した．これら輸送システムの主な利用は乗客を運ぶことであった．

　しかし，ロケット技術の開発と利用には既に2兆ドルが費やされたのに，人を運ぶロケット旅客機はまだまだ開発されていない．今後は投資者によって宇宙旅行が実現されると，従来の輸送システムと同じように，世界中大規模な基幹産業になる確率は高いであろう．現在の21世紀では経済成長が弱く，先進国の失業率は何十年ぶりに高いという現実がある．世界経済の「新産業不足」という現状に対し，宇宙旅行産業とその無数の関連活動が何千万人を雇用することになるのは非常に望ましい．本書の目的は，その可能性と利益および実現しやすい方法について知識をできるだけ広げることにある．

8 日本から宇宙に行けないのはなぜ──法整備の現状と展望 (第8章)

　宇宙旅行が産業として社会に位置づけられるためには対応した法整備が必要となる．宇宙活動の多くは宇宙空間を舞台とするグローバルな活動であり，一国が統制できる範囲を超える．そのため，宇宙活動のルールは，国家間の合意を基本とする国際法のレベルから考える必要がある（国際宇宙法）．宇宙関連条約や個別の条約に加入した国は，これらの国際宇宙法に基づく国際責任を果たすため，国内法（国内宇宙法）で具体的な方策を定めることになる．また，宇宙旅行のために地上と宇宙空間を往復する際には，自国または各国の領空を通過することになり，その際には頻繁に往来する航空機の安全

の確保が必須となる．宇宙条約第1条は宇宙活動の自由を定めているが，ロケットの打ち上げは航空の安全に対する脅威ともなるため，空の交通ルールを定めている空法（国際法および国内法）にも配慮が必要となる．

　宇宙旅行への宇宙法の適用は，いまだ不明確である．たとえば，火星に向けた宇宙旅行は宇宙活動として扱われて宇宙法の適用を受けるであろうが，数分間高度100 kmを超えるサブオービタル宇宙旅行を宇宙活動として扱うかは，国家により判断が分かれる．

　冷戦期を経て1959年に国連に宇宙空間平和利用委員会（COPUOS）が設置された．現在では70ヵ国以上の国で構成されている．最初に作成された「宇宙条約」（正式名称は，「月その他の天体を含む宇宙空間の探査及び利用における国家活動を律する原則に関する条約」）が基本事項を定めている．その下で，次の3つの条約が細目を定めている．

- 「宇宙救助返還協定」（「宇宙飛行士の救助及び送還並びに宇宙空間に打ち上げられた物体の返還に関する協定」），
- 「宇宙損害責任条約」（「宇宙物体により引き起こされる損害についての国際的責任に関する条約」），
- 「宇宙物体登録条約」（「宇宙空間に打ち上げられた物体の登録に関する条約」）

なお，「月協定」（「月その他の天体における国家活動を律する協定」）は，発効はしているものの，宇宙活動国の大半が批准しておらず，一般に実効性がないものとみられている．

　一方，近年の多様な民間主体の宇宙活動に対応するため，国連総会決議などの形で，法的拘束力を伴わないものの，紳士協定やガイドラインのように，国際社会の共通認識を示して国家に特定の行動を促す事実上の効力を有する非拘束的合意である「ソフトロー」が複数作成されている．

　商業的な宇宙旅行の実施に関する米国の法律は「連邦法 Title 14 Chapter III, Subchapter C-Licensing」（14CFR）がそれに該当する．11のパートと独立した免許・許可・認証の3種類の承認から構成されている．この体系の中には，宇宙旅行に付随する宇宙輸送に関わる製品・システム・人に対する

安全認証や宇宙旅行時の再利用ロケットの打上げや再突入に関わる免許のほか，打上げ場の運営免許や宇宙輸送に関する実験許可などが包括的に規制されている．

しかし，日本の場合には，2016年に制定された宇宙活動法案において，有人宇宙活動の取り扱いは明確でない．運用について現行法の枠内で想定が可能であるともいえるが，明確に規定がない．確かに，安全な運用を図るために参照すべき法律は，たとえば打上げ場における高圧ガス保安法のように各法・各省令などに存在する．しかしながら，商用宇宙旅行に資するための宇宙旅行機を特別に想定した場合に具備すべき項目についての規定はない．同様に宇宙旅行機製造に関しても法的整備には至ってないといえる．今後の整備が待たれる状況である．

技術の発展と法政策の発展は両輪であり，先導的な法政策なくしては産業の発展は難しい．日本でも宇宙旅行産業の発展を牽引する画期的な法政策を期待したい．

9 宇宙旅行服——宇宙機から宇宙ホテルまで（第9章）

宇宙旅行中に身に着ける宇宙服は，船内活動服，船外活動服そしてふだん着と区分される．サブオービタル宇宙旅行では船内活動服のみですますことになるが，オービタル宇宙旅行では船内活動服とふだん着が，さらに飛行船外での宇宙遊泳では船外宇宙服が必要となる．もちろん，乗船前の訓練ではそれぞれの宇宙服を着用して臨むこととなる．

サブオービタル船内活動宇宙服は，何層にも重ねた布地を使用して，機体に不具合が発生しても，20分間は客室の空気がなくても呼吸用の空気とガスで身体に圧力をかけることで生存できるしくみになっている．腕，足，胴体部が基本構成要素の設計になっており，宇宙旅行客は自分のサイズの基本構成要素をそれぞれ組み合わせて自分にぴったりの宇宙服をつくり，ヘルメットとグローブも装着する．

オービタル宇宙旅行では，宇宙旅行客は自分に合うサイズにつくられた自分専用の船内宇宙服を着用，宇宙服の費用は宇宙旅行代金に含まれ，自分の宇宙服を着用して訓練が行われる．宇宙服は宇宙輸送機に合うように開発さ

れているので，ロシアのソユーズ宇宙船で国際宇宙基地を往還する場合は宇宙飛行士と同じ白い，いわゆるソコール宇宙服を着用する．2001 年以降，1 人のリピーターを含む 8 回 7 人が国際宇宙ステーションに滞在する宇宙旅行を行ったが，国際宇宙ステーションへの往還時には，ズベズタ社のソコール宇宙服を着用した．ロシアのソユーズ宇宙船による国際宇宙ステーションに滞在するオービタル宇宙旅行が続く限り，ソコール宇宙服が宇宙旅行往還時の宇宙服であるが，今後デビューする米国の商業有人宇宙機向けには，ボーイング社のスターライナーとスペース X 社の有人ドラゴンそれぞれの機体の船内宇宙服が開発されている．

宇宙旅行では往還するときの船内宇宙服とともに宇宙遊泳では船外活動宇宙服も必要となる．国際宇宙ステーションの外に出る船外活動では船外活動宇宙服を着用しており，これまで，ロシアの宇宙ステーション・ミールや米国のスペースシャトルなどでも船外活動宇宙服は活用されてきた．船外活動宇宙服は，宇宙空間の過酷な環境から宇宙飛行士を守る生命維持装置を備えていて，これだけで宇宙空間にいることができる「自分サイズの小さな宇宙船」を着ているといえるほどである．

現在，宇宙飛行後，国際宇宙ステーションに到着したら，船内宇宙服から「宇宙でのふだん着」に着替えて宇宙に滞在している．宇宙でのふだん着は宇宙飛行士自らがミッションの期間や目的に応じてカタログから選んでおり，多くは綿素材のもので有毒ガスの発生や静電気が起きないものとなっている．

日本では世界に先駆けて，東レ株式会社や株式会社ゴールドウインなどの企業や日本女子大学が JAXA と共同で，科学的，医学的な見地から着心地を追及した宇宙でのふだん着を開発した．シャワーがない宇宙でも快適に過ごせるよう抗菌，防臭，防汚効果のある薬剤を繊維の表面に付着させ，汗の臭いをすばやく抑えることができる．さらにこれまでの，宇宙でのふだん着は綿素材という歴史的な事実を越えて，制電加工されたポリエステルも採用された．また，無重力下で体液が上半身に移動することによる体型の変化や衣服と体の間にできる衣服空間，宇宙特有の前屈みの姿勢などに対応した衣服デザインを開発した．これらの宇宙でのふだん着は 2008 年 3 月の土井隆雄の宇宙ミッションに初めて採用され，以降，若田光一，星出彰彦，山崎直子らのミッションに採用されてきた．

宇宙でのふだん着で開発された技術は，事業化して地上での市場を獲得している．JAXA のコスモードプロジェクトは，日本の宇宙開発から生まれた最先端の商品やサービスを日常に役立てることを目的としており，その中には宇宙服開発技術が商品になった冷却ベスト，消臭下着，消臭シャツなどの消臭素材製品があり，コスモードブランドを冠している．これらは宇宙を感じることができる日常着として，スポーツ衣料，介護服，出張に便利な旅行用品などや，猛暑の暑さ対策商品として展開されている．

10 「宇宙酔い」から「精神負担」まで──宇宙旅行と健康，準備（第 10 章）

宇宙旅行は通常の旅行とは異なり，無重力，放射線の影響，精神的な負担などの健康面での心配が予想されるが，それらのほとんどは宇宙に長期滞在した場合のリスクであり，サブオービタル宇宙旅行ではまったく問題とはならない．また，オービタル宇宙旅行においても短期滞在であればほとんど問題とはならない．一方で，宇宙旅行が月・火星以遠にも拡大していった場合には，重要な問題となってくる．これらは宇宙旅行者と宇宙飛行士の違いと捉えれば容易に想像される．

最も気になる点としては，健康面，いわゆる健康診断において宇宙旅行にストップがかかることであろう．サブオービタル宇宙旅行に関しては，要注意な疾患がなければほとんどの人が問題なくクリアできるはずである．一方でオービタル宇宙旅行については，現状では ISS への滞在旅行しか提供されていないため，宇宙飛行士に近い健康診断が課されることになる．今後，宇宙ホテルが建設されれば，健康診断の基準は緩和されていくであろう．

実際にサブオービタル宇宙旅行で行った際に最も心配されるのが，無重力・ハイ G の影響である．約 5 分間しかない無重力体験を十分楽しむことができなければ，宇宙旅行に行った意味がなくなってしまうため，事前の無重力・ハイ G 訓練を受けておく必要がある．日本企業でも訓練プログラムが用意されているため，国内で訓練を受けることも可能である．

オービタル宇宙旅行に行った際に最も心配とされるのは，宇宙酔いの問題であろう．現在までのところ，あまり有効な対応手段は開発されていないため，宇宙酔いに効く薬の開発等が待たれる．

11 これからの課題——日本で宇宙旅行を実現するために

以上1～10節をまとめて，宇宙旅行を実現するための課題と，あわせて提言を示す．

(1) 宇宙旅行を，今後発展が期待できる有望な産業として認識する必要がある．世界経済の長い低迷への抜本的な対応策は不透明であり，新たな成長産業の登場が期待されている．飛行機の登場により地球上の旅行が飛躍的に増大した歴史から見れば，宇宙船による宇宙旅行が普及・拡大することは十分に期待できる．製造産業としてすそ野が広いのみならず，サービス業の視点で捉えることも重要である．

(2) 宇宙旅行は，使用できるシーズと望まれるニーズにより，内容が決まる．シーズとしては，宇宙船の技術が重要である．サブオービタルかオービタルかそれとも月までかという宇宙旅行のレベルは，使用できるロケットにより決まる点が多い．これを国内で開発する場合，人を乗せるロケットはこれまで開発経験がないので，周到な検討・設計を行う必要がある．

(3) ニーズについては，宇宙旅行者にとって宇宙旅行とは何か，宇宙旅行に行ったら何が楽しいか，宇宙旅行に行くには何が必要か，コストはどのくらいか，について示すことが必要である．そのため宇宙旅行業者は，国内外での宇宙旅行アンケートを参考にして，マーケティングにより開拓する．

(4) 大気に囲まれ重力がある地球とは異なる宇宙環境を体験するので，さまざまな不安を抱くのは当然であり，一方では新たな体験を楽しむことができる．そのため宇宙旅行事業者による説明が，効果を持つ．宇宙旅行服や宇宙旅行への準備や訓練についても，説明する必要がある．

(5) 上記のシーズとニーズを踏まえた事業プランを立案し，事業実施することが肝要である．その結果，宇宙旅行が盛んになること，日本にとって有益な産業となりうること，は確実であろう．

(6) 宇宙旅行の法的な側面については，宇宙という場なので，個々の国よりも地球という視野で捉える必要がある．宇宙法と航空法としての視点と，国際的な協調と戦略が必須となる．世界的な検討状況を認識するとともに，関係国・機関に積極的に提案し，かつ最新の動向をフォローする必要がある．

また新しい産業を育成するため，説明承諾（インフォームドコンセント）の概念を入れる必要もあろう．

　(7) わが国の宇宙旅行としては，ロケットも宇宙港も開発するか，宇宙港を国内に設置するまでにするか，ロケットも宇宙港も外国に委ねるか，という選択肢がある．その最低条件は，宇宙港を国内に設置することであろう．そのため，国内法の整備や，国と産業界による政策の立案と展開が求められる．

参考文献
コリンズ，マイケル／海輪聡 訳（1977）『月に挑む』藤森書店

おわりに

　古くから宇宙旅行の夢が，日本では竹取物語や鉄腕アトムで，ヨーロッパではルキアノスやベルヌの小説などで語られてきた．ところがこれまでは各国の宇宙機関が，宇宙の研究開発を行うのみであった．近年になって，民間の宇宙旅行が現実のものになりつつあり，思ったよりも実現が間近に迫っている．

　今世界を見渡すと，ヴァージン・ギャラクティック社のチャールズ・ブランソンが，宇宙船・スペースシップ1と2を携えて宇宙旅行最前線を走っているようである．それに続いて，ITやホテル事業で成功を収めた経済界の猛者たちが，次々に宇宙旅行ビジネスに着手している．

　たとえば，スペースX社のイーロン・マスクは再使用ロケット ファルコン9で，アマゾン社とブルー・オリジン社のジェフ・ベゾスは再使用型サブオービタル・ロケット ニューシェパードで，ホテル会社とビゲロー・エアロスペース社のロバート・ビゲローは膨張式モジュールの宇宙ホテルBEAMで，それぞれ参画している．

　日本でも宇宙旅行ビジネスに早くから着目し，チャレンジしている団体が数多くある．たとえば，スペーストピア社の若松立行は，1990年代から，日本で初めて民間宇宙旅行の斡旋を始めていた．現在では，クラブツーリズム・スペースツアーズ社の浅川恵司が，ヴァージン・ギャラクティック社の日本代理店を務めている．

　その若松が立ち上げたNPO法人日本宇宙旅行協会（会長：パトリック・コリンズ，理事長：高野忠）は，宇宙旅行の事業支援・啓蒙・教育について活動を行っている．日本ロケット協会は古くから，学術的立場で宇宙旅行シンポジウムを開催している．インターステラテクノロジズ社の稲川貴大と堀江貴文は，民間によるロケット開発を進めており，宇宙旅行サービスも視野に入れているようである．

　また，大手航空会社や大手旅行会社も，宇宙旅行に食指を動かしている．

海外で宇宙旅行サービスが本格的に始まると，日本でも関連する企業の数はますます増えていくと思われる．そして今ある企業や団体とは別に，若い起業家が日本の宇宙旅行事業を強力に引っ張っていくことが期待できる．

さらに宇宙旅行の先にあるのは，これまでの宇宙開発とは異次元の民間主導の宇宙ビジネス時代である．宇宙旅行だけでなく，宇宙環境のように宇宙をキーワードにさまざまな事業やサービスが発展する可能性がある．その結果，現在では想像もつかないような，宇宙を利用した産業が生まれてくるかもしれない．そんな，爆発的な発展の可能性を宇宙旅行は持っている．だからこそ，ITなど異業種で成功した人たちが，次に手を伸ばしたものが宇宙なのである．宇宙旅行ビジネスの激動の時代は既に始まっている．

宇宙旅行市場の開拓は経済だけではない．宇宙は人類がこの先もますます進歩していくため，避けて通れない場所なのである．宇宙はもはや，ただの憧れの遠い場所ではない．そこは，チャレンジ精神と夢を持ったすべての人が，手を伸ばすことができる解放されたフロンティアである．

図らずも，スペースシップワンを開発してANSARI Xプライズで優勝したバート・ルータンは，優勝スピーチの中でこうコメントした．

「振り落とされるなよ——これからは激動の道のりになるだろうから」

事項索引

[あ行]

アヴァセント社　116
アウトバウンド（日本人の海外旅行）　108
アグリ・ツーリズム　96
アトラス（Atlas）ロケット　37
アボート　78
アポロ
　――1号　38
　――8号　38, 51
　――11号　9, 38, 70
　――13号　38
　――14号　10
　――計画　37-39
アメリカ連邦航空局（FAA）　80, 118, 162, 196, 199, 228
　　――・商業宇宙飛行医学センター（FAA―CAMI）　240
アメリカン・エクスプレス社　93
アルマーズ宇宙船　73
安全性検証　78
医学検査　227
イギリス民間航空局（CAA）　162
イノベーションの３つの壁　141
インターコスモス　45
インダストリアル・ツーリズム　97
インバウンド（訪日外国人旅行）　106
　　――・ツーリズム　106
インフォームド・コンセント　104, 225, 240
ヴァージン・ギャラクティック社　15, 47, 67, 99, 129, 210, 239, 261
ヴァン・アレン帯　36, 230
打ち上げ脱出装置　78
宇宙医学　239, 245
宇宙エレベーター　77
宇宙科学研究所（ISAS）　172

宇宙活動服　84
宇宙活動法　109, 195
宇宙観光旅行（スペース・ツーリズム）　99
宇宙関連条約　183
宇宙機　36, 55, 102, 202, 206, 251
宇宙機器産業　102
宇宙基地　55
宇宙基本法　195
宇宙救助返還協定　255
宇宙携帯電話システム　84
宇宙空間平和利用委員会（COPUOS）　184
宇宙港　1, 23, 81, 106, 168, 183, 205, 248, 260
宇宙産業　102
　　――ビジョン2030年」　175
宇宙資源　191
宇宙状況監視（SSA）　192
宇宙条約　183, 255
宇宙食　149, 253
宇宙ステーション　55
宇宙政策　163
宇宙線　59
宇宙船　1, 15, 36, 55, 99, 115, 139, 161, 188, 212, 249
　　――運航業　248
　　――運用　81
　　――内服　217
宇宙損害責任条約　255
宇宙探査機はやぶさ　63
宇宙デブリ　59
宇宙日本食　148
宇宙の定義　187
宇宙飛行士　9, 42, 70, 100, 113, 145, 188, 205, 227, 245
宇宙服　8, 29, 84, 205, 238, 256

宇宙法　80, 177, 183, 254, 260
宇宙ホテル　55, 100, 141, 166, 205, 221, 227, 245, 249
宇宙民生機器産業　102
宇宙遊泳　84
宇宙酔い　231, 258
宇宙利用サービス産業　102
宇宙旅行
　——医学　75
　——研究企画　174
　——港　81, 179
　——産業　163
　——市場　262
　——実施業者　72
　——者　72
　——代理店　240
　——仲介業者　72
　——標準約款　104
　——服　256
　——保険　105
うつ　237
エアバス・ディフェンス＆スペース社　17, 21, 117
易経　87
液体酸素　63
液体推進剤　165
液体水素　62
液体ロケット　63
エクスプローラー（Explorer）1号　35
エコ・ツーリズム　95
エックスコア社　17
エネルギー回生ブレーキ　67
オービタル　→　軌道宇宙旅行
オービタルアウトフィッターズ社　243
折り畳み型ホテルユニット　74
オルタナティブ・ツーリズム　95

[か行]

快適さ指数　76
顔のむくみ　230
科学技術創造立国　103
　——と観光立国の実現　110

化学ロケット　62
核融合パルスロケット　7
過去事例　78
カプセル　57
カルシウム　233
管轄権　189
観光とTourism（ツーリズム）　89
観光客体　91
観光産業　91
観光主体　91
観光政策審議会　88
観光の構成要素　91
観光媒体　91
観光丸　87, 115
観光立国　87, 104
　——推進基本計画　108
機械船　68
帰還時　75
技術革新　157
技術経営（MOT: Management of Technology）　139, 140
キセノンガス　63
軌道宇宙旅行　1, 100, 116, 166, 205, 247
軌道上位置　81
軌道船　69
軌道投入用ロケット　61
軌道変更（マヌーバ）　78
気密服　84
キャズムの溝　142
強加速機　57
極地旅行　98
居住モジュール　71
筋肉　233
空気力学　58
空力加熱　75
クラブツーリズム・スペースツアーズ社　22, 114, 121
グランド・ツアー　92
グリーン・ツーリズム　96
訓練のガイドライン　206
経済政策立案者　163
型式証明　197

事項索引　265

月面宇宙港　6, 8
月面オリンピック　253
月面基地　51, 167, 218
月面ダイビング　11
月面墓地　12
月面旅行　167, 225
ケロシン　65
健康診断　228, 238
減速ロケット　67
公共投資　169
航空医学　239
航空宇宙技術　161
航空の安全に関する相互承認協定　199
航空法　196, 260
航空旅行産業　157
交流人口　110
国際宇宙ステーション（ISS）　4, 40, 45, 71, 257
国際宇宙大学　46
国際宇宙法　255
　　──学会　190
国際航空連盟（FAI）　56
国際地球観測年（IGY）　33
国内宇宙法　255
コスモードプロジェクト　258
固体ロケット　62
こと体験　145, 146
　　──型旅行　253
好ましさ指数　76

［さ行］

再使用型ロケット　41, 65, 157
再使用型有人ロケット　161
再使用型ロケット　41, 65
　　──・エンジン　178
再突入用帰還船（カプセル）　68
サターン（Saturn）ロケット　37, 38
サブオービタル　→　準軌道宇宙旅行
サプライチェーン　138
　　──マネジメント（SCM）（供給連鎖管理）　138
サリュート　39

酸化剤　57
ジェミニ　37
事業免許　190
姿勢　81
持続可能な観光　95
死の谷　142
死亡事故　79
シミュレータ　228, 241
射出座席　78
ジャパン・スペース・ドリーム社　73
重力加速度　235
ジュピター（Jupiter）　36
準軌道宇宙旅行　1, 50, 57, 105, 117, 133, 161, 188, 205, 245, 256
巡航機　57
商業宇宙打ち上げ法　128
商業宇宙ステーション　205, 219
商業宇宙飛行士　81
商業宇宙服　205, 218
商業宇宙法　196
商業宇宙輸送　80
　　──顧問委員会（COMSTAC: Commercial Space Transportation Advisory Committee）　228
司令船　70
新産業不足　159, 170
心臓病　230
心的外傷後ストレス障害（PTSD）　237
推進剤　62
垂直制御降下　65
垂直離陸／垂直着陸　17, 66
垂直離陸／水平着陸　17, 66
水平離陸／水平着陸　17, 66
スカイラブ　39
スケールド・コンポジッツ　46
スターライナー　212
ストレス　235
スプートニク
　　──1号　34
　　──2号　35
　　──3号　34
　　──・ショック　34

スペシャル・インタレスト・ツアー（SIT） 97
スペース X 社　20, 49, 65, 207, 243
スペースアテンダント　4
スペース・アドベンチャーズ社　21, 46, 212
スペースシップツー（Space Ship 2）　16, 47, 67, 74, 116, 210, 235
スペースシップワン（Space Ship 1）　45, 81, 116, 162, 223
スペースシャトル（Space Shuttle）　40, 61, 187, 207, 249
　　──エンデバー（Endeavour）　43
　　──コロンビア（Columbia）　43
　　──チャレンジャー（Challenger）　43, 45
スペース・ツーリズム　→　宇宙観光旅行
スペースデブリ　59, 192
スペーストピア社　261
スペースプレーン　→　宇宙船
スペース・ベネフィット宣言　186
スペースポート　→　宇宙港
　　──・アメリカ　16
スペースマンシップ　147
スポーツ・ツーリズム　97
政策立案者　173
政治家のリーダシップ　179
精神的症状　237
成層圏　56
世界一周クルーズ　98
世界一周旅行　97
船外活動（EVA）　206
　　──宇宙服　206, 208, 214, 216, 219
セントリフュージ　241, 243
船内活動（IVA）　206
　　──宇宙服　206, 218, 256, 257
戦略防衛構想局（SDIO）　44
遭遇確率　60
ソコール宇宙服　212, 257
ソフトロー　186
ソユーズ（宇宙船／ロケット）　15, 45, 61, 117

宙（そら）グルメ　151
宙ツーリズム　153, 254

[た行]

第 1 宇宙速度　58, 249
第 2 宇宙速度　58, 249
第 4 次産業革命　160
体液シフト　229
大気圏　55
　　──再突入　77
耐空証明　197
耐熱構造　73
耐熱タイル　64
対流圏　56
太陽フレア　231
大容量・低価格　83
ダーウィンの海　142
タウリグループ　118
断熱タイル　67
地球周回軌道　56
着地衝撃　69, 75
宙産宙消　149
宙食文化　150
中和器　63
ツィオルコフスキーの式　28
通信設備　81
使い捨て型ロケット　64, 163
月協定　185, 256
月着陸船　70
月のダークサイド観光　248
月旅行　2, 20, 179, 247
ティコクレーター　9
低推力ロケット　250
デスバレー　142
デブリ　→　スペースデブリ
デマンドチェーン　138
　　──マネジメント（DCM）（需要連鎖管理）　139
デルタクリッパー　41, 44
電気推進ロケット　64
電磁波　59
天体宇宙服　206

天体の土地の所有　190
ドイツ宇宙旅行協会（VfR）　29
ドッキング　61
トーマス・クック社　93
ドラゴン（DRAGON）宇宙船　49, 51, 78, 212, 218
ドリームチェイサー　21

［な行］

日常生活圏　89
2地点間輸送　120
日本宇宙旅行協会　261
日本実験棟（JEM）　71
日本ロケット協会（JRS）　115, 174
ニューグレン　49
ニューシェパードロケット　48, 65
ニューフロンティア政策　37
熱圏　56
脳貧血　230
ノバ（NOVA）ロケット　37
乗り物酔い　241

［は行］

バイオスーツ　210
バイキング（Viking）ロケット　35
ハイブリッドロケット　63, 249
発がんリスク　231
バックキャスト　143
パラボリック飛行　242
パラボリックフライト　235
バンガード計画　35
パンナム航空　128
秘境ツアー　98
ビゲロー・エアロスペース社　74
非推力　63
非定住性と非営利性　89
被爆限度量　230
ファルコン9ロケット　49, 65
ファルコンヘビー（Falcon Heavy）ロケット　51, 52
不安障害　237
ブースター　62

フュートロン社　116, 126
フライトスーツ　206
プラズマ　63
ブラックアウト　56
ブルー・オリジン社　17, 48, 65
プロダクトアウト　138
分析　135
米連邦航空局商業宇宙輸送部門　214, 225
ベストエフォート（Best effort）通信　83
ペーネミュンデ　30
ヘルス・ツーリズム（health tourism）　97
ボーイング社　21
放射線　59, 227
星の街　45
ポスト・アポロ計画　41
ボストーク　36
　——1号宇宙船　68
ボスホート宇宙船　69
骨の軟化　233
ホワイトナイト　46
　——2　16

［ま行］

マーキュリー（Mercury）　37
　——3号　70
　——（Mercury）カプセル　37
マーケットイン　138
マーケティング　160, 252
マス・ツーリズム　93
マヌーバ　→　軌道変更
魔の川　142
ミール宇宙ステーション　39, 70
民間宇宙港　23
無重力・ハイGの影響　259
メディカルチェック　244
免許付与　82
問診票　238

［や行］

安さ指数　76
有人ドラゴン　→　ドラゴン宇宙船
ユーザー産業群　102

268 事項索引

酔い止め薬　232
余暇（leisure）　88
4P/4C 分析　135

[ら・わ行]

落下傘降下　67
陸軍弾道ミサイル局（ABMA）　33
旅客用通信　83
旅行サービス収支　107
ルーラル・ツーリズム　96
レクリエーション　89
レーダ　81
レッドストーン（Redstone）ロケット　33, 35
連邦航空局　196
連邦航空局商業宇宙輸送部門　205, 214, 225
ロケット　55, 165, 249
　——補助推進隔離（RATO）技術　161
ロシア連邦宇宙局（ロスコスモス）　72
ロバスト性　203

ワールドビュー　21

[欧文]

A-4　30
ABMA　→　陸軍弾道ミサイル局
ARAC　199
AST　80
ATASpec　198

BFR　52
BFR ロケット　52
Bird legs　229

CAA　→　イギリス民間航空局
COMSTAC　→　商業宇宙輸送顧問委員会　228
COPUOS　→　宇宙空間平和利用委員会
CST-100　78

DC-X デルタクリッパー（Delta Clipper）　44
DCM　→　デマンドチェーンマネジメント

EADS アストリウム　117
EVA　→　船外活動

FAA　→　連邦航空局
　——/AST（連邦航空局商業宇宙輸送部門）　227, 242
　——CAMI　→　連邦航空局商業宇宙飛行医学センター
FAI　→　国際航空連盟
14CFR　198, 200

H-IIA ロケット　63

IADC　194
IAQG9100　198
IPSOS　117
ISAS　→　宇宙科学研究所
ISS　→　国際宇宙ステーション
IGY　→　国際地球観測年
IVA　→　船内活動

JAXA　113, 114, 121
JEM　→　日本実験棟
JRS　→　日本ロケット協会

M-V ロケット　62
MBA　139
Moon face　229
MOT（Management of Technology）　→　技術経営

N-1 ロケット　37
NADCAP　198
NASA（国立航空宇宙局）　80
NII-88 ロケット　33

OECD 諸国　157

事項索引　269

PD エアロスペース株式会社　244
Positioning（顧客（市場）に認識される立ち位置）　133
PSM 分析　125
PTSD　→　心的外傷後ストレス障害

R-1 ロケット　33
R-7 ロケット　33
RKK エネルギア社　51
161

SCM　→　サプライチェーンマネジメント

SDIO　→　戦略防衛構想局
Segmentation（市場細分化）　133
SSA　→　宇宙状況監視
SSME　42
STP 分析　133
SWOT 分析　136

Targeting（標的市場の選定）　133

V-2 ロケット　30
VTOL（垂直離着陸機）　172
X プライズ　46, 116

人名索引

秋山豊寛　40, 45
アレン，ヴァン　36
アレン，ポール　47
オーベルト，ヘルマン　29
ガガーリン，ユーリィ　36, 113
ガーバーツ，ウイリアム　45
クック，トーマス（Thomas Cook）　92
グレン，ジョン　36
ケネディ，ジョン・F　37
コリンズ，パトリック　261
コロリョフ，セルゲイ　33
シェパード，アラン　10
ツィオルコフスキー，コンスタンチン　28
ダイヤモンディス，ピーター　46
高野忠　261
立花隆　19
チトー，デニス　15, 41, 117
テレシコワ，バレンチーナ　37

ドルンベルガー，ヴァルター　30
ハインライン，ロバート・A　11
ヒトラー，アドルフ　31
ヒムラー，ハインリッヒ　32
フォン・オペル，フリッツ　29
フォン・ブラウン，ウェルナー　30, 37
ベゾス，ジェフ　48, 50
ベッカー，カール　30
ベルヌ，ジュール　28, 53
堀江貴文　73
ポリャコーフ，ヴァレーリー　40
マスク，イーロン　49
メルヴィル，マイク　47
毛利衛　45, 114
ライト兄弟　113
ルータン，バート　46, 262
ルキアノス　28

執筆者および分担一覧

編者

高野　忠（たかの　ただし・「はじめに」，第3章）
日本大学上席研究員，JAXA・宇宙科学研究所名誉教授
著書：『宇宙における電波計測と電波航法　第2版』（共著，コロナ社，2005），『エネルギーの未来　宇宙太陽光発電——宇宙の電気を家庭まで』（アスキー・メディアワークス，2012）など

パトリック・コリンズ（第7章）
元・麻布大学生命・環境学部環境科学科教授
著書：『宇宙旅行学——新産業へのパラダイム・シフト』（東海大学出版会，2013）

著者（執筆順）

富野由悠季（とみの　よしゆき・序）
アニメ監督，演出家，原案提供者．『機動戦士ガンダム』，『伝説巨神イデオン』などの代表作がある．
著書：『映像の原則　改訂版』（キネマ旬報，2011），『「ガンダム」の家族論』（ワニブックス，2011）など

浅川恵司（あさかわ　けいじ・第1, 5章）
(株) クラブツーリズム・スペースツアーズ代表取締役社長
著書：『集合，成田。行き先，宇宙。』（双葉社，2014），『はじめての宇宙旅行』（ネコ・パブリッシング，2014）

長谷川敏紀（はせがわ　としのり・第2章）
HASECOM

水野紀男（みずの　のりお・第4章）
ILNコンサルティング代表，元・昭和女子大学客員教授
著書：『宇宙観光旅行時代の到来』（文芸社，2006），『人口減少社会と観光戦略』

(ILN コンサルティング，2012) など

角田直樹（かくた なおき・4.2.3 項）
(株) ウェブトラベル世界一周堂取締役，世界一周専門家

荒井　誠（あらい まこと・第 6 章）
(株) 電通 宇宙ラボ 主任研究員

水野素子（みずの もとこ・第 8 章）
東京大学公共政策大学院非常勤講師
(宇宙航空研究開発機構)
著書：『宇宙ビジネスのための宇宙法入門　第 2 版』（共著，有斐閣，2018 年)

永井希依彦（ながい きよひこ・8.6 節）
帝京大学経済学部特任講師（航空宇宙産業論／コーポレートファイナンス）

大貫美鈴（おおぬき みすず・第 9 章）
スペースアクセス（株）代表取締役
著書：『宇宙ビジネスの衝撃——21 世紀の黄金をめぐる新時代のゴールドラッシュ』（ダイヤモンド社，2018)，『来週，宇宙に行ってきます』（春日出版，2009)，『宇宙で暮らす道具学』（共著，雲母書房，2009) など

広崎朋史（ひろさき ともふみ・第 10 章）
宇宙システム（株）代表取締役

内田和義（うちだ かずよし・終章）
(一財) マイクロマシンセンター調査研究・標準部

斉藤博栄（さいとう ひろまさ・「おわりに」)
三菱スペース・ソフトウエア（株)

編者紹介

高野　忠（たかの・ただし）
日本大学上席研究員，JAXA・宇宙科学研究所名誉教授
著書：『宇宙における電波計測と電波航法　第2版』（共著，コロナ社，2005），『エネルギーの未来　宇宙太陽光発電――宇宙の電気を家庭まで』（アスキー・メディアワークス，2012）．

パトリック・コリンズ
元・麻布大学生命・環境学部環境科学科教授
著書：『宇宙旅行学――新産業へのパラダイム・シフト』（東海大学出版会，2013）

日本宇宙旅行協会（にほんちゅうりょこうきょうかい）
2009年設立．「教育」「文化」「経済」の面から「誰もが行ける一般の人の為の民間宇宙旅行事業」を推進し，ひいては世界の未来と新しい宇宙文化を切り拓くNPO法人．

宇宙旅行入門

2018年7月20日　初　版

［検印廃止］

編　者　　高野　忠
　　　　　パトリック・コリンズ
　　　　　日本宇宙旅行協会

発行所　　一般財団法人　東京大学出版会

代表者　　吉見俊哉

153-0041　東京都目黒区駒場4-5-29
電話　03-6407-1069　Fax 03-6407-1991
振替　00160-6-59964

印刷所　　株式会社三秀舎
製本所　　誠製本株式会社

© 2018 Tadashi Takano, *et al.*
ISBN 978-4-13-061162-6　Printed in Japan

JCOPY　〈（社）出版者著作権管理機構　委託出版物〉
本書の無断複写は著作権法上での例外を除き禁じられています．複写される場合は，そのつど事前に，（社）出版者著作権管理機構（電話 03-3513-6969，FAX 03-3513-6979, e-mail : info@jcopy.or.jp）の許諾を得てください．

ロシア宇宙開発史　気球からヴォストークまで

冨田信之著／A5　520頁／5400円

宇宙ステーション入門［第2版補訂版］

狼　嘉彰・冨田信之・中須賀真一・松永三郎著／A5　352頁／5600円

宇宙システム入門（オンデマンド版）　　冨田信之著／A5　240頁／3800円
　ロケット・人工衛星の運動

空の黄金時代　音の壁への挑戦　　　加藤寛一郎著／四六　340頁／2800円

飛ぶ力学　　　　　　　　　　　　　加藤寛一郎著／四六　248頁／2500円

NASAを築いた人と技術　　　　　　　　佐藤　靖著／A5　320頁／4200円
　　巨大システム開発の技術文化

電気推進ロケット入門　　　栗木恭一・荒川義博編／A5　274頁／4600円

航空機力学入門　　　加藤寛一郎・大屋昭男・柄沢研治著／A5　280頁／3800円

工業熱力学　基礎編　　　　　　　河野通方ほか監修／A5　228頁／2600円

熱力学の基礎　　　　　　　　　　　　　　清水　明著／A5　424頁／3800円

　　　　　　ここに表示された価格は本体価格です．御購入の
　　　　　　際には消費税が加算されますので御了承下さい．